Mischa

Liebe Schülerinnen und Schüler, wir begleiten euch beim Mathelernen.

## Methodenkurs Sachrechnen

- Situation verstehen
- Fragen finden und beurteilen
- Modell bilden – Skizzen
- Rechnungen
- Antworten
- Antworten überprüfen

## Lösungsschema bei Sachaufgaben

F = Frage aufschreiben
L = Lösungshilfe (Skizze) erstellen
R = Rechnung notieren
A = Antwort schreiben

## Aufgabensymbole

- Klassengespräch (Gesprächsanlass)
- Aufgaben mit Partnerkind
- Ich – Du – Wir
- Aufgaben enthalten Fehler
- Aufgaben erfinden
- ! Merkwissen

## Anforderungsbereiche und Aufgaben zum Knobeln

1 Reproduzieren (Anforderungsbereich I)
2 Zusammenhänge herstellen (Anforderungsbereich II)
3 Verallgemeinern und Reflektieren (Anforderungsbereich III)
4 Aufgaben zum Knobeln

## Prozessbezogene Kompetenzen

- P Problemlösen
- A Argumentieren
- D Darstellen
- K Kommunizieren
- M Modellieren

## Weitere Arbeitsmaterialien

**AH** Arbeitsheft
**FöH** Förderheft
**FoH** Forderheft

## Digitales Angebot

www.das-mathebuch.de/digital

- Lernvideos
- interaktive Übungen
- weiterführende Aufgabenstellungen
- digitale Arbeitsblätter

**Kein Verbrauchsmaterial**
Dieses Buch ist zur Wiederverwendung gedacht. Bitte nicht hineinschreiben.

Mischa Ustsinau 2b

# Das Mathebuch 2

Neu bearbeitet von

Cathrin Höfling

Ulrike Hufschmidt

Myriam Kolbe

Julia Michalke

Dr. Sebastian Walter

Mildenberger

# Inhaltsverzeichnis

■ Zahlen und Operationen ■ Raum und Form ■ Muster und Strukturen ■ Größen und Messen ■ Daten, Häufigkeit und Wahrscheinlichkeit

**Grundlage: KMK-Bildungsstandards**

■ Zahlen und Operationen ■ Raum und Form ■ Muster und Strukturen ■ Größen und Messen ■ Daten, Häufigkeit und Wahrscheinlichkeit
**Grundlage: KMK-Bildungsstandards**

**1.**

K M D 1 Anzahlen und Ziffern entdecken; zählen; über unterschiedliche Zahl- und Aufgabenstellungen sprechen

**1.** Welche Zahl gehört zu welchem Buchstaben?

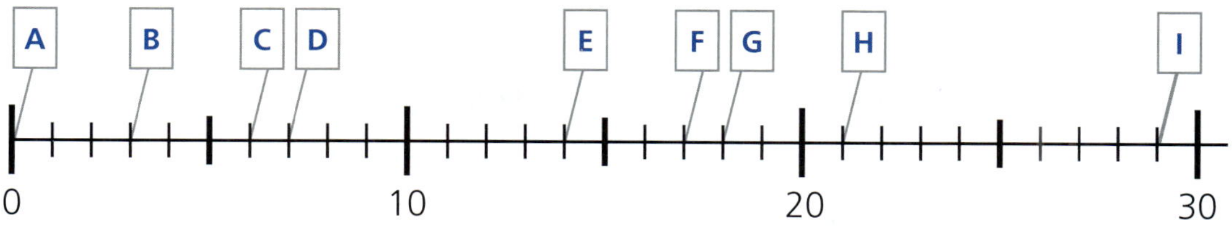


S. 5 Nr. 1
A: 0

**2.** Schreibe ins Heft. Setze ein: >, < oder =

| a) | b) | c) | d) |
|---|---|---|---|
| 3 ● 5 | 10 ● 11 | 18 ● 18 | 7 + 1 ● 8 |
| 8 ● 6 | 5 ● 15 | 19 ● 10 | 6 + 1 ● 5 |
| 4 ● 4 | 13 ● 12 | 16 ● 6 | 1 + 8 ● 10 |
| 9 ● 6 | 17 ● 14 | 18 ● 20 | 10 + 10 ● 19 |

S. 5 Nr. 2
a) 3 < 5

**3.** Findet eine Aufgabenfamilie. Schreibt ins Heft und rechnet.

a) 3 7 10
b) 6 14 8
c) 9 5 4
d) 7 9 ▢
e) 10 ▢ 20
f) ▢ 4 12
g) ▢ 13 6
h) 6 ▢ 11
i) 8 9 ▢

S. 5 Nr. 3
a) 3 + 7 = 10
7 + 3 =
10 − 7 =
10 − 3 =

**4.** Schreibe Vorgänger (V) und Nachfolger (N) auf.

| a) | b) | c) | d) |
|---|---|---|---|
| 8 | 4 | 9 | 20 |
| 2 | 17 | 19 | 10 |
| 16 | 12 | 1 | 15 |
| 13 | 6 | 11 | 3 |

S. 5 Nr. 4

| a) V | Zahl | N |
|---|---|---|
| 7 | 8 | 9 |

**5.** Finde drei passende Aufgaben mit dem Ergebnis.

a) 15 b) 20 c) 10 d) 17

S. 5 Nr. 5
a) 10 + 5 = 15
16 − 1 = 15

**6.** Schreibt ins Heft. Setzt die richtigen Ziffern ein. Gleiches Zeichen bedeutet gleiche Ziffer.

a)

b)

c)
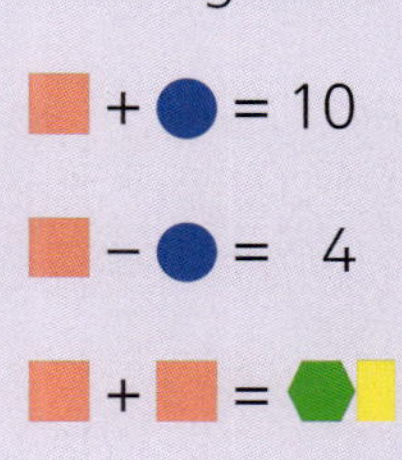

**1.** Nehmt Steckwürfel und bündelt zu Zehnerstangen.

!

Ich **bündele** 10 Einer zu 1 Zehnerstange.

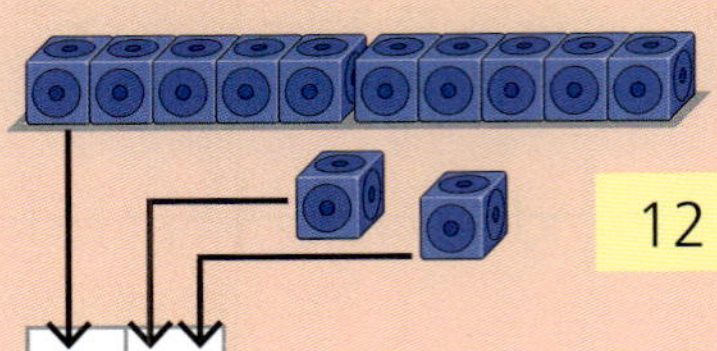

12

| Z | E |
|---|---|
| 1 | 2 |

Stellenwerttabelle

Ich **bündele** 10 Zehner zu 1 Hunderterplatte.

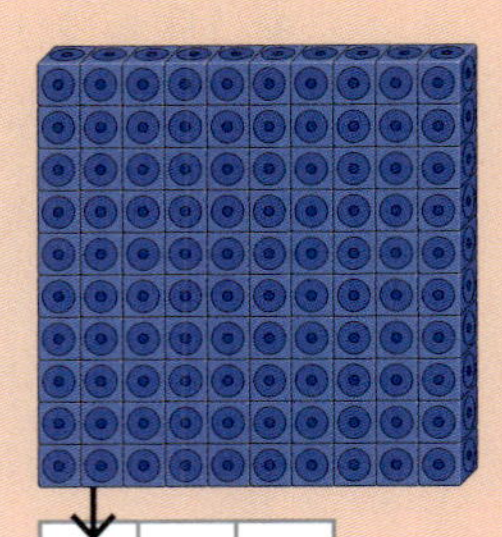

| H | Z | E |
|---|---|---|
| 1 | 0 | 0 |

1 Hunderter = 10 Zehner = 100 Einer
1 H = 10 Z = 100 E

**2.** Nehmt Steine, Steckwürfel und Perlen. Bündelt, zählt und schreibt auf.

S. 6 Nr. 2

| H | Z | E | |
|---|---|---|---|
| | 6 | 1 | 61 |

**3.** Wie viele sind es? Lege mit den Zahlenkarten und schreibe auf.

**a)**

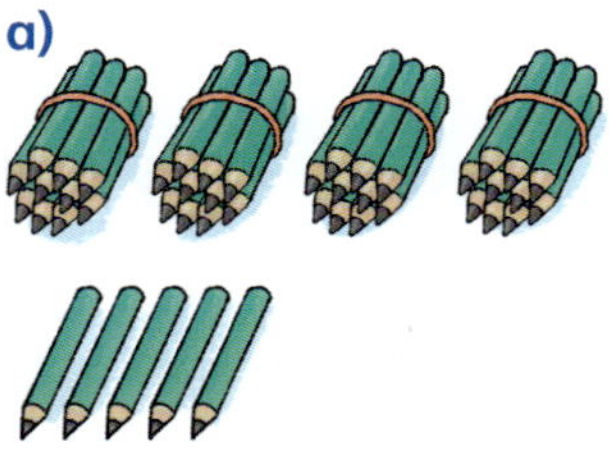

**b)**

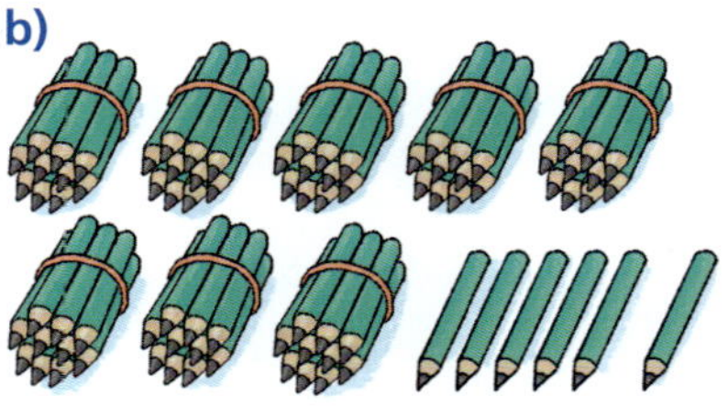

**c)**

**d)**

AH, FöH, FoH S. 3

K D 1 Bündeln und Stellenwertschreibweise bis 100 thematisieren
K D 2 Mehrere Lösungen sind möglich
K A D 3 Zahlenkarten verwenden

**1.**

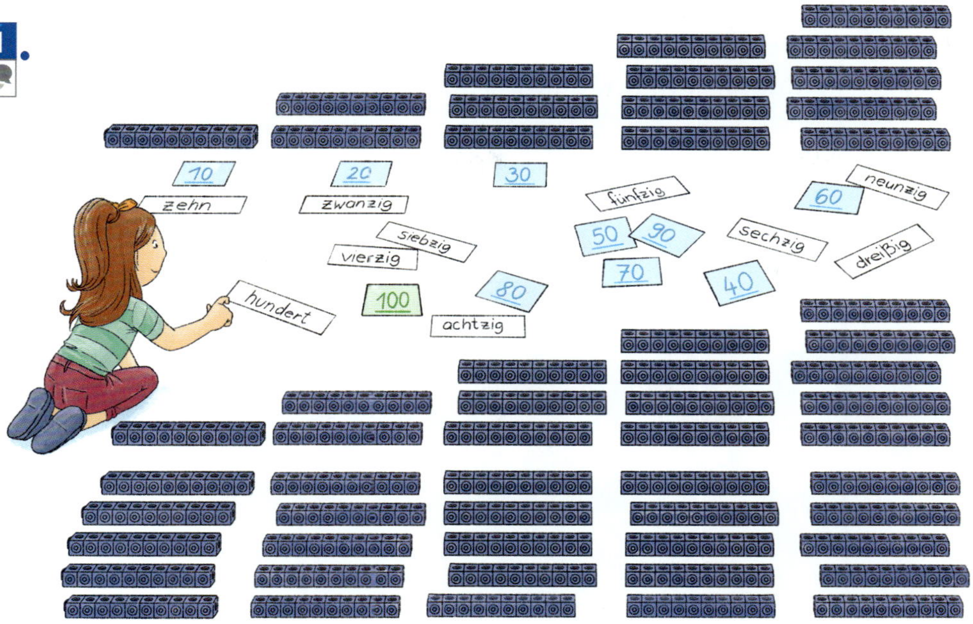


**! Zehnerzahlen**

10 zehn
20 zwanzig
30 dreißig
40 vierzig
50 fünfzig
60 sechzig
70 siebzig
80 achtzig
90 neunzig
100 einhundert

**2.** Baue nach. Male und schreibe geordnet auf.

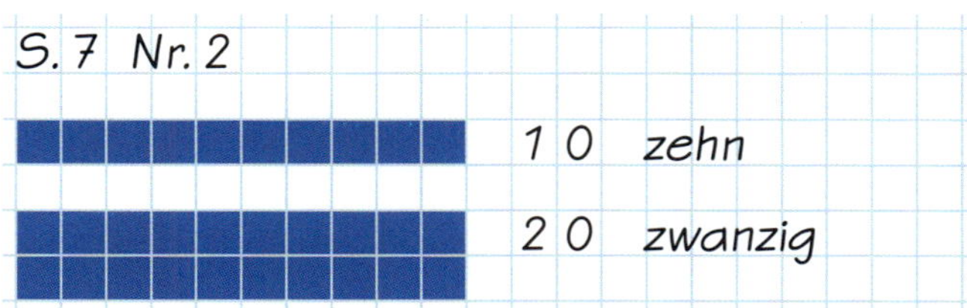


**3.** Wie viele sind es? Schreibe auf drei verschiedene Arten.

**a)**

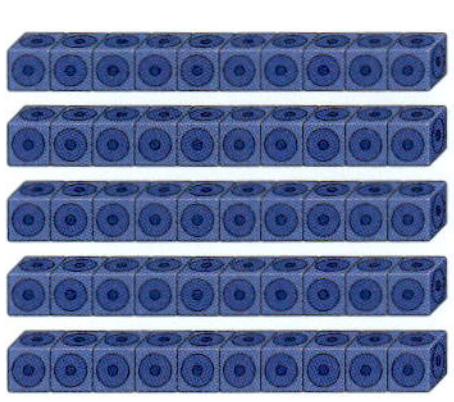

**b)**

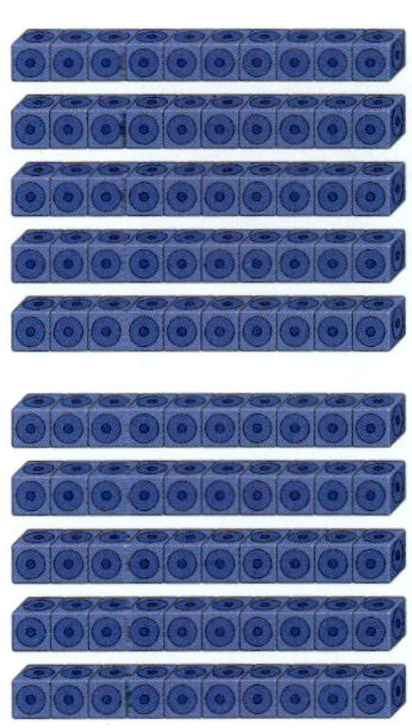

**c)**

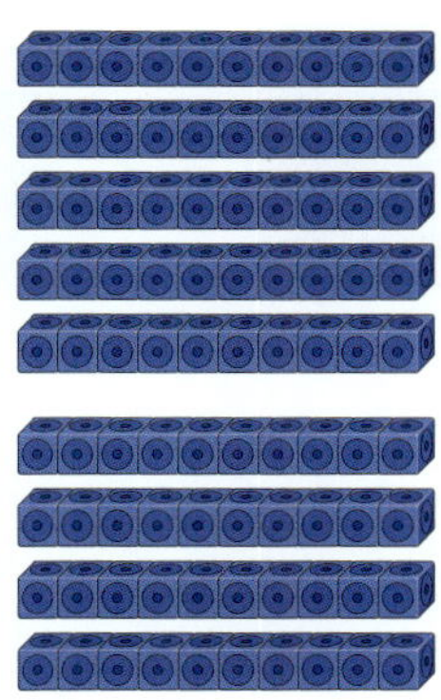

**d)**

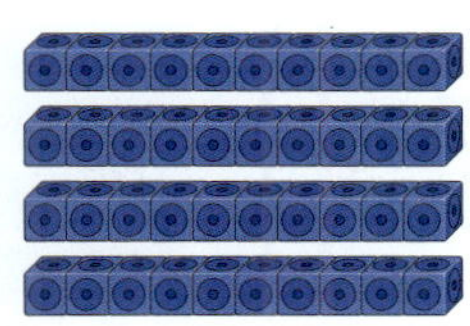

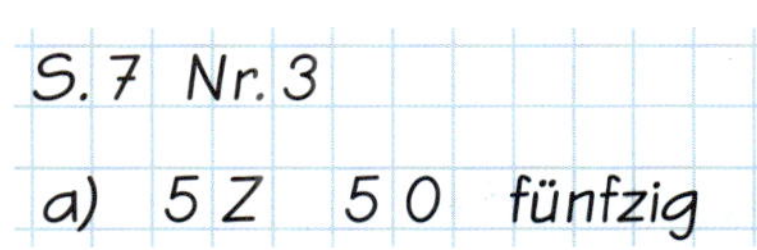


**4.** Lege, zeichne und schreibe auf drei verschiedene Arten.

20 10 50 40 70
30 90 80 60

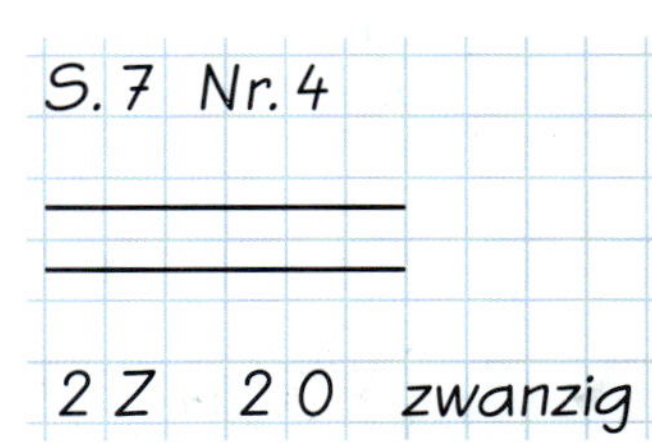


**5.** Zählt abwechselnd in Zehnerschritten bis 100.

**a)** vorwärts **b)** rückwärts

K D 1 Über die unterschiedlichen Zahldarstellungen sprechen und diese zuordnen; ggf. Zahlenkarten verwenden D 2 D 3
K D 4 Zehnerstrich beim Hefteintrag thematisieren; ggf. Zahlenkarten verwenden K 5

AH, FöH, FoH S. 4

**1.**

! Ich lege:

Ich schreibe:
**4Z6E 46**

Ich sage:
**sechsundvierzig**

**2.** Wie heißt die Zahl? Zeichne und schreibe.

a)

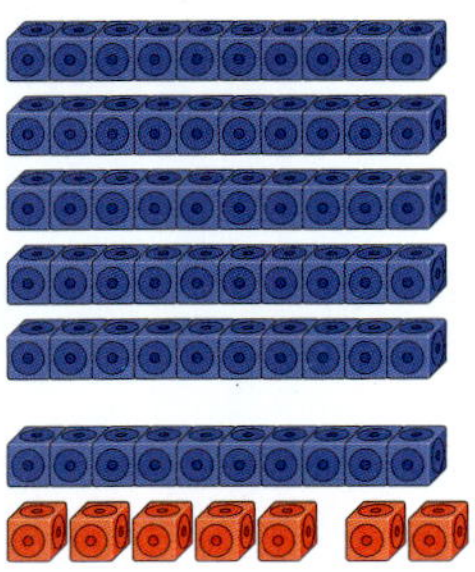

b)

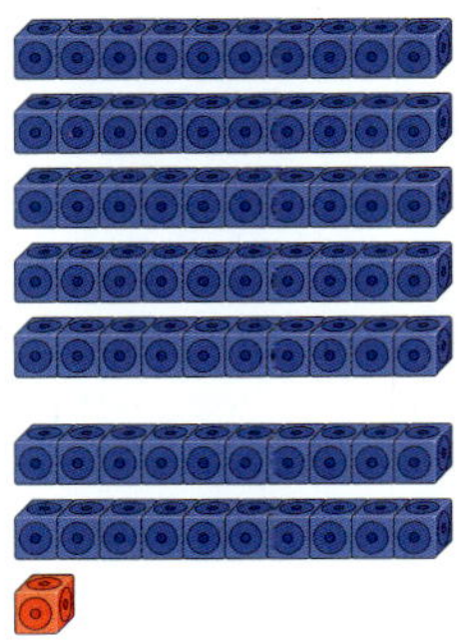

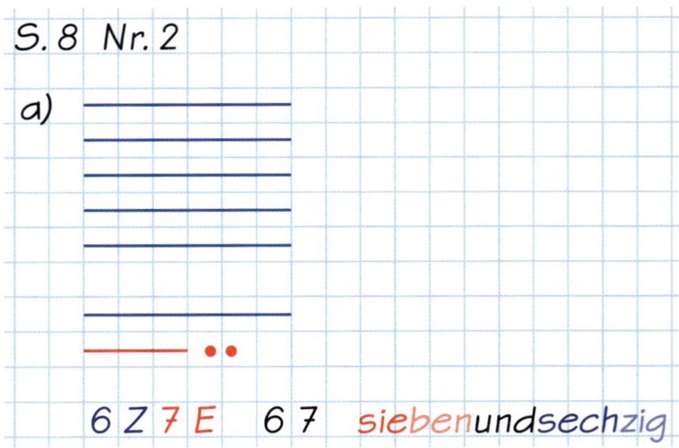


c)

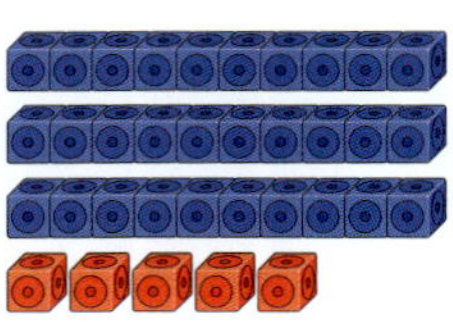

d)

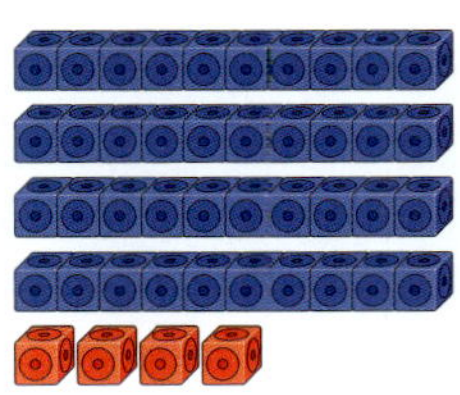

e):

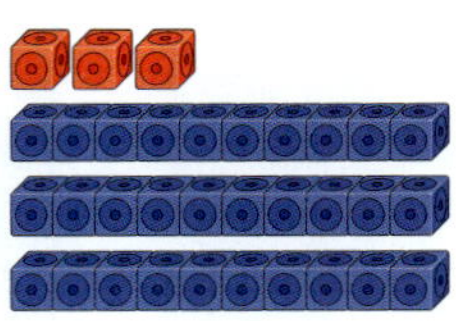

f):

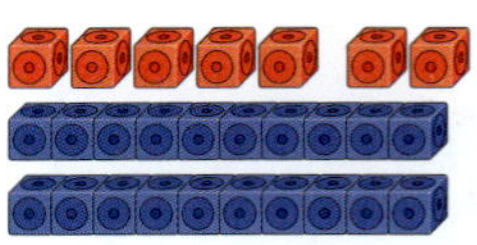

**3.** Schreibe die Zahl mit Ziffern.

a) vierunddreißig
vierundzwanzig
vierundneunzig

b) siebenundsiebzig
neunundsiebzig
einundsiebzig

c) dreiundachtzig
fünfundsechzig
zweiundfünfzig

S. 8 Nr. 3
a) 34,

**4:** Welche Zahlen könnten es sein? Schreibe und begründe.

a) undachtzig
b) neunund
c) sieben
d) neunzig
e) sechsunds
f) eiundfünfzig

S. 8 Nr. 4
a) 81, 82, …



AH, FöH, FoH S. 4

K D 1 Über die Schreib- und Sprechweise von Zahlen sprechen D 2
P K A 4 Strukturierung der Darstellungen für die Begründung nutzen

**1.**

**2.** Schätze wie viele es sind. Begründe.

a)  b)  c)  d) 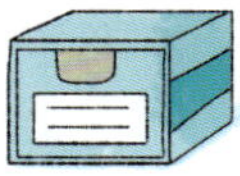 e) 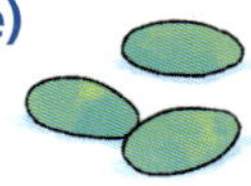

**3.** Lege Steckwürfel auf den Tisch. Dein Partnerkind schätzt.
Bündelt und zählt.

S. 9 Nr. 3
geschätzt:
gezählt:

**4.** Wie viele Steine sind in den Gläsern? Schätze und begründe.

10 Steine 50 Steine

a)  b) 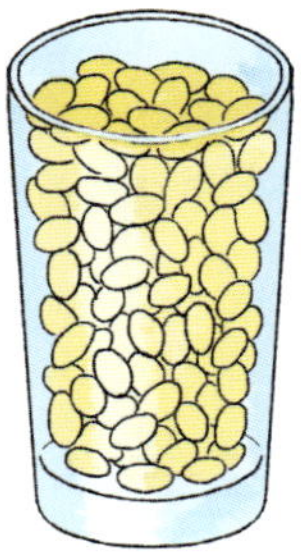 c) 

**1.**

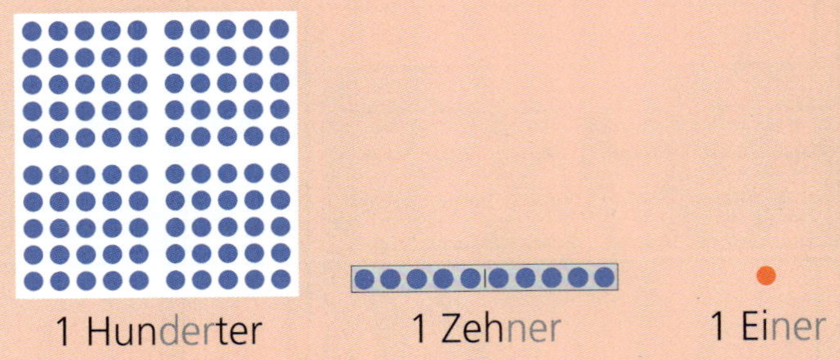


So zeichnest du ins Heft:

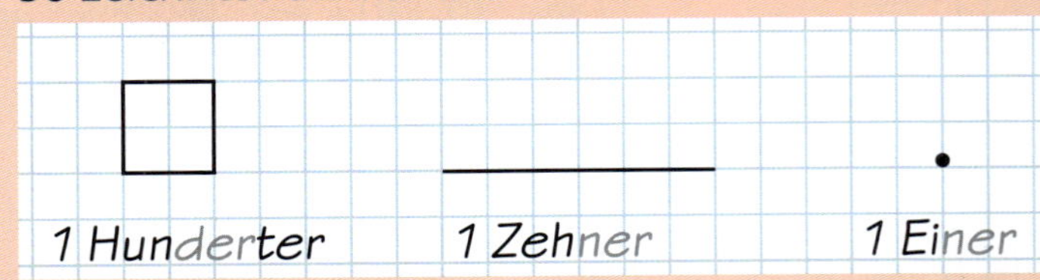


! **Hunderterfeld**

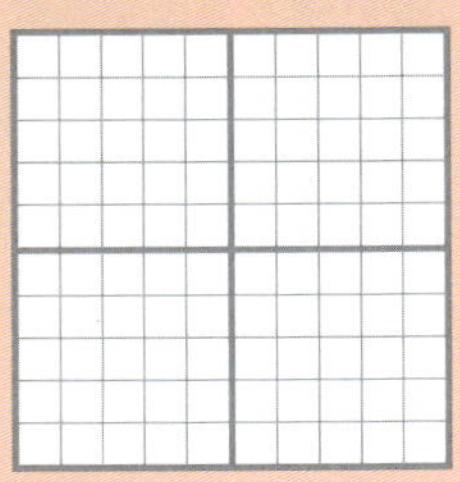

**2.** Zeichne und schreibe die dargestellte Zahl.

a) b) c) d)

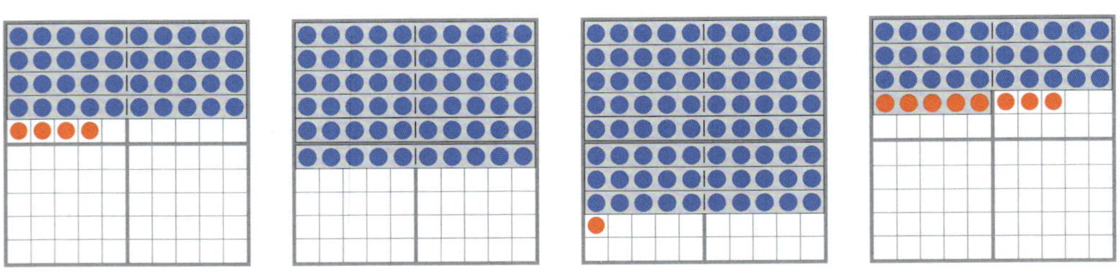

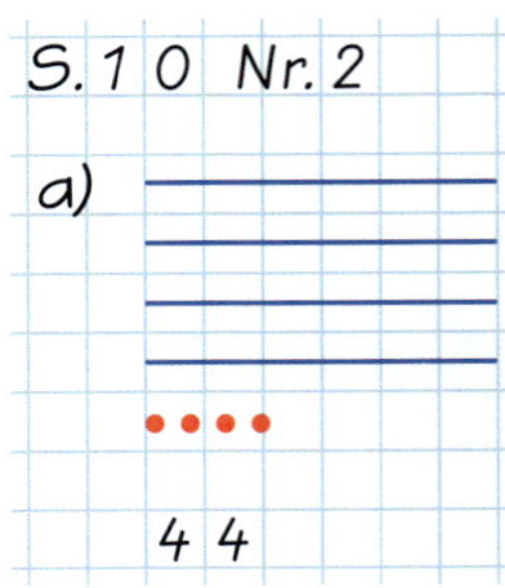


**3.** Lege im Hunderterfeld, zeichne und schreibe.

a) 37 22 41 b) 46 80 55 c) 78 69 13 d) 44 100 27

**4.** Was stimmt? Legt und vergleicht.

a)

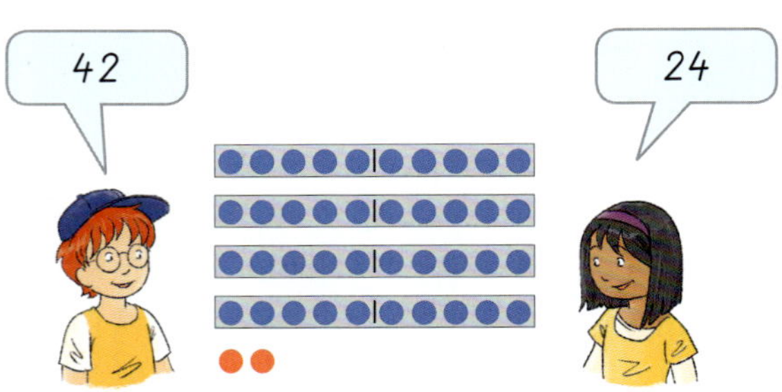


b) 73 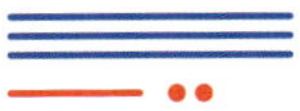 37

c) 19   91

d) 56 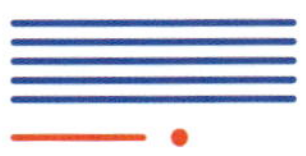 65

e) 87 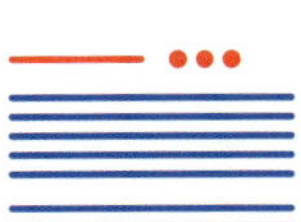 78



AH, FöH, FoH S. 5

K D **1** Hunderterfeld kennenlernen, Struktur erkennen, Hefteintrag thematisieren
D **2, 3** Hunderterfeld benutzen
K A D **4**

**1** Lege. Rechne im Heft.

a)
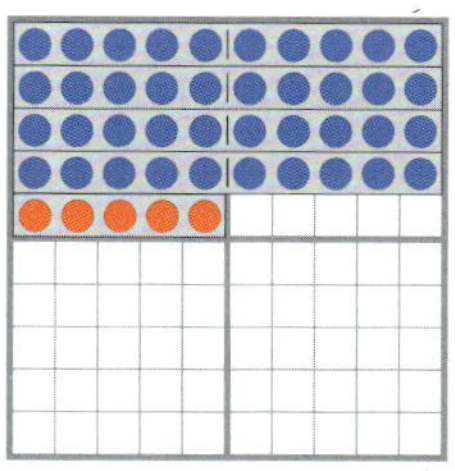
45 = 40 + 5

b)
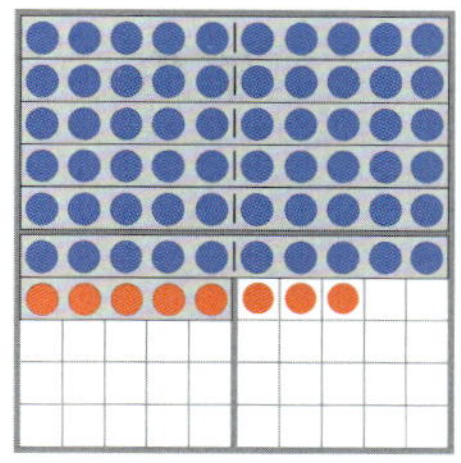
68 = □ + □

c)
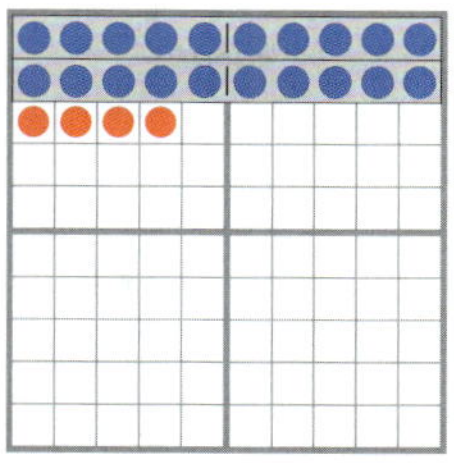
□ = □ + □

d)
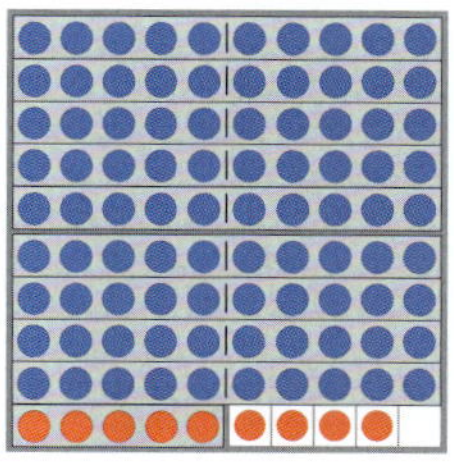
□ = □ + □

**2** Lege im Hunderterfeld. Rechne im Heft.

a) 27 = □ + □
54 = □ + □
31 = □ + □

b) 46 = □ + □
93 = □ + □
78 = □ + □

c) 18 = □ + □
85 = □ + □
62 = □ + □

d) 73 = □ + □
56 = □ + □
88 = □ + □

e) 96 = □ + □
42 = □ + □
27 = □ + □

f) 55 = □ + □
77 = □ + □
66 = □ + □

g) 15 = □ + □
36 = □ + □
47 = □ + □

h) □ = □ + □
□ = □ + □
□ = □ + □

**3** Wie viele Punkte sind abgedeckt?
Sichtbar sind:

a) 10 b) 30
c) 20 d) 70
e) 50 f) 60
g) 40 h) 80
i) 0 j) 100

**4** Rechne im Heft.

a) 100 = 20 + □
100 = 50 + □
100 = 0 + □

b) 100 = □ + 10
100 = □ + 30
100 = □ + 40

c) 50 = □ + 40
50 = 25 + □
50 = □ + 30

d) 70 + □ = 100
□ + 50 = 100
10 + □ = 100

**5** Löse die Rätsel.

a) Meine Zahl hat 5 Zehner und 5 Einer.

b) Meine Zahl ist um 9 größer als 60.

c) Meine Zahl hat halb so viele Einer wie Zehner.

d) Meine Zahl hat doppelt so viele Einer wie Zehner.

**1**

**!** **Zerlegungshaus**

| 8 | 80 |
|---|---|
| 5 + 3 | 50 + 30 |
| kleine Aufgabe | große Aufgabe |

**2.** Finde die Zerlegungen. Die kleine Aufgabe hilft dir. Rechne im Heft.

| 8 | 80 |
|---|---|
| 5 + 3 | 50 + 30 |
| 6 + ■ | 60 + ■ |
| ■ + 7 | ■ + 70 |

S. 1 2 Nr. 2
8 = 5 + 3    8 0 = 5 0 + 3 0

**3.** Finde die Zerlegungen. Denke an die kleine Aufgabe. Rechne im Heft.

| a) 40 | b) 90 | c) 70 | d) 60 | e) 50 |
|---|---|---|---|---|
| 10 + ■ | 40 + ■ | 0 + ■ | 10 + ■ | ■ + 20 |
| 20 + ■ | ■ + 30 | ■ + 20 | ■ + 40 | 50 + ■ |
| ■ + 30 | 10 + ■ | 40 + ■ | 30 + ■ | ■ + 40 |

**4.** Finde vier Zerlegungen. Rechne im Heft.

| a) 50 | b) 30 | c) 100 | d) 60 | e): 110 |
|---|---|---|---|---|
| ■ + ■ | ■ + ■ | ■ + ■ | ■ + ■ | ■ + ■ |

**5:** Finde Zerlegungen. Rechne im Heft.

| a) 60 | b) 90 | c): 120 | d): 100 |
|---|---|---|---|
| ■ + ■ + ■ | ■ + ■ + ■ | ■ + ■ + ■ | ■ + ■ + 10 + ■ |
| ■ + ■ + ■ | ■ + ■ + ■ | ■ + ■ + ■ | 20 + ■ + 20 + ■ |
| ■ + ■ + ■ | ■ + ■ + ■ | ■ + ■ + ■ | ■ + 50 + ■ + 10 |



AH, FöH, FoH S. 6

K A D 1 Zerlegungen von Mengen in Teilmengen thematisieren; Darstellung im Zerlegungshaus besprechen; Analogien erkennen
**4, 5** Mehrere Lösungen sind möglich

**1.** Was fällt dir auf?
Finde drei weitere Zerlegungen.

**2.** Finde die Zerlegung.

a) 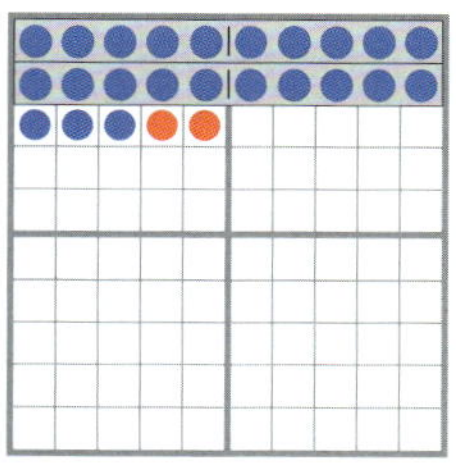

b) 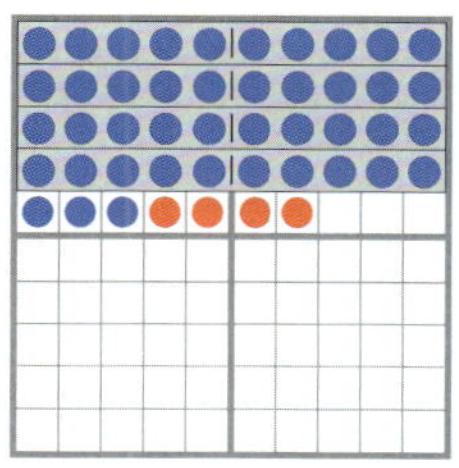

c) 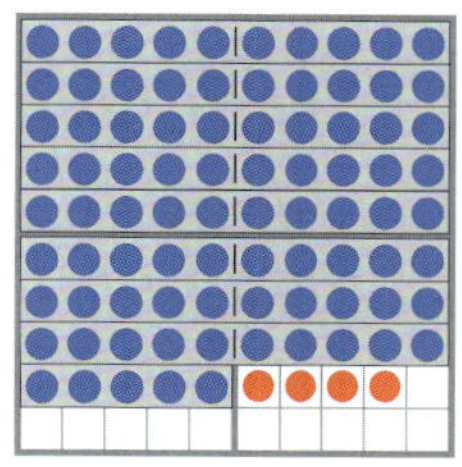

d) 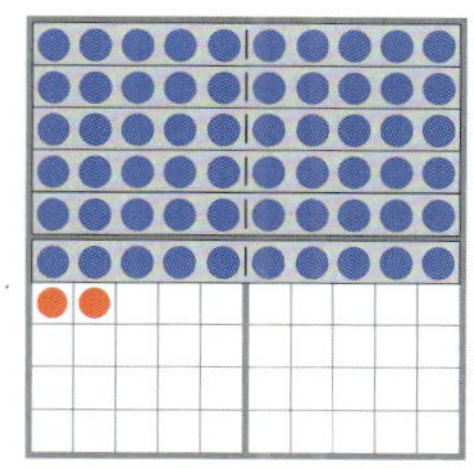

e) 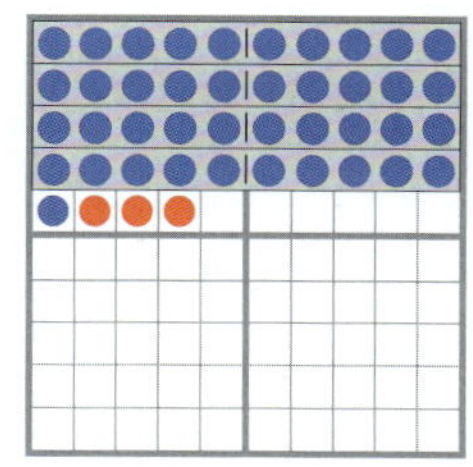

**3.** Lege im Hunderterfeld. Finde vier Zerlegungen. Rechne im Heft.

a) 15: ■ + ■

b) 26: ■ + ■

c) 47: ■ + ■

d) 84: ■ + ■

e) 93: ■ + ■

**4.** Schreibe die Zerlegung ins Heft.

a) 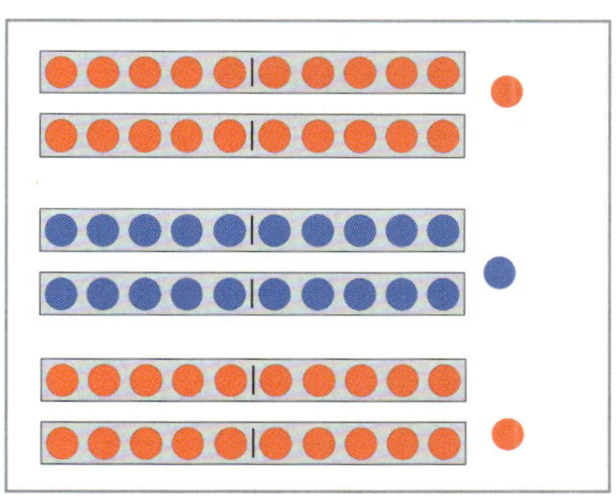

63 = ■ + ■ + ■

b) 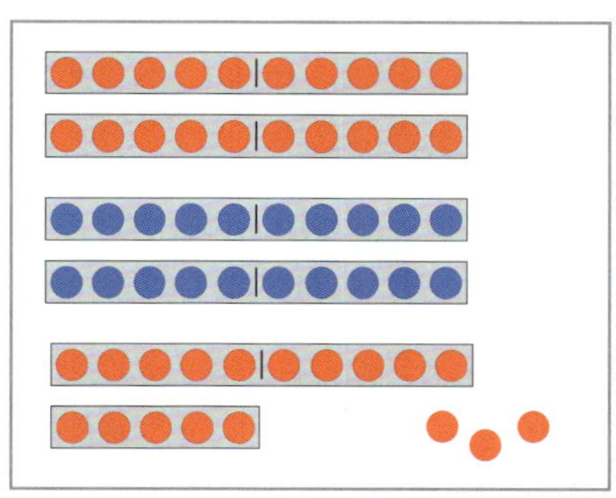

58 = ■ + ■ + ■

c) 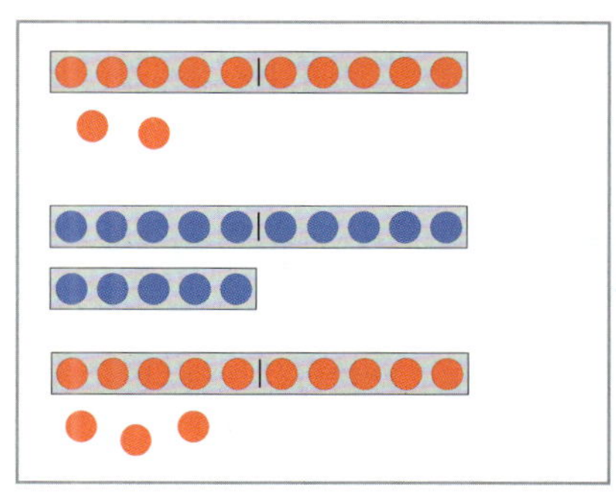

40 = ■ + ■ + ■

**5.** Werft 3 mal hintereinander Plättchen.
Bündelt jeweils die roten und die blauen Plättchen. Schreibt die Zahlzerlegung auf.

a) Verwendet 30 Plättchen.

b) Verwendet 36 Plättchen.

**1.**

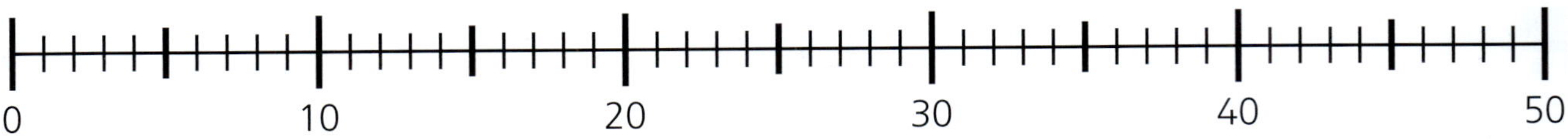


**2.** Zeigt die Zahlen am Zahlenstrahl. Setzt fort.

**a)** 3, 4, 5, … 13 **b)** 13, 14, 15, … 23 **c)** 43, 44, 45, … 53
**d)** 64, 65, 66, … 74 **e)** 15, 20, 25, … 40 **f)** 38, 37, 36, … 28

**3.** Zeige die Zahlen am Zahlenstrahl. Schreibe ins Heft. Setze ein: >, < oder =

| a) | b) | c) | d) |
|---|---|---|---|
| 30 ● 50 | 34 ● 40 | 68 ● 78 | 70 + 10 ● 80 |
| 80 ● 60 | 50 ● 29 | 47 ● 54 | 60 + 10 ● 50 |
| 40 ● 40 | 30 ● 91 | 65 ● 66 | 10 + 80 ● 100 |

S. 14 Nr. 3
a) 30 < 50

**4.** Ordne die Zahlen der Größe nach. Beginne mit der kleinsten Zahl. Verwende <.

**a)** 13 59 37 73 **b)** 65 100 11 56
**c)** 27 15 72 51 **d)** 48 18 84 81

S. 14 Nr. 4
a) 13 < 37 <

**5.** Schreibe ins Heft. Setze die Zahlen passend ein.

**a)** ■ < ■ > ■ < ■ < ■
91 17 56 38 2

**b)** ■ > ■ < ■ > ■ > ■
30 3 31 13 33

**6.** Setze die Zahlenfolge fort.
Finde eine Regel.

**a)** 30, 35, 40, … 75
**b)** 20, 22, 24, … 36
**c)** 49, 50, 51, … 57
**d)** 57, 56, 55, … 49
**e)** 3, 6, 9, … 21

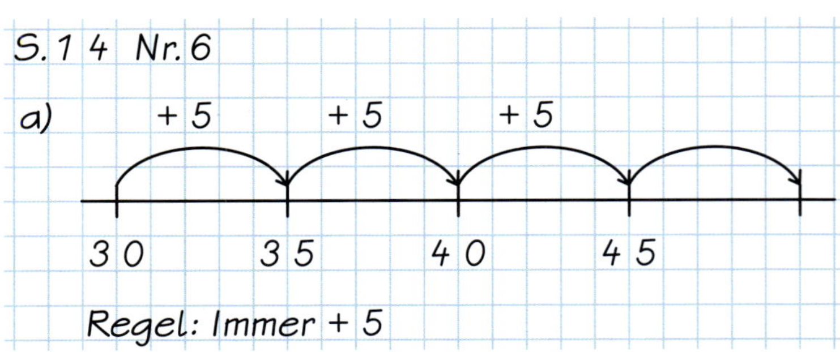


**7.** Denke dir selbst eine Zahlenfolge aus und schreibe die ersten drei Zahlen auf.
Dein Partnerkind soll die Zahlenfolge fortsetzen.

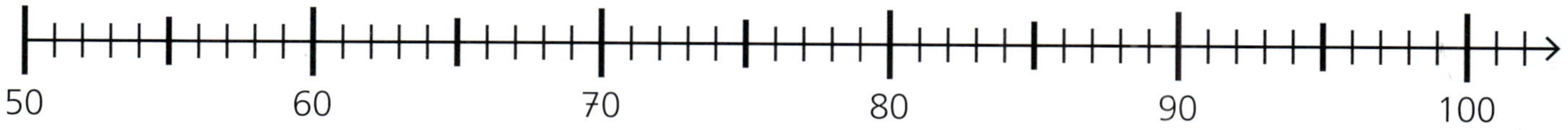


**8** Zeige die Zahl mit Vorgänger (V) und Nachfolger (N). Schreibe.

**a)** 35, 30, 51 **b)** 77, 40, 35

**c)** 33, 73, 99 **d)** 100, 104, 110

S. 15 Nr. 8

| a) V | Zahl | N |
|---|---|---|
| 34 | 35 | 36 |

!

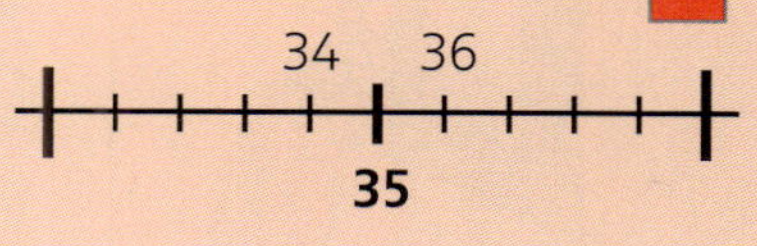


| Vorgänger | Zahl | Nachfolger |
|---|---|---|
| 34 | 35 | 36 |

34 ist der Vorgänger von 35.
36 ist der Nachfolger von 35.

**9** Welche Zahl ist es? Schreibe ins Heft.

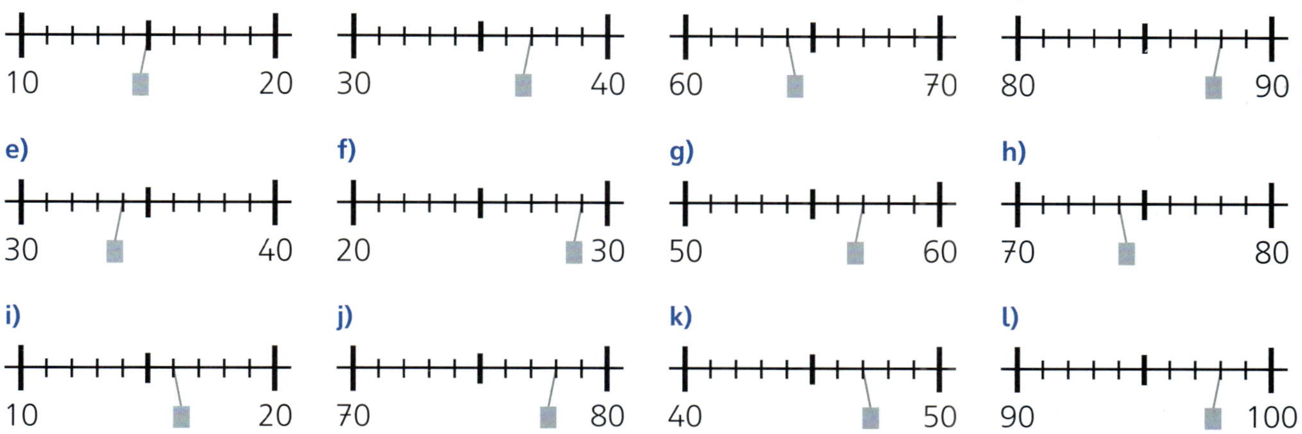


**10** Welche Zahl könnte es sein? Begründe. Schreibe ins Heft.

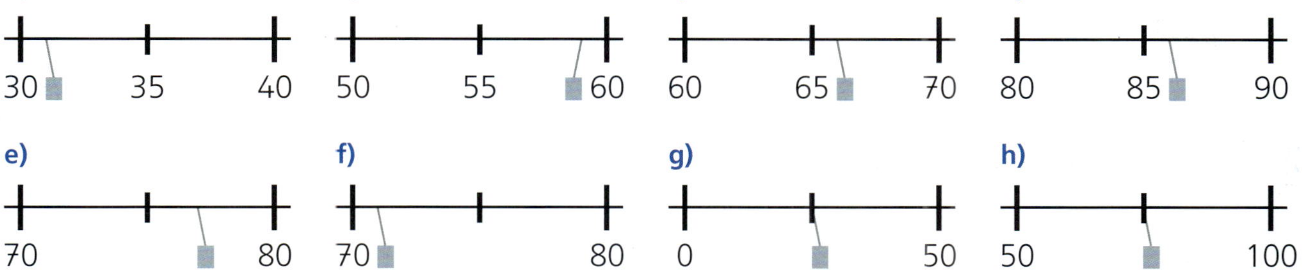


**11** Zeige die Zahl mit Nachbarzehnern (NZ). Schreibe.

**a)** 24, 88, 45 **b)** 77, 23, 39

**c)** 20, 52, 61 **d)** 3, 90, 110

S. 15 Nr. 11

| a) NZ | Zahl | NZ |
|---|---|---|
| 20 | 24 | 30 |

!

**Nachbarzehner**

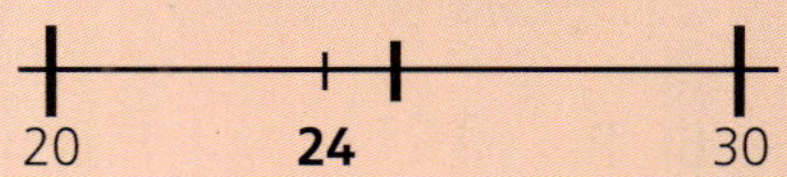


| Nachbar-zehner | Zahl | Nachbar-zehner |
|---|---|---|
| 20 | **24** | 30 |

**1.**

**2.** a) Welche Frage kannst du beantworten, ohne zu rechnen?

| | | | |
|---|---|---|---|
| **A** Wie viele Vögel sind es? | **B** Welche Farbe hat Hannas Hose? | **C** Wie heißt der Hausmeister? | **D** Wie viele Blumen blühen im Garten? |
| **E** Wie viel Uhr ist es? | **F** Wie viele Kinder sind an der Rutsche? | **G** Wie lange dauert die Pause? | |

b) Bei welcher Aufgabe musst du rechnen? Löse die Sachaufgabe.

c) Einige Fragen kannst du nicht beantworten. Begründe.

**3.** Findet zwei Fragen zum Bild. Sprecht darüber. Präsentiert eure Ergebnisse.

**1.** Schreibe auf drei verschiedene Arten.

a) 34 28 66  b) 70 59 14

S. 17 Nr. 1
a) 3 Z 4 E  3 4  vierunddreißig

**2.** Finde zu jeder Zahl drei verschiedene Zerlegungen. Rechne im Heft.

a) 70: ■ + ■  b) 90: ■ + ■  c) 36: ■ + ■  d) 72: ■ + ■  e) 68: ■ + ■

**3.** Rechne im Heft.

| a) | b) | c) | d) | e) |
|---|---|---|---|---|
| 29 = 20 + 9 | 82 = ■ + ■ | 44 = ■ + ■ | 61 = ■ + ■ | 26 = ■ + ■ |
| 51 = 50 + ■ | 17 = ■ + ■ | 88 = ■ + ■ | 62 = ■ + ■ | 57 = ■ + ■ |
| 34 = 30 + ■ | 43 = ■ + ■ | 99 = ■ + ■ | 63 = ■ + ■ | 75 = ■ + ■ |

**4.** Welche Zahl gehört zu welchem Buchstaben?

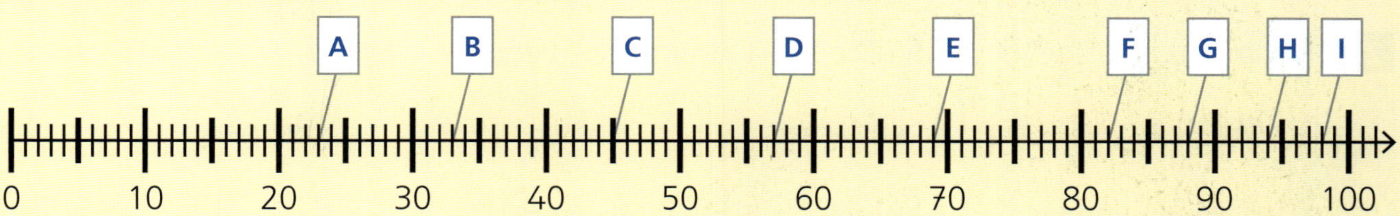


**5.** Beginne mit der kleinsten Zahl. Verwende <.

a) 47 16 63 36 78

b) 53 23 79 86 91

**6.** Setze die Zahlenfolge fort. Finde eine Regel.

a) 2, 4, 6, … 16

b) 20, 30, 40, … 90

c) 40, 35, 30, … 5

**7.** Schreibe jede Zahl mit ihrem Vorgänger und Nachfolger auf.

a) 41, 66  b) 79, 18  c) 86, 91

**8.** Schreibe jede Zahl mit ihren Nachbarzehnern auf.

a) 54, 83  b) 38, 57  c) 42, 98

**9.** Welche Frage kannst du beantworten? Löse die Sachaufgabe.

**A** Wie viele Schmetterlinge sind es zusammen?

**B** Wer hat die Schmetterlinge gebastelt?

K A M 9 Lösungsschema beachten

**1**

**2** Nehmt eure Stifte. Vergleicht. Die Wortkarten helfen euch.

… ist länger als …  … ist kürzer als …  … ist kleiner als …  … ist genauso lang wie …

… ist der Längste.  … ist der Kleinste.  … ist größer als …  … ist der Kürzeste.

**3** Ordne die Stifte der Länge nach. Beginne mit dem längsten Stift. Verwende >.

S. 18 Nr. 3
G >

**4** Ordne die Kinder der Größe nach. Beginne mit dem kleinsten Kind. Verwende <.

AH, FöH, FoH S. 11

K 1 Entdeckungen zu Längen machen, Vergleiche anstellen und ggf. ausprobieren; Sprechweisen des Längenvergleichs thematisieren K 2
4 Ggf. Situation in eigener Klasse nachspielen

**1.** Unsere Körpermaße

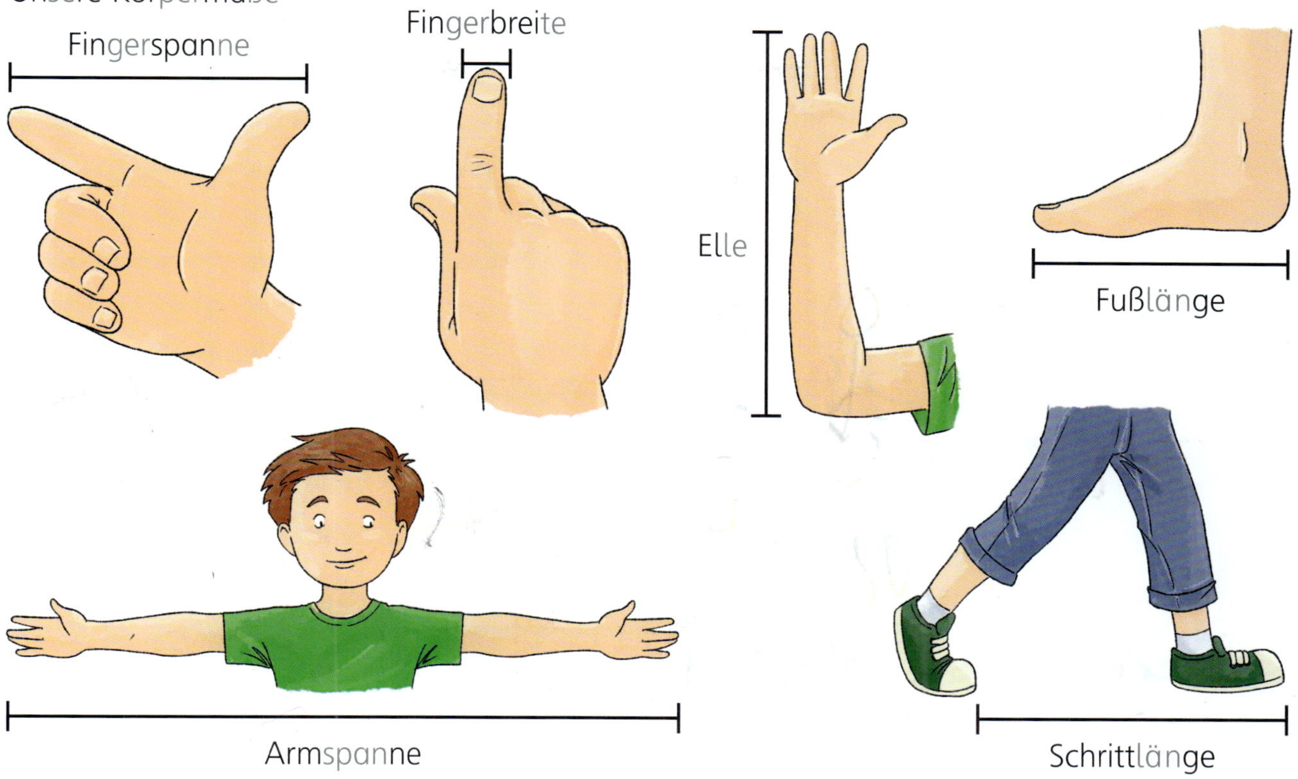


**2.** Finde Gegenstände im Klassenraum, die etwa so breit, hoch oder lang sind wie:

a) eine Fingerbreite
b) eine Fingerspanne
c) eine Elle
d) eine Schrittlänge
e) eine Armspanne
f) eine Fußlänge

*S. 19 Nr. 2*
*a) Fingerbreite: Füller,*

**3.** Schätzt die Längen. Messt mit geeigneten Körpermaßen nach. Vergleicht eure Ergebnisse.

Radiergummi, Regal, Mathebuch, Tafel, Flasche, Lineal, Stift, Hefter, Klassenraum

*S. 19 Nr. 3*

a)

| | Körpermaß | geschätzt | gemessen |
|---|---|---|---|
| Radiergummi | Fingerbreite | 3 | |
| Mathebuch | | | |

**4.** Messt euren Schultisch mit verschiedenen Körpermaßen.

a) Schreibt die Ergebnisse auf.
b) Welche Körpermaße haben sich gut zum Ausmessen geeignet? Welche nicht? Begründet.
c) Vergleicht eure Ergebnisse mit den Anderen. Was fällt euch auf? Begründet.

(K) 1 Körpermaße thematisieren; ggf. zu Messgeräten früher recherchieren
(M) 2 Länge, Höhe und Breite an Gegenständen thematisieren (K)(A)(M) 3
(K)(A)(M) 4 Notwendigkeit von genormten Einheitsmaßen thematisieren; Ergebnisse präsentieren

**1**

**2** Schaut euch das Lineal genau an. Was entdeckt ihr?

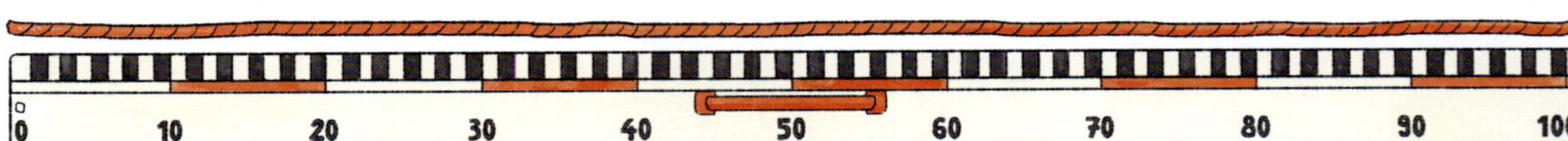

**!** 1 Meter = 100 Zentimeter
1 m = 100 cm

**3** Informiert euch zu den abgebildeten Messgeräten.

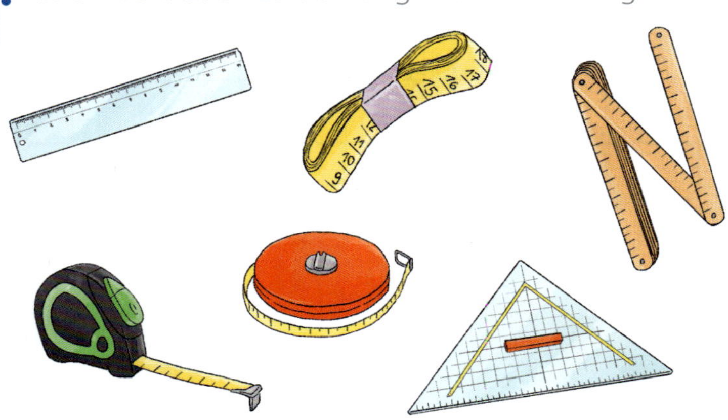

**!** **Körpermaße** helfen beim Schätzen von Längen.
Mit **Messgeräten** kann man die Länge genau messen.

**4** Wie oft passt das Körpermaß in einen Meter? Probiert aus.

**a)** Elle **b)** Armspanne **c)** Fingerspanne
**d)** Fußlänge **e)** Schrittlänge **f)** Fingerbreite

S. 20 Nr. 4
a) 1 m = ▢ Ellen



AH, FöH, FoH S. 12

P K A 1 Einheitsmaß einführen; ggf. Klassenwettbewerb durchführen
K 2 Skala sowie Anlegen und Ablesen des Lineals thematisieren; ggf. Besonderheit Dezimeter thematisieren
K 3 Ggf. Rechercheergebnisse präsentieren P K A 4 Nicht alle Maße werden genau 1 m ergeben

**1.** Finde Gegenstände mit folgenden Maßen:

**a)** kürzer als 1 m

**b)** ungefähr 1 m

**c)** länger als 1 m

S. 21 Nr. 1

a) Kürzer als 1 m: Bleistift,

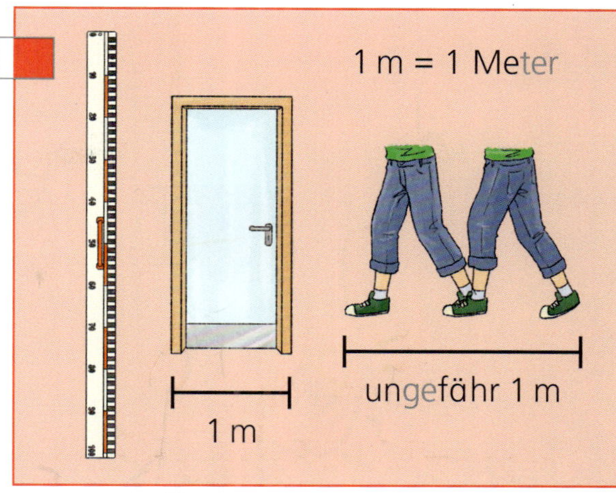


**2:** Ordne die Maße zu.

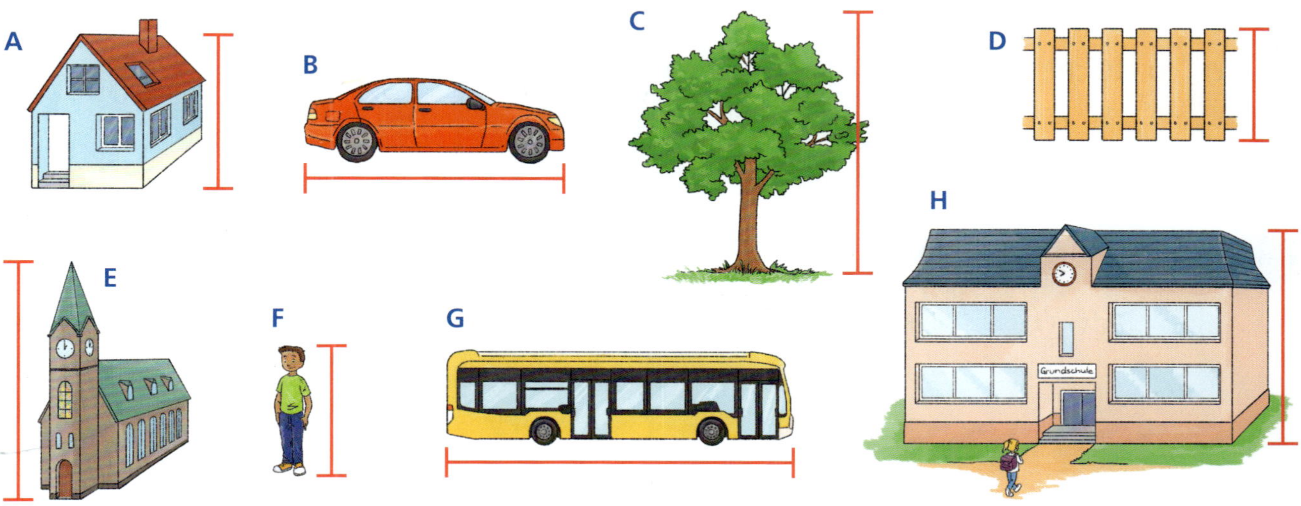


4 m | 10 m | 1 m | 18 m | 35 m | 8 m | 150 m | 1 m 20 cm

**3:** Kann das stimmen? Begründet.

**a)** Der Füller von Hanna ist 15 m lang.

**b)** Eine Tür ist 1 m breit.

**c)** Mira wohnt in einem 8 m hohen Haus.

**d)** Der Hund von Tim ist 2 m hoch.

**4:** Rechne im Heft.

S. 21 Nr. 4

a) 10 cm + ■ cm = 100 cm

**a)** 10 cm + ■ cm = 100 cm
60 cm + ■ cm = 100 cm

**b)** 50 cm + ■ cm = 100 cm
45 cm + ■ cm = 100 cm

**c)** 90 cm + ■ cm = 1 m
30 cm + ■ cm = 1 m

**d)** 100 cm + ■ cm = 1 m
5 cm + ■ cm = 1 m

**e):** 1 m + 20 cm + ■ cm = 2 m
1 m + 30 cm + ■ cm = 3 m

K A M **1** Repräsentanten für einen Meter erarbeiten; Merkplakat erstellen und präsentieren
K A M **2** Größenvorstellungen erarbeiten
K A M **3** Aussagen auf Plausibilität prüfen

AH, FöH, FoH S. 13

! 1 cm = 1 Zentimeter

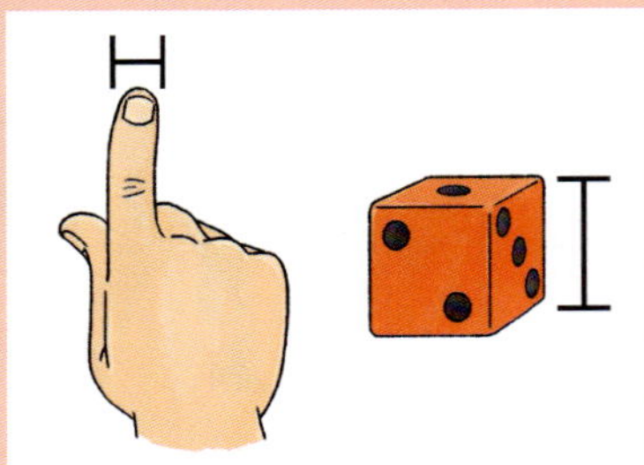

ca. 1 cm

ca. 10 cm

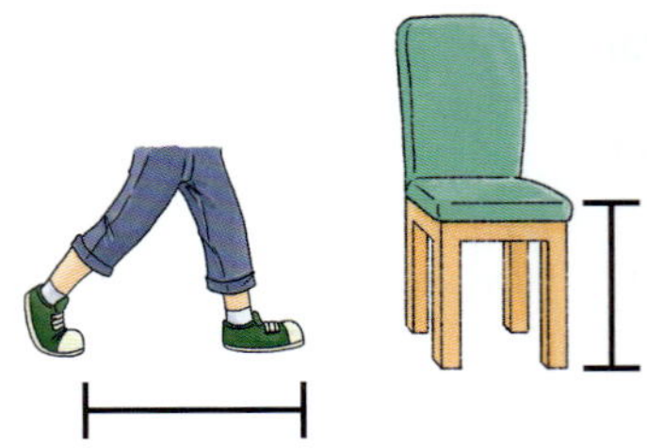

ca. 50 cm

**1** Finde Gegenstände mit den folgenden Maßen:

**a)** ca. 1 cm **b)** ca. 5 cm
**c)** ca. 10 cm **d)** ca. 50 cm

*S. 22 Nr. 1*
*a) ca. 1 cm: 5 ct-Münze,*

**2** Schätze die Größe der Gegenstände. Miss mit dem Lineal nach.

Mathebuch | Büroklammer | Stift | Klebestift | Füller | Pinsel

*S. 22 Nr. 2*

| *a)* | *geschätzt* | *gemessen* |
|---|---|---|
| *Mathebuch* | ■ *cm* | |

**3** Schätzt die Länge. Messt mit dem Lineal und schreibt.

**a)** **b)**
**c)** **d)**
**e)** **f)**
**g)** **h)**

**4** Kann das stimmen? Begründe.

**a)** Ein Haus ist 11 cm hoch.
**b)** Eine Büroklammer ist 2 cm lang.
**c)** Ein Lineal ist 15 cm lang.
**d)** Ein Zollstock ist 20 cm lang.
**e)** Eine Tür ist 1 cm breit.
**f)** Eine Turnhalle ist 10 cm lang.

**5** Rechne im Heft.

**a)** 2 cm + 4 cm = ■ cm
5 cm + 3 cm = ■ cm

**b)** 20 cm − 10 cm = ■ cm
15 cm − 4 cm = ■ cm

*S. 22 Nr. 5*
*a) 2 cm + 4 cm = ■ cm*

**c)** 8 cm + 4 cm = ■ cm
10 cm + 3 cm = ■ cm

**d)** 19 cm − 4 cm = ■ cm
20 cm − 6 cm = ■ cm

**e)** 12 cm + ■ cm = 20 cm
14 cm − ■ cm = 6 cm



AH, FöH, FoH S. 14

K M 1 Abkürzung ca. (zirka) thematisieren; Repräsentanten finden; ggf. Merkplakat erstellen und präsentieren K M 2 K 3
K A M 4 Aussagen auf Plausibilität prüfen

**1.** Ordne die Strecken der Länge nach. Beginne mit der längsten Strecke. Verwende **>**.

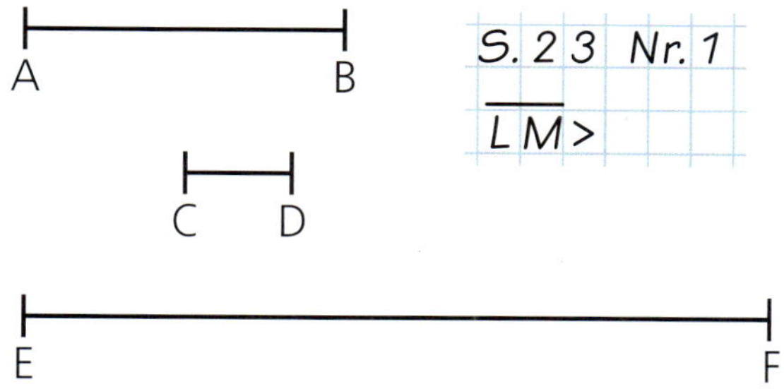


S. 23 Nr. 1
$\overline{LM}$ >

> **!** Eine Strecke hat einen Anfangspunkt und einen Endpunkt.
>
> 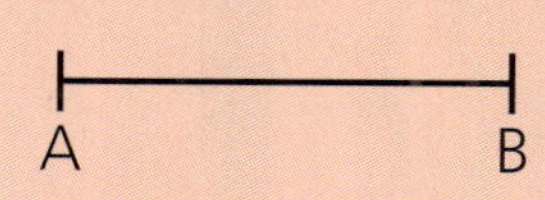
> 
>
> Schreibe: $\overline{AB}$

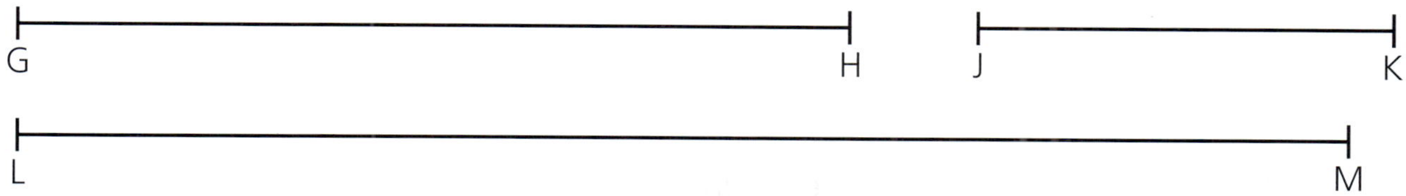


**2.** Miss die Strecken aus Aufgabe 1 mit deinem Lineal. Schreibe.

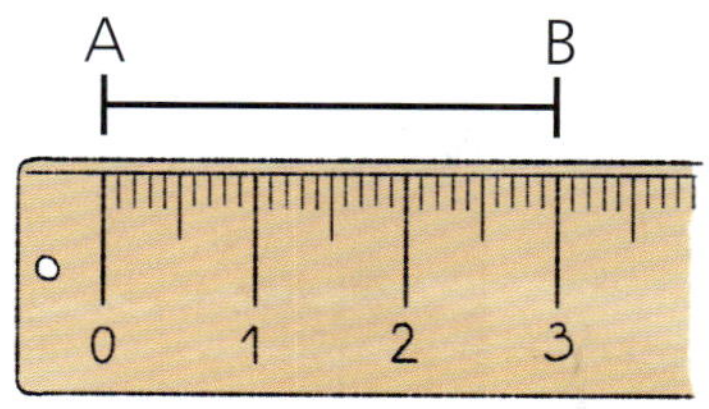


S. 23 Nr. 2
$\overline{AB}$ = 3 cm

**3.** Zeichne die folgenden Strecken.

**a)** $\overline{AB}$ = 2 cm **b)** $\overline{CD}$ = 4 cm **c)** $\overline{EF}$ = 10 cm **d)** $\overline{KL}$ = 1 cm
**e)** $\overline{MN}$ = 5 cm **f)** $\overline{OP}$ = 12 cm **g)** $\overline{QR}$ = 7 cm **h)** $\overline{ST}$ = 9 cm

S. 23 Nr. 3
a)

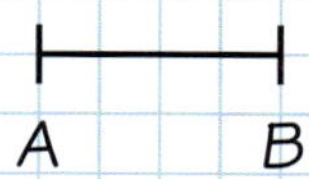


**4.** Miss die Länge der einzelnen Strecken. Schreibe und rechne.

S. 23 Nr. 4
a) 5 cm + ▢ cm + ▢ cm + ▢ cm =

**5.** Zeichne zusammengesetzte Strecken wie bei Aufgabe 4. Rechne.

**a)** 5 cm + 3 cm + 4 cm **b)** 2 cm + 8 cm + 7 cm **c)** 4 cm + 10 cm + 4 cm
**d)** 7 cm + 7 cm + 3 cm **e)** 8 cm + 5 cm + 2 cm **f)** 11 cm + 2 cm + 1 cm
**g)** 9 cm + 4 cm + 3 cm **h)** 9 cm + 4 cm + 3 cm **i)** 10 cm + 3 cm + 3 cm

K **1** Strecke thematisieren; Längenvergleiche ohne Messen anstellen
K **2** Genaues Messen thematisieren **5** Weißes Papier zum Zeichnen nutzen

AH, FöH, FoH S. 15

**1.** Miss deine genaue Körpergröße. Vergleiche und ordne.

! 1 m 30 cm
1 Meter und 30 Zentimeter

**2.** Miss genau und schreibe in Meter und Zentimeter auf.

*S. 24 Nr. 2*
*a) Breite des Fensters: ▢ m ▢ cm*

**a)** Größe Erwachsener
**b)** Länge des Klassenraumes
**c)** Höhe der Tafel
**d)** Breite des Fensters
**e)** Größe eines Mitschülers
**f)** Länge des Matheheftes
**g)** Höhe des Tisches
**h)** Länge deines Fußes
**i)** Länge deines Füllers

**3.** Schreibe ins Heft. Setze ein: >, < oder =

| a) | b) | c) | d) |
|---|---|---|---|
| 1 m ● 3 m | 10 cm ● 10 cm | 1 m ● 10 cm | 11 m ● 11 cm |
| 71 m ● 71 m | 20 cm ● 100 cm | 2 cm ● 2 m | 8 cm ● 80 m |
| 3 m ● 4 m | 35 cm ● 3 cm | 100 cm ● 1 m | 10 cm ● 10 cm |

**4.** Ordne der Größe nach. Beginne mit der kürzesten Strecke. Verwende <.

**a)** 10 m, 3 m, 15 m, 8 m
**b)** 40 cm, 30 cm, 1 cm, 9 cm
**c):** 7 m 40 cm, 10 m 3 cm, 4 m 10 cm, 10 m
**d):** 1 m 90 cm, 2 m 30 cm, 100 cm, 1 m 10 cm

**5:** Wie groß sind die Vögel? Informiert euch und ordnet die Größe zu.

Pinguin

Spatz

Strauß

Storch

12 cm
100 cm
1 m 14 cm
2 m 80 cm



AH, FöH, FoH S. 16

Ⓚ Ⓜ 1 Genaues Messen mit Zentimeter und Meter thematisieren
Ⓜ 2
Ⓚ Ⓐ Ⓜ 5 Zu Vögeln recherchieren; ggf. Ergebnisse präsentieren

**1.**

!

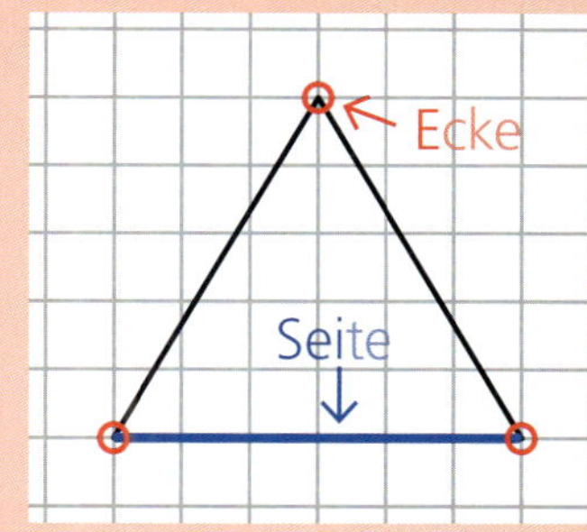


Beim Abzeichnen hilft mir
1. Eine Ecke zu markieren
2. Von dort Kästchen abzuzählen

**2.** Zeichne die Form ins Heft ab. Markiere dort die Ecken rot und die Seiten blau. Zähle.

**a)** Dreieck

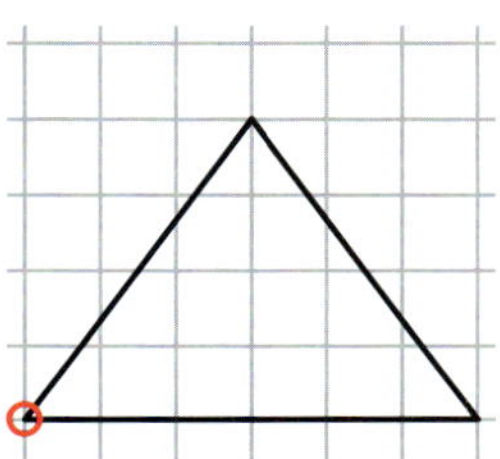

Ecken:

Seiten:

**b)** Rechteck

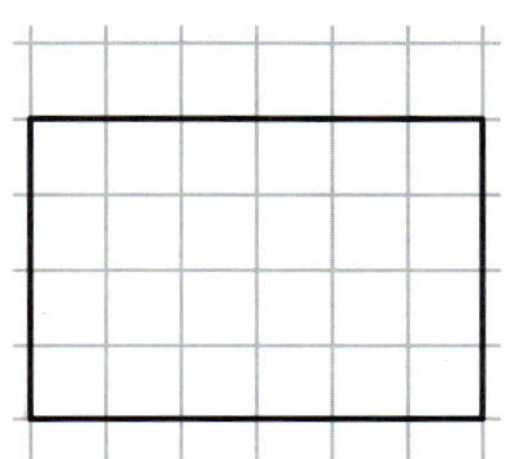

Ecken:

Seiten:

**c)** Quadrat

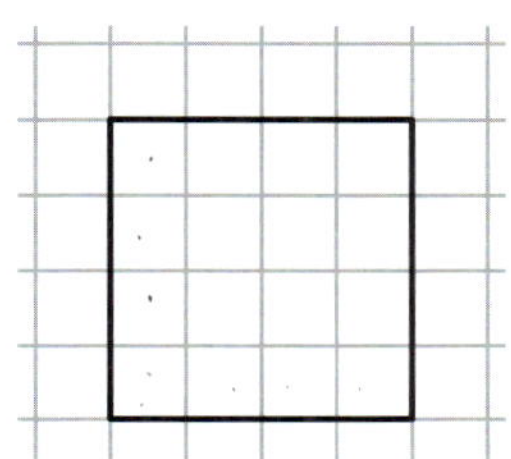

Ecken:

Seiten:

**d)** Kreis

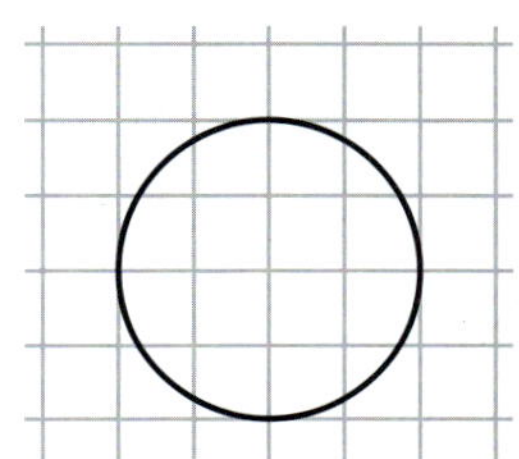

Ecken:

Seiten:

**3.** Zeichne die Figur genau ab.

**a)**

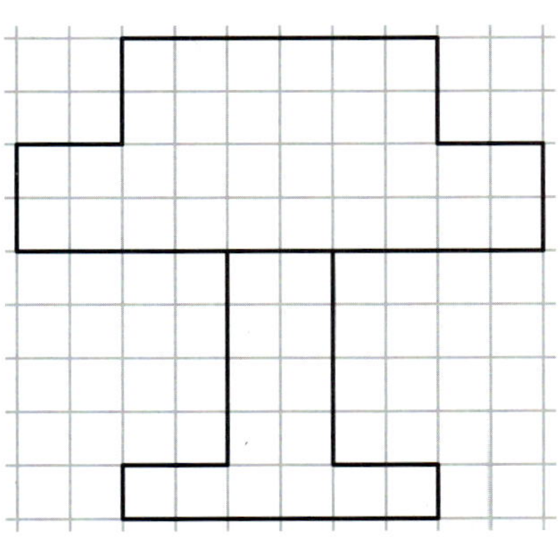

**b)**

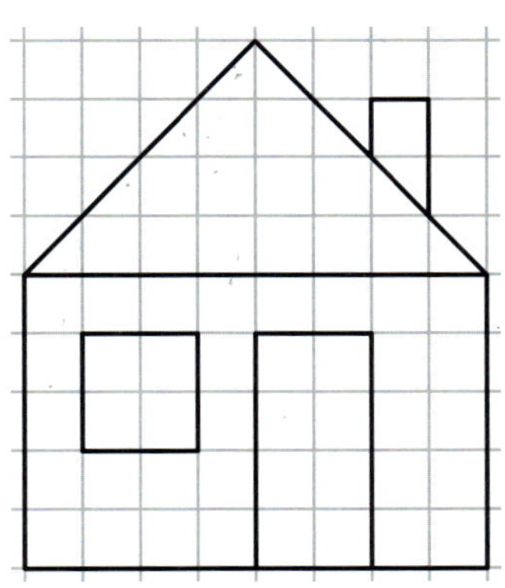

**c)**

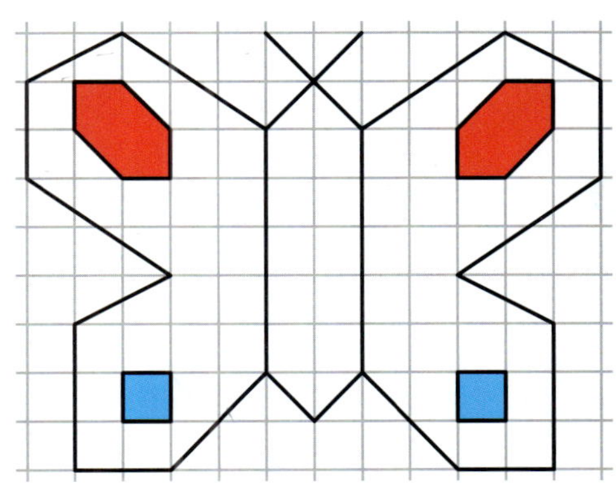

**4.** Erfinde eigene Figuren und zeichne sie mit dem Lineal in dein Heft.

Das Tangram ist ein chinesisches Legespiel aus sieben Teilen.
Ziel ist es, mit allen Teilen Muster, Figuren usw. zu legen.

**1.** Lege die Figur mit deinem Tangram nach.

a) 

b) 

c) 

d) 

**2:** Legt die Figur mit eurem gesamten Tangram nach.

a) 

b) 

c) 

d) 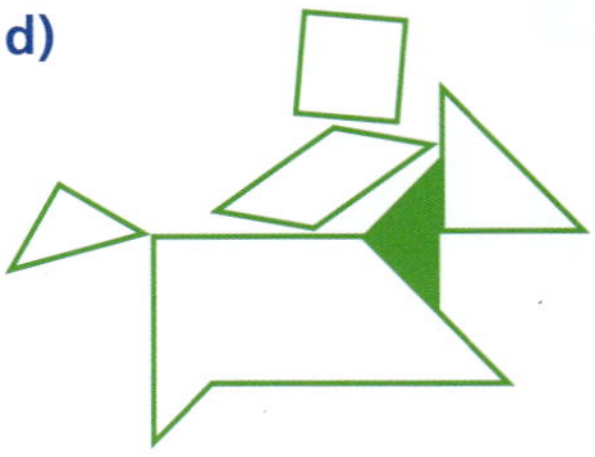

**3:** Legt die Figur mit eurem gesamten Tangram nach.

a) 

b) 

c) 

d) 

**4:** Erfindet eigene Figuren.

**5:** a) Lege ein Quadrat mit 2 Formen deines Tangrams.

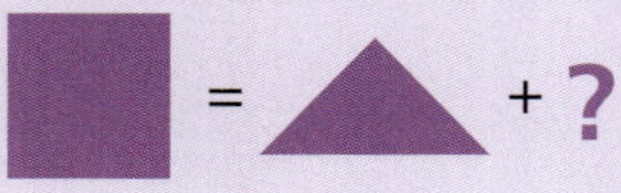


b) Lege ein Rechteck mit 3 Formen deines Tangrams.

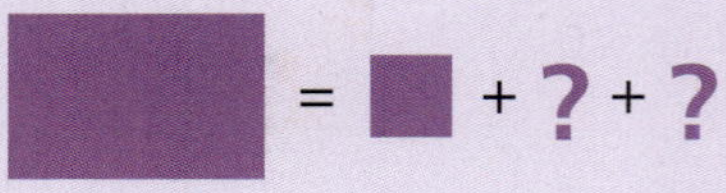




1–5 Tangram verwenden P K 2, 3
P K 4 Ggf. Ergebnisse mit dem Tablet abfotografieren
P 5

**1.** Untersuche die Formen genau.

**!** **Vierecke**

Ein Viereck hat 4 Ecken und 4 Seiten.

| **Quadrat** | **Rechteck** |
|---|---|
| Alle Seiten sind gleich lang. | Gegenüberliegende Seiten sind gleich lang. |

**2.** Wie viele Quadrate und Rechtecke findest du?

**a)**

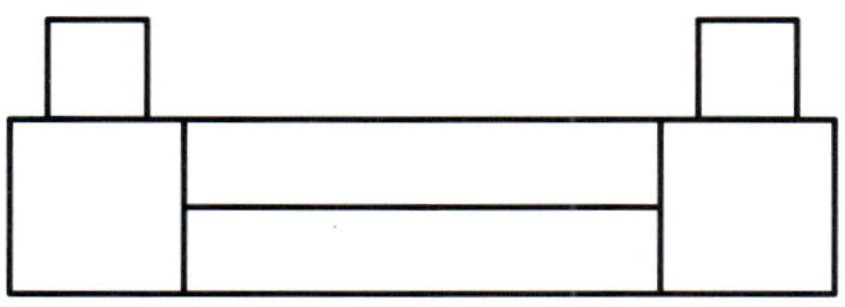

**b)**

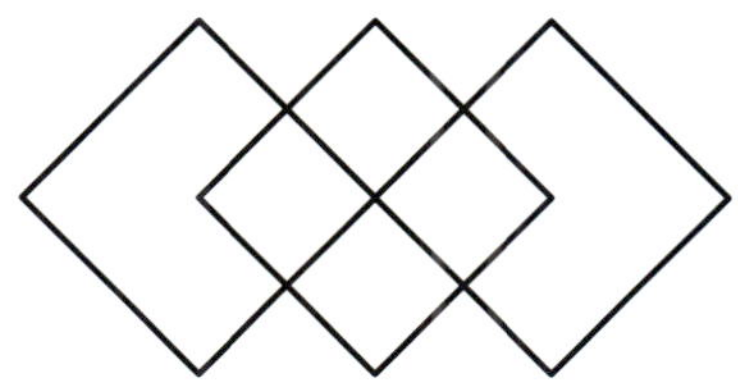

**c):**

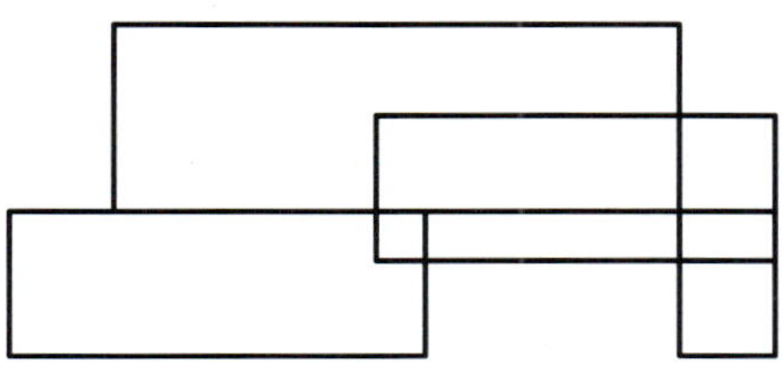

**d):**

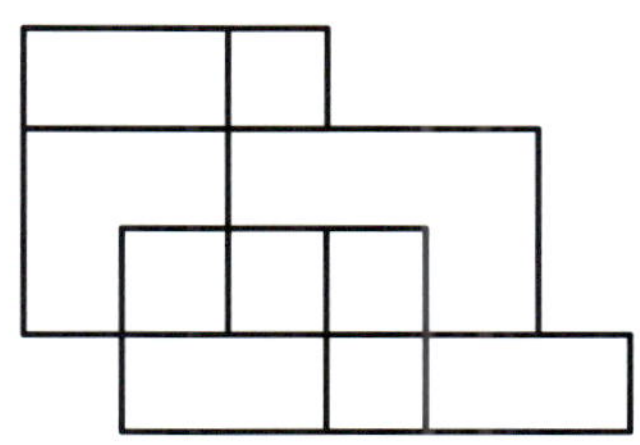

**3.** Gestalte ein Bild mit Quadraten und Rechtecken wie Piet Mondrian.

1. Zeichne mit Bleistift und Lineal verschiedene Vierecke.

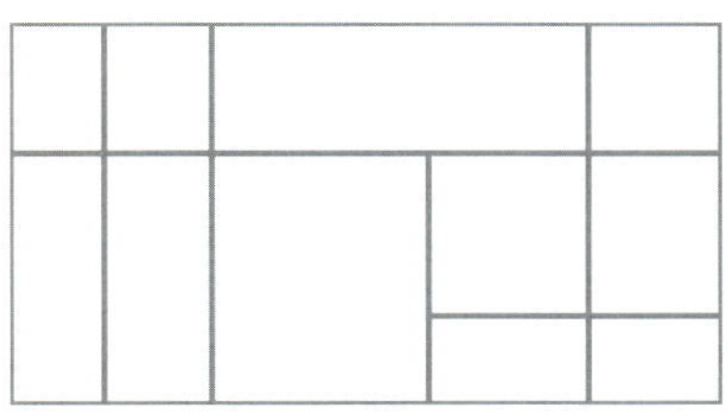

2. Male die Formen bunt aus.

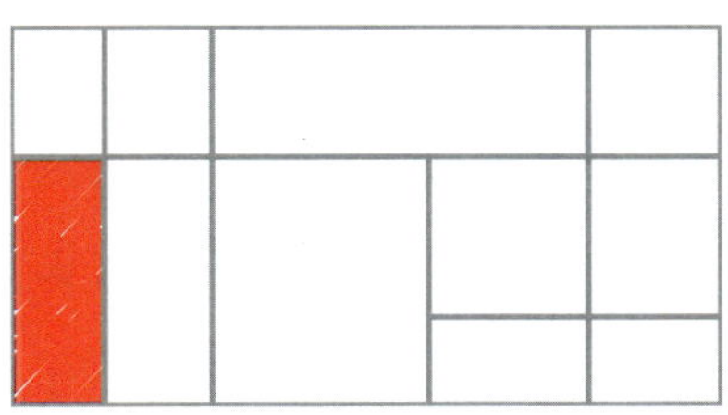

3. Male die Kanten der Formen mit Filzstift und Lineal genau nach.

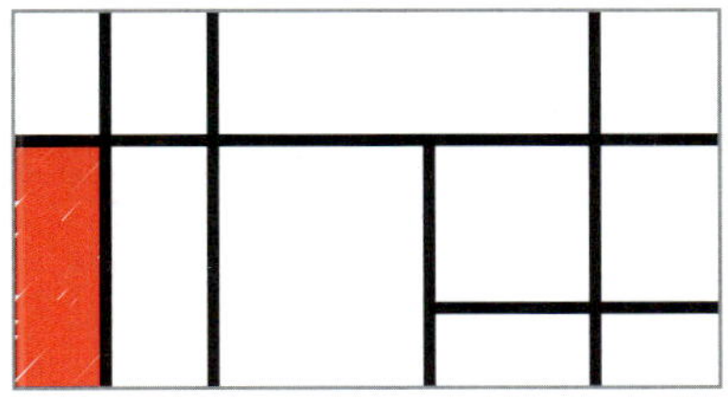

Piet Mondrian:
Composition in blue, red and yellow 1921

**1.** Finde das Spiegelbild.

a) 

A 

B 

C 

D 

b) 

A 

B 

C 

D 

**2.** Finde alle Spiegelachsen. Übertrage ins Heft.
Zeichne die Spiegelachsen rot ein.

! **Spiegelachse**

a) 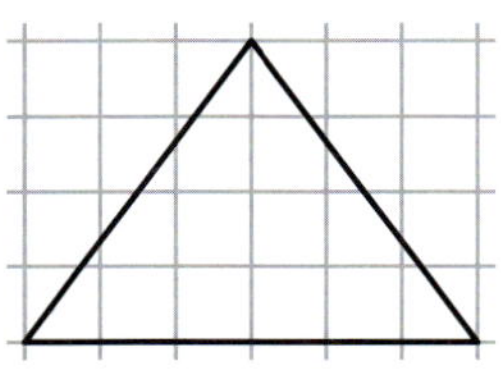

b) 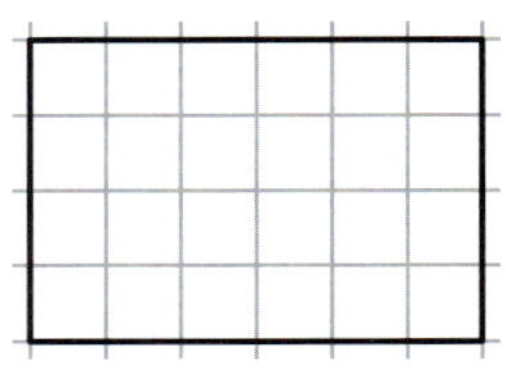

c) 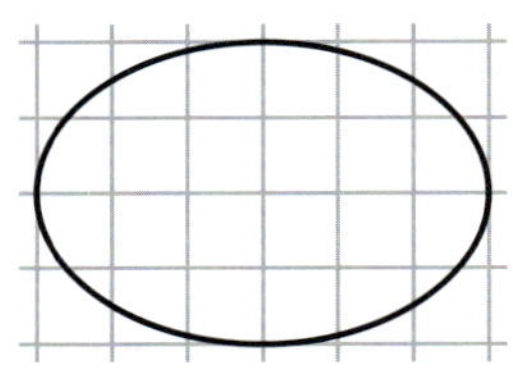

d) 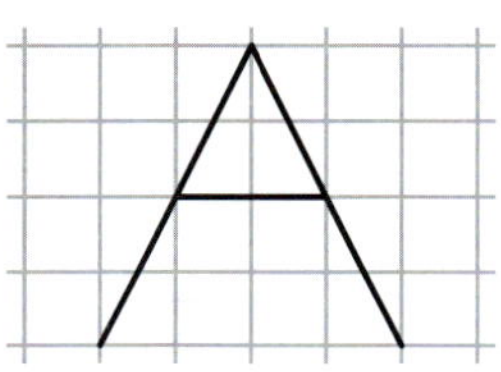

e) 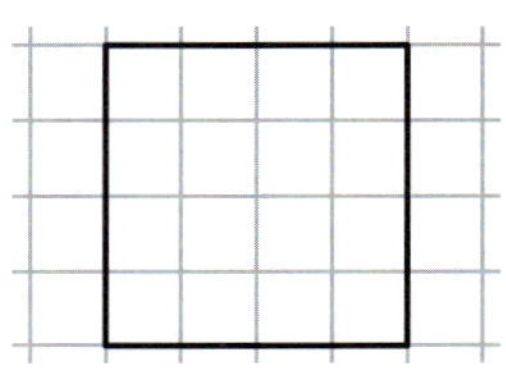

f) 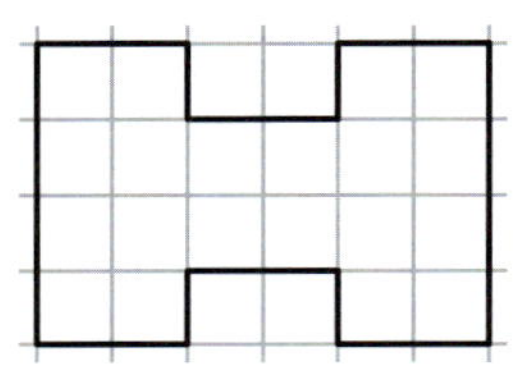

g) 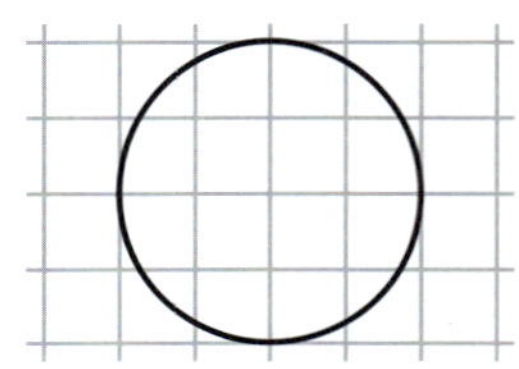

**3:** Zeigt mit dem Spiegel.

a) 6 rote und 6 blaue Punkte
b) 6 rote Punkte
c) 4 rote und 4 blaue Punkte
d) 2 rote und 2 blaue Punkte
e): 3 blaue Punkte
f): 1 blauer Punkt und 5 rote Punkte

**4:** Setze die Reihe fort. Male ins Heft.

a) 

b) 

AH, FöH, FoH S. 18

P 1 P A 2 Zum Teil sind mehrere Spiegelachsen möglich
P K A 3
P A 4 Ggf. Begrenzung festlegen

**1.** Spanne nach. Wie heißt die Form? Schreibe.

a)
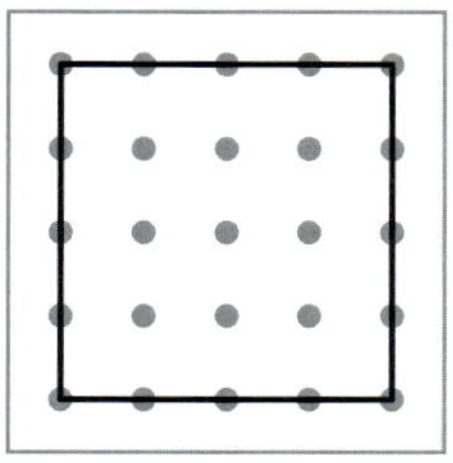
b)
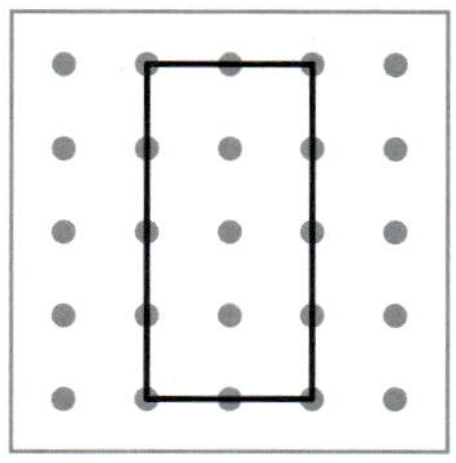
c)
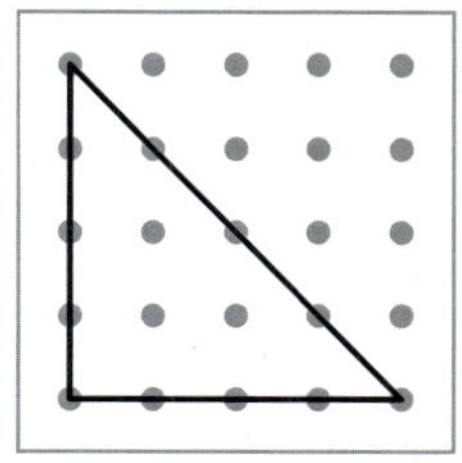
d)
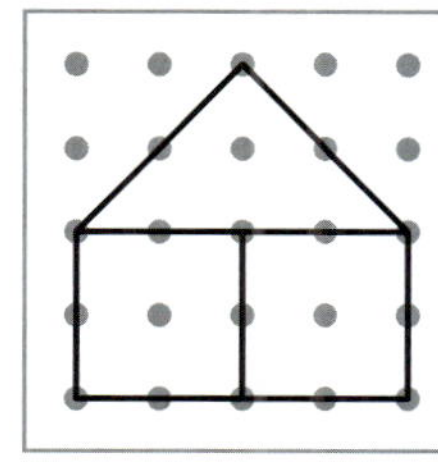
e)
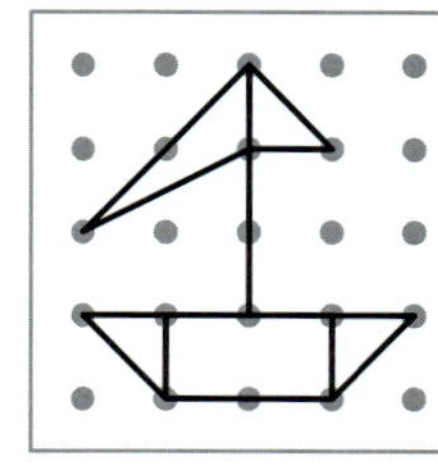

**2:** Spanne nach. Vergrößere oder verkleinere die Form.

a)
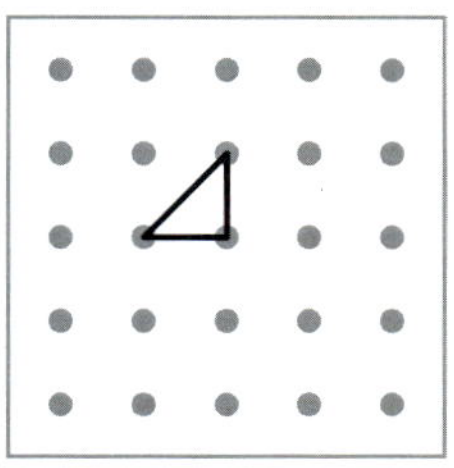
b)
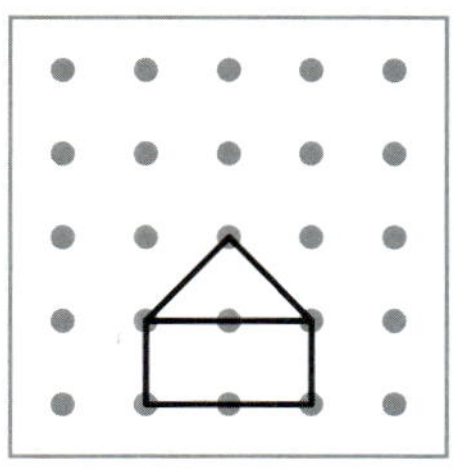
c)
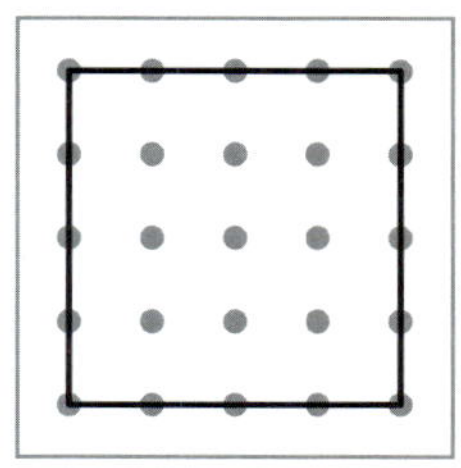
d)
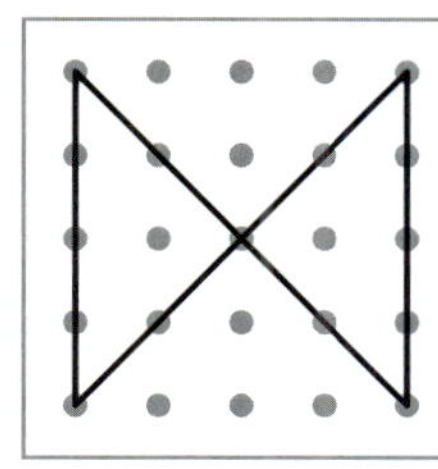
e)
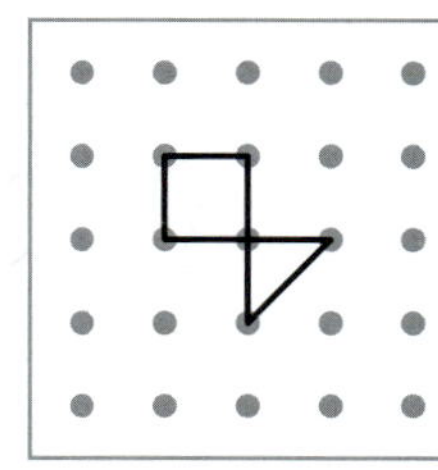

**3.** Spanne die Figur nach. Finde die Spiegelachse und spanne sie.

a)
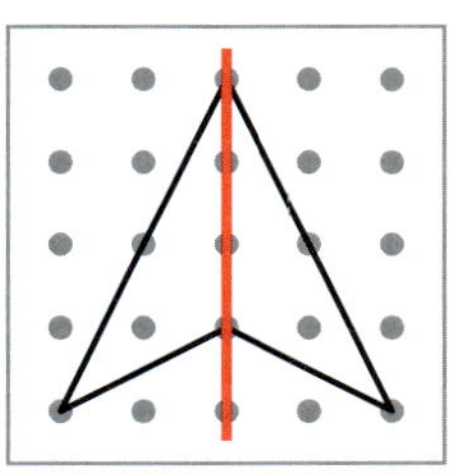
b)
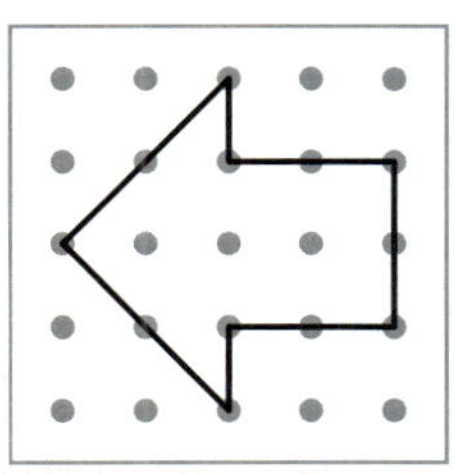
c)
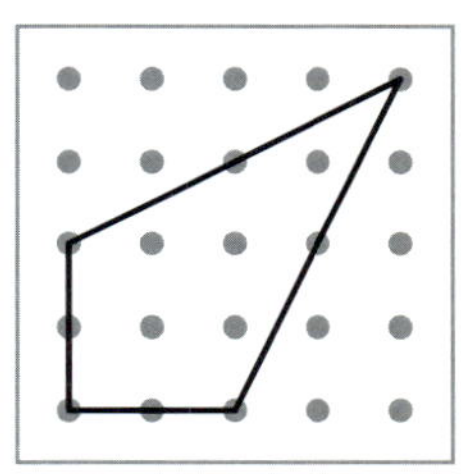
d)
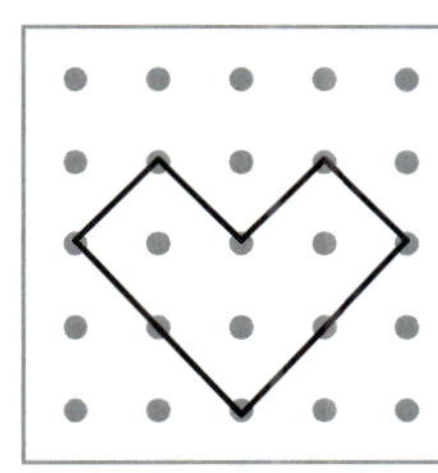
e)
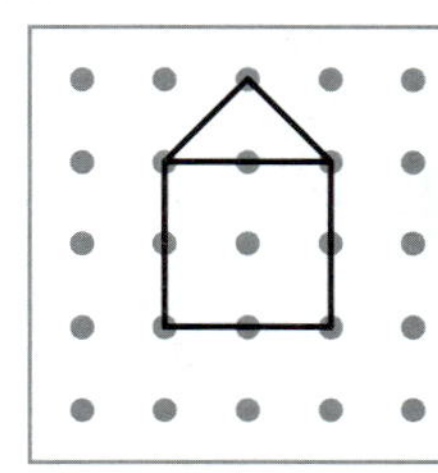

**4:** Spanne die Figur nach. Dein Partnerkind spiegelt sie.

a)
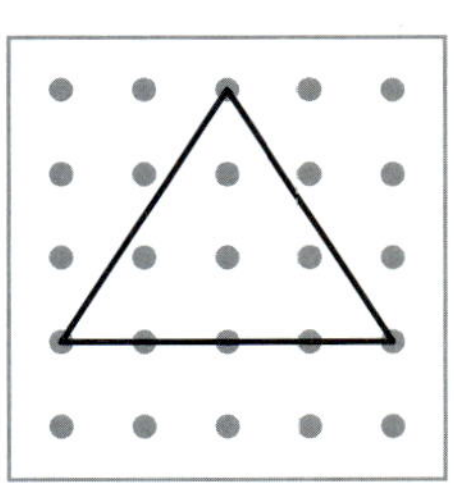
b)
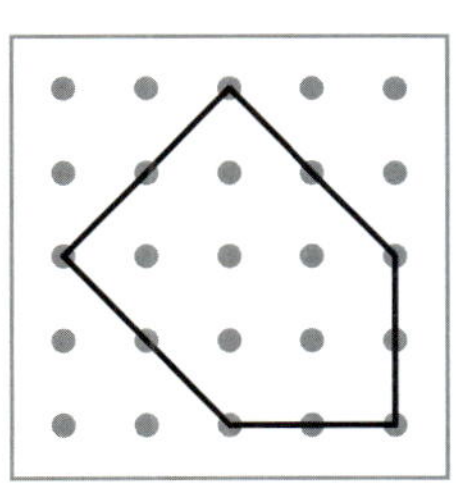
c)
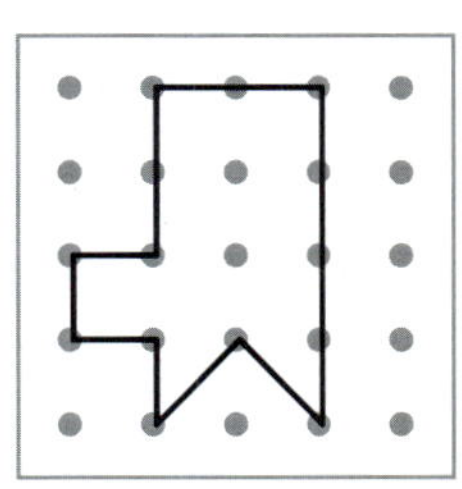
d)
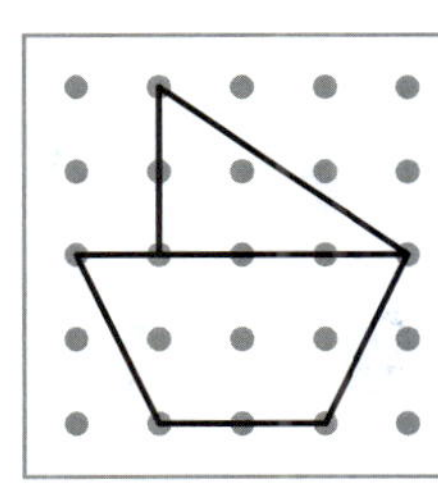
e)
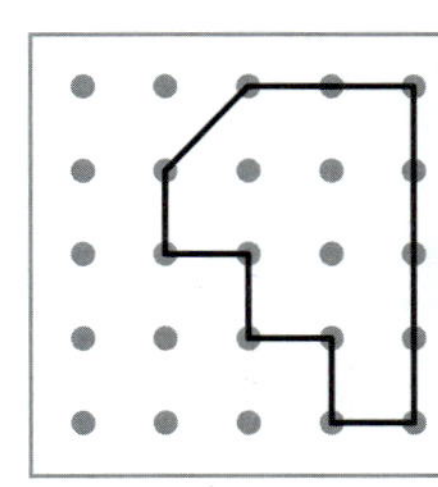

**5:** Spanne die Figur nach. Verwandle sie in eine symmetrische Figur.

a)
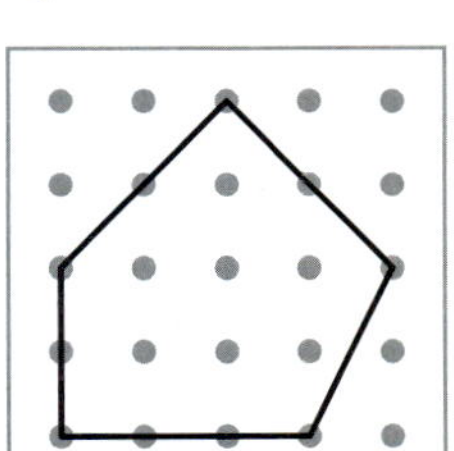
b)
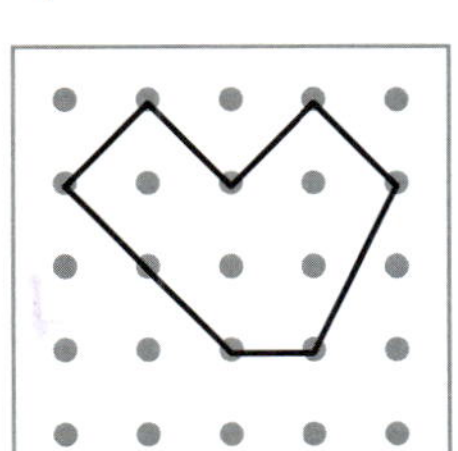
c)
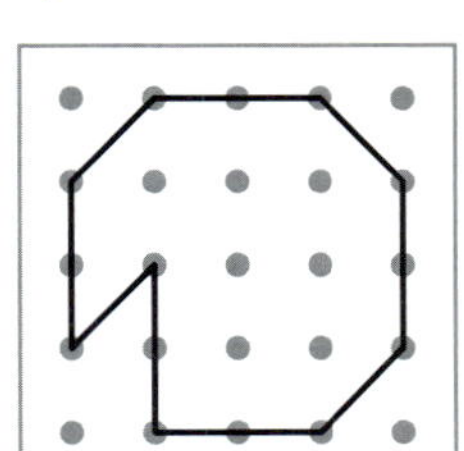
d)
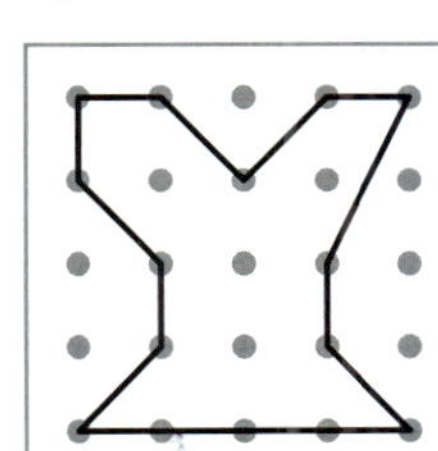
e)
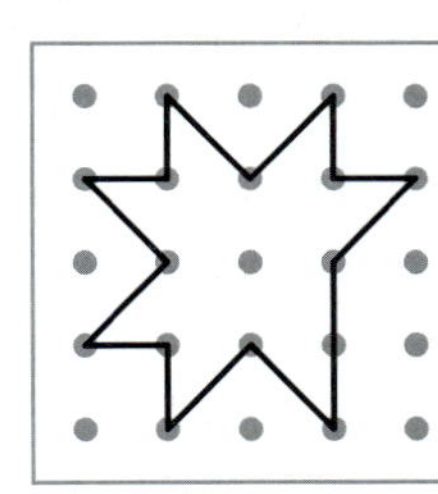

P K 2 3 Ggf. Kontrolle mit dem Spiegel
K 4 Partnerkinder spannen und spiegeln im Wechsel die vorgegebenen Figuren
P K A 5

**1**

!

**Hundertertafel**

Diagonale ↘ Spalte ↓

Zeile →

| | | | | | | | | | |
|---|---|---|---|---|---|---|---|---|---|
| 1 | 2 | 3 | 4 | 5 | 6 | 7 | 8 | 9 | 10 |
| 11 | 12 | 13 | 14 | 15 | 16 | 17 | 18 | 19 | 20 |
| 21 | 22 | 23 | 24 | 25 | 26 | 27 | 28 | 29 | 30 |
| 31 | 32 | 33 | 34 | 35 | 36 | 37 | 38 | 39 | 40 |
| 41 | 42 | 43 | 44 | 45 | 46 | 47 | 48 | 49 | 50 |
| 51 | 52 | 53 | 54 | 55 | 56 | 57 | 58 | 59 | 60 |
| 61 | 62 | 63 | 64 | 65 | 66 | 67 | 68 | 69 | 70 |
| 71 | 72 | 73 | 74 | 75 | 76 | 77 | 78 | 79 | 80 |
| 81 | 82 | 83 | 84 | 85 | 86 | 87 | 88 | 89 | 90 |
| 91 | 92 | 93 | 94 | 95 | 96 | 97 | 98 | 99 | 100 |

**2** Legt 5 Plättchen auf die Hundertertafel. Dein Partnerkind nennt die Zahlen.

**3** Was fällt dir auf?

**a)** Schreibe die Zahlen der blauen Zeile und einer beliebigen anderen Zeile in Stellenwerttabellen.

**b)** Schreibe die Zahlen der orangen Spalte und einer beliebigen anderen Spalte in Stellenwerttabellen.

**c):** Schreibe die Zahlen der roten Diagonale in eine Stellenwerttabelle.

S. 30 Nr. 3

a)

| H | Z | E |
|---|---|---|
| | 3 | 1 |
| | 3 | 2 |
| | 3 | |

| H | Z | E |
|---|---|---|
| | | |

**4** Welche Zahlenfolgen verstecken sich hier? Schreibt und begründet.

**a)**

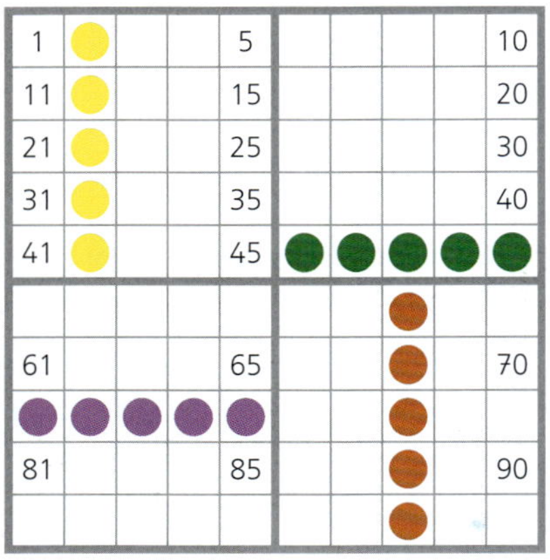


**b):**

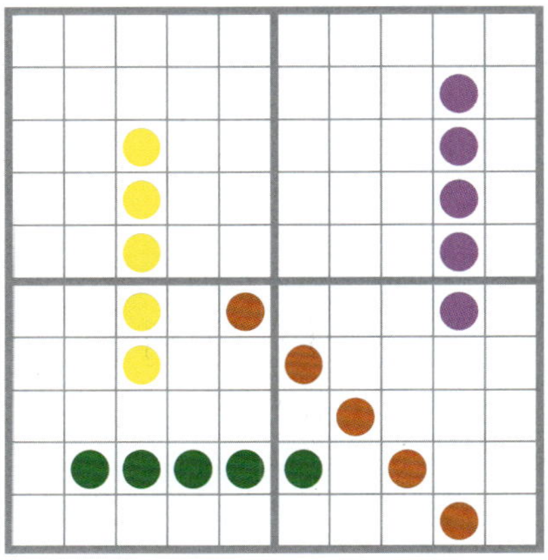

S. 30 Nr. 4

a) 2, 12,

16,



AH, FöH, FoH S. 20

K 1 Analogien auf der Hundertertafel erkennen und besprechen; verschiedene Zeilen, Spalten und Diagonalen thematisieren; Hundertertafel verwenden
K 2 K A 3 Ggf. Hundertertafel verwenden P K A 4 Ggf. Hundertertafel verwenden

**1.** Zeichne ins Heft und trage die fehlenden Zahlen ein.

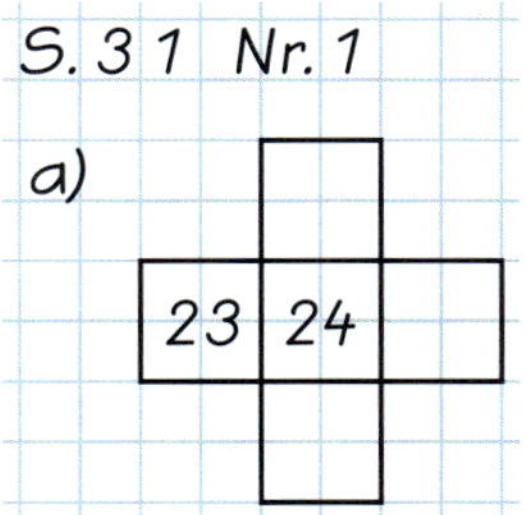


**2:** Welche Zahlen verstecken sich unter den Buchstaben? Schreibe ins Heft.

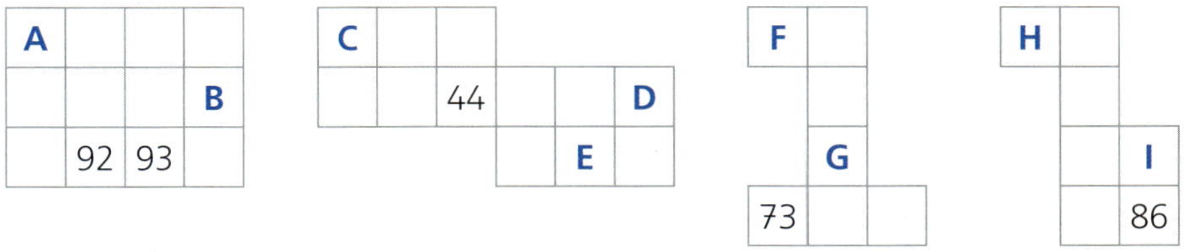


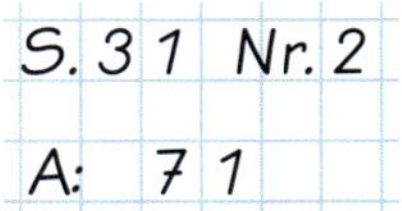


**3:** Zeile oder Spalte? Welche Zahl passt nicht? Verbessert, unterstreicht und begründet.

**a)** 7, 17, 27, 37, 46, 57, 67

**b)** 21, 22, 33, 24, 25, 26, 27

**c)** 66, 36, 76, 16, 99, 46, 86

**d)** 59, 11, 52, 54, 58, 60, 53

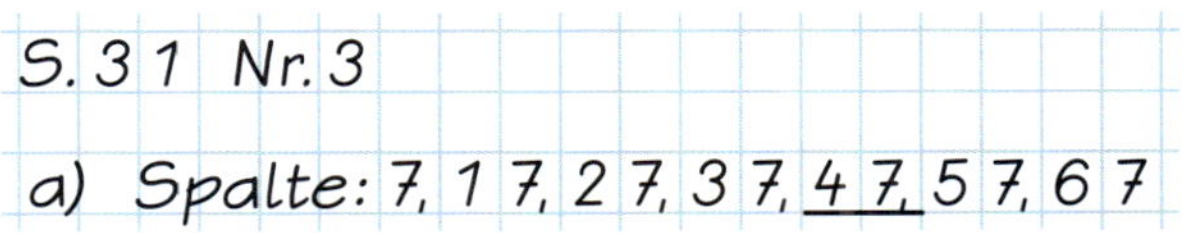


**4:** Setzt bis zum Ende der Zeile oder Spalte fort. Wo kommt ihr an?
Was fällt euch auf?

**a)** Immer → → →
Startzahlen: 31, 51, 91

**b)** Immer ↓ ↓
Startzahlen: 3, 6, 8

**c)** Immer ↑ ↑
Startzahlen: 77, 71, 79

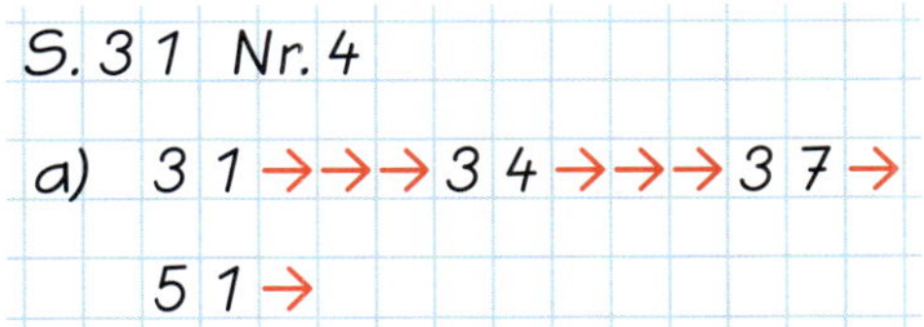


**d)** Immer ← ← ←
Startzahlen: 29, 99, 49

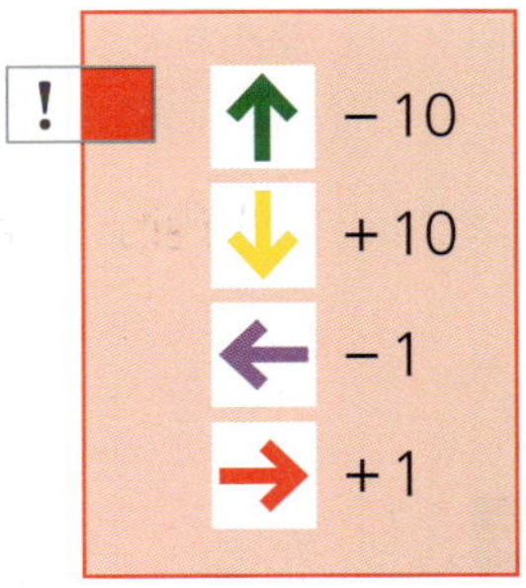


**5:** Markiere deine Startzahl mit einem Plättchen auf der Hundertertafel.
Beschreibe einen Weg. Dein Partnerkind nennt die Zielzahl.

**6:** Löse die Rätsel.

**a)** Meine Zahl liegt auf der Diagonale zwischen 10 und 91. Die Zehnerzahl unterscheidet sich von der Einerzahl um 4.

**b)** Die Zehnerzahl meiner Zahl unterscheidet sich von der Einerzahl nur um 1. Der Nachbar meiner Zahl hat beim Zehner und beim Einer eine 6.

**1** Ggf. Hundertertafel verwenden
Ⓚ Ⓐ **3, 4** Ⓚ **5** Hundertertafel verwenden
Ⓟ **6** Mehrere Lösungen sind möglich

AH, FöH, FoH S. 20

**1.**

**!**

| | |
|---|---|
| 43 + 4 = 47 | große Aufgabe |
| 3 + 4 = 7 | kleine Aufgabe |

**2.** Lege die kleine und große Aufgabe. Zeichne und rechne.

| a) | b) | c) |
|---|---|---|
| 35 + 2 | 52 + 7 | 24 + 1 |
| 66 + 3 | 83 + 1 | 32 + 7 |
| 74 + 4 | 96 + 2 | 15 + 4 |
| 28 + 1 | 42 + 3 | 93 + 5 |

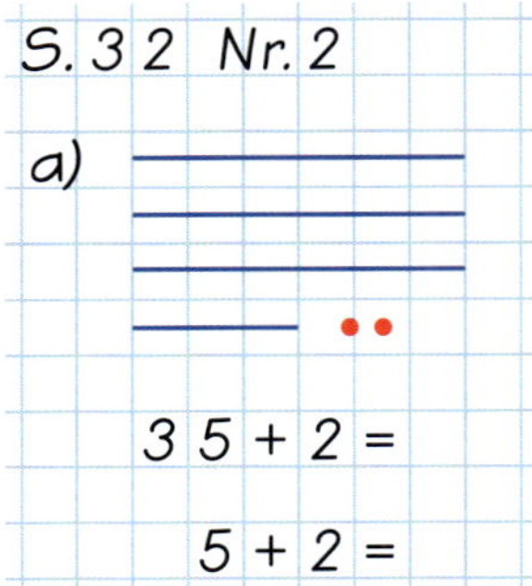


**3.** Schreibe auch die kleine Aufgabe. Rechne die kleine Aufgabe zuerst.

| a) | b) | c) | d) | e) |
|---|---|---|---|---|
| 31 + 6 | 82 + 5 | 34 + 5 | 57 + 1 | 83 + 4 |
| 97 + 2 | 51 + 4 | 46 + 3 | 24 + 4 | 61 + 7 |
| 55 + 4 | 15 + 3 | 66 + 2 | 92 + 3 | 46 + 2 |
| 22 + 3 | 73 + 6 | 81 + 4 | 75 + 1 | 32 + 5 |

**4.** Setze fort und rechne.

| a) | b) | c) | d) | e) |
|---|---|---|---|---|
| 2 + 7 | 4 + 3 | 1 + 5 | 6 + 2 | 3 + 5 |
| 12 + 7 | 14 + 3 | 11 + 5 | 16 + 2 | 13 + 5 |
| 22 + 7 | 24 + 3 | 21 + 5 | 26 + 2 | 23 + 5 |

**5.** Rechnet die kleine Aufgabe zuerst. Schreibt ins Heft.

| a) | b) | c) | d) | e) |
|---|---|---|---|---|
| 74 + 5 | 16 + 2 | 41 + 4 | 93 + 6 | 22 + 7 |
| 24 + 5 | 6 + 2 | 61 + 4 | 33 + 6 | 82 + 7 |
| 4 + 5 | 56 + 2 | 21 + 4 | ■ + 6 | 42 + 7 |
| 94 + 5 | 86 + 2 | 1 + 4 | 73 + 6 | ■ + 7 |



AH, FöH, FoH S. 21

K D 1 Analogien bei der Addition ohne Zehnerüberschreitung thematisieren; die kleine Aufgabe als Hilfsaufgabe verwenden
D 2 Hunderterfeld, Zehnerstreifen und Plättchen verwenden K A 5

**1.**

**!**

| | |
|---|---|
| 58 − 3 = 55 | große Aufgabe |
| 8 − 3 = 5 | kleine Aufgabe |

**2.** Lege die kleine und große Aufgabe. Zeichne und rechne.

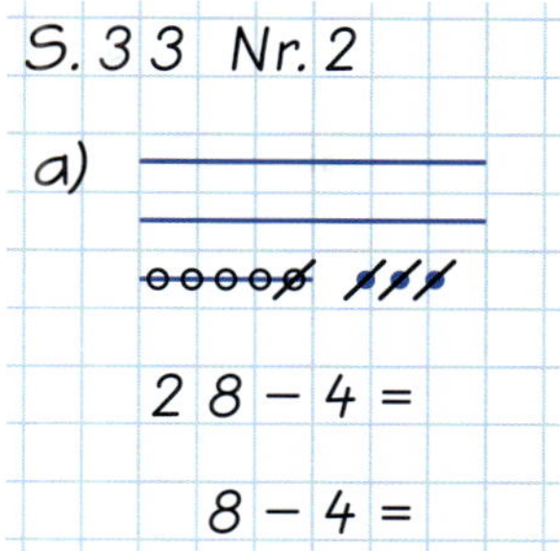


| a) | b) | c) |
|---|---|---|
| 28 − 4 | 56 − 5 | 84 − 2 |
| 89 − 2 | 98 − 7 | 68 − 8 |
| 45 − 1 | 23 − 2 | 77 − 4 |
| 77 − 3 | 49 − 6 | 39 − 1 |

**3.** Schreibe auch die kleine Aufgabe. Rechne die kleine Aufgabe zuerst.

| a) | b) | c) | d) | e) |
|---|---|---|---|---|
| 38 − 4 | 28 − 6 | 27 − 3 | 89 − 1 | 28 − 6 |
| 85 − 2 | 44 − 2 | 69 − 5 | 35 − 3 | 79 − 8 |
| 79 − 7 | 66 − 4 | 59 − 8 | 96 − 5 | 53 − 3 |
| 56 − 1 | 93 − 2 | 74 − 4 | 47 − 2 | 65 − 2 |

**4.** Setze fort und rechne.

| a) | b) | c) | d) | e) |
|---|---|---|---|---|
| 6 − 2 | 9 − 8 | 7 − 3 | 8 − 1 | 4 − 2 |
| 16 − 2 | 19 − 8 | 17 − 3 | 18 − 1 | 14 − 2 |
| 26 − 2 | 29 − 8 | 27 − 3 | 28 − 1 | 24 − 2 |

**5.** Rechnet die kleine Aufgabe zuerst. Schreibt ins Heft.

| a) | b) | c) | d) | e) |
|---|---|---|---|---|
| 89 − 5 | 67 − 6 | 73 − 2 | 38 − 4 | 29 − 7 |
| 49 − 5 | 27 − 6 | 3 − 2 | 58 − 4 | 99 − 7 |
| 59 − 5 | 7 − 6 | 43 − 2 | ■ − 4 | 69 − 7 |
| 9 − 5 | 97 − 6 | 23 − 2 | 18 − 4 | ■ − 7 |

**1**

**!**

50 + 30 = 80
5Z + 3Z = 8Z

60 − 20 = 40
6Z − 2Z = 4Z

**2** Lege, zeichne und rechne.

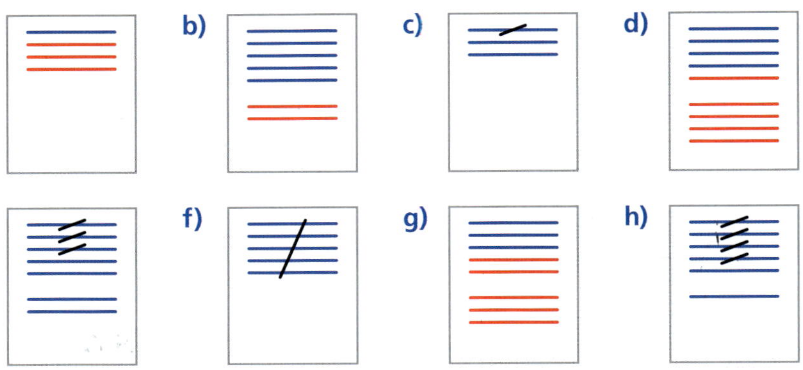


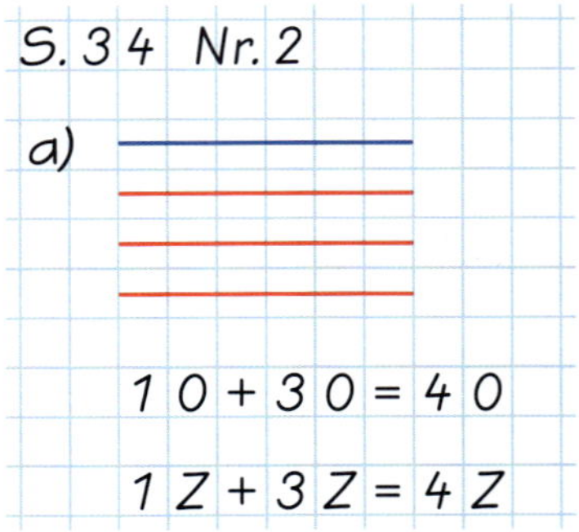


**3** Zeichne und rechne im Heft.

| a) | b) | c) | d) | e) |
|---|---|---|---|---|
| 40 + 10 | 50 + 40 | 90 − 70 | 60 − 10 | 20 + ■ = 50 |
| 40 + 30 | 60 − 50 | 50 − 10 | 30 + 80 | ■ − 40 = 60 |
| 90 − 80 | 40 − 10 | 40 + 30 | 80 − 70 | 90 − ■ = 10 |
| 50 − 20 | 20 + 50 | 10 + 80 | 40 + 90 | ■ + 30 = 80 |

**4** Rechne.

| a) | b) | c) |
|---|---|---|
| 20 + 40 − 30 + 10 | 100 − 60 + 20 − 30 | 90 − 70 + 20 + 40 |
| 60 − 10 + 40 − 20 | 30 + 50 − 10 + 20 | 10 + 60 − 40 + 50 |
| 80 + 20 − 30 − 40 | 70 − 10 − 60 + 90 | 100 − 80 + 70 − 30 |
| 10 + 70 + 10 − 50 | 40 + 30 − 20 + 50 | 50 − 40 + 90 − 60 |

**5** Schreibe ins Heft. Setze die Zehnerzahlen passend in die Rechnung ein.

**a)** ■ + ■ − ■ + ■ = 10

10 90 30 60

**b)** ■ + ■ − ■ − ■ + ■ = 100

40 60 70 10 20



AH, FöH, FoH S. 22

K A D 1 Analogien nutzen; Zehnerstreifen verwenden
D 2 Zehnerstreifen verwenden D 3 K 4 Kettenaufgaben thematisieren
P 5 Ggf. Zahlenkarten verwenden

**1.**

!

| € Euro | ct Cent |
|---|---|

**2.** Ordne Münzen und Scheine nach ihrem Wert.
Lege und schreibe. Verwende <.

S. 35 Nr. 2
a) 1 ct < 2 ct <

a) 

b) 

**3.** Wie viel Cent sind es?

a) 

b) 

c) 

S. 35 Nr. 3
a) 50 ct

d) 

e) 

f) 

g): 

**4.** Wie viel Euro sind es?

a) 

b) 

c) 

**5.** Wie viel Euro und Cent sind es?

a) 

b) 

c) 

!

Ich schreibe zuerst Euro und dann Cent.
1 € 11 ct

d) 

e) 

f) 

S. 35 Nr. 5
a) 5 € 30 ct

Ⓚ 1 Alle Geldmünzen und Geldscheine (bis 100 €) genau betrachten und besprechen; ggf. nach unterschiedlichen Kriterien ordnen; ggf. Spielgeld verwenden **2** Spielgeld verwenden
Ⓚ 5 Gemischte Geldbeträge und deren Schreibweise thematisieren

**AH, FöH, FoH S. 23**

**1.**

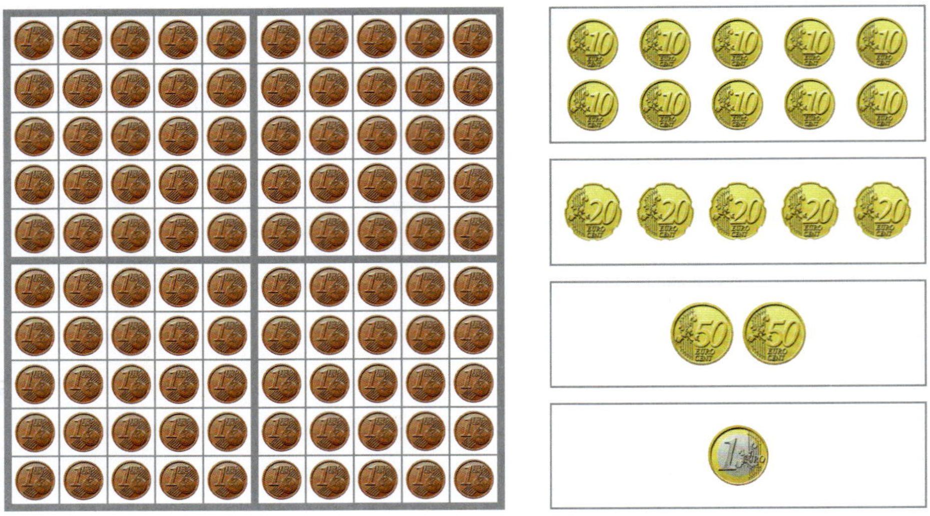

!

100 Cent = 1 Euro

100 ct = 1 €

100 ct tausche ich gegen 1 €.

1 € tausche ich gegen 100 ct.

**2:** Wie viel Euro und Cent sind es? Lege. Tausche immer 100 ct gegen 1 €.

**a)**

**b)**

**c)**

S. 36 Nr. 2
a) 1 € 10 ct

**d)**

**e)**

**f)**

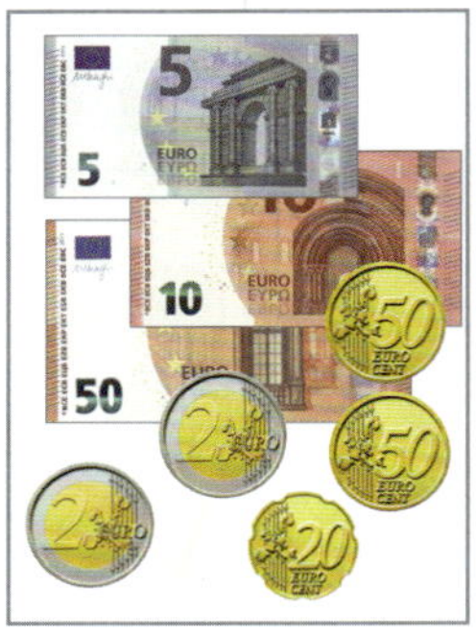

**g)**

**3.** Lege mit möglichst wenigen Münzen.

| | | | |
|---|---|---|---|
| **a)** 30 ct | **b)** 26 ct | **c)** 77 ct | **d)** 46 ct |
| 70 ct | 51 ct | 19 ct | 38 ct |
| 90 ct | 43 ct | 84 ct | 99 ct |

S. 36 Nr. 3
a) 30 ct = 20 ct + 10 ct

**4.** Lege mit möglichst wenigen Scheinen und Münzen.

| | | |
|---|---|---|
| **a)** 36 € | **b)** 78 € | **c)** 61 € |
| 52 € | 25 € | 83 € |
| 99 € | 44 € | 70 € |

S. 36 Nr. 4
a) 36 € = 20 € + 10 € + 5 € + 1 €

**5:** Legt mit genau 4 Scheinen und 2 Münzen …

**a)** den größten Geldbetrag, aber kleiner als 100 €.

**b)** den kleinsten Geldbetrag, aber größer als 30 €.



AH, FöH, FoH S. 23

Ⓚ **1** Gleichwertigkeit von 1 € und 100 ct besprechen und weitere Möglichkeiten für 1 € überlegen; ggf. mit Spielgeld legen **2–5** Spielgeld verwenden

ⓀⒶ 5

**1** Welche Skizze passt? Begründe.

a) Tim kauft 3 Kugeln in einer Waffel. Hanna kauft 2 Kugeln im Becher und eine kleine Waffel dazu. Wie viel kostet es zusammen?

b) Mira und Emma bauen Türme aus Steckwürfeln. Miras Turm ist 21 cm hoch. Emmas Turm ist 28 cm hoch. Wie groß ist der Unterschied?

c) 22 Vögel sitzen auf einem Baum. 4 Vögel kommen noch dazu. Wie viele Vögel sind es jetzt?

d) Max sammelt 39 Kastanien. Es fallen 5 Kastanien heraus. Wie viele hat er noch?

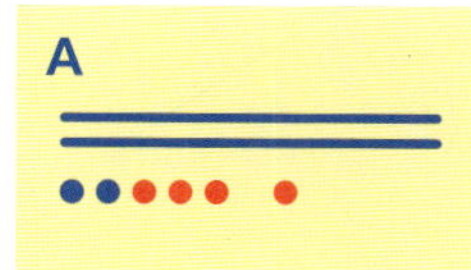


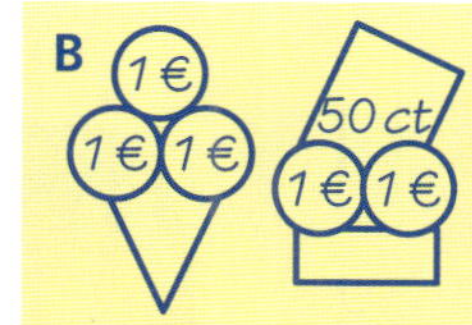


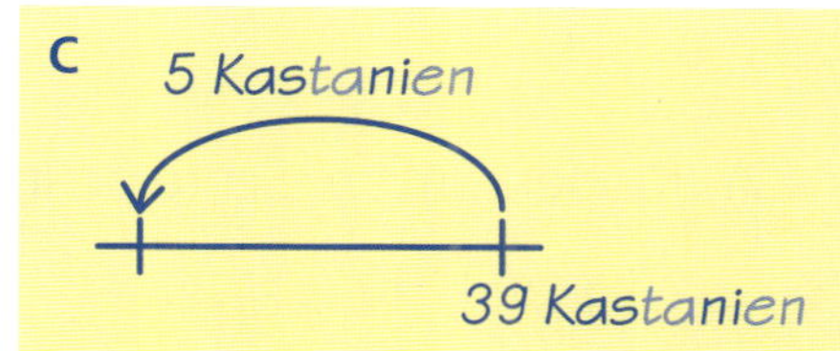


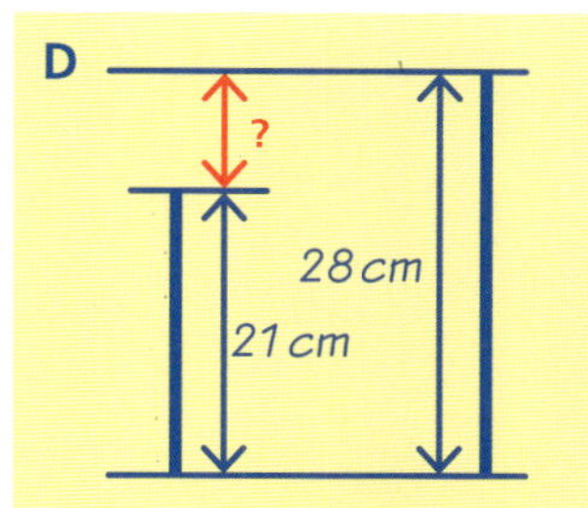


! Eine Skizze ist eine einfache Zeichnung. Sie ist eine Lösungshilfe.

**2** Welche Skizze passt? Begründet. Zeichnet die Skizze ab. Löse die Sachaufgabe.

Mira macht aus 3 dicken Wollfäden ein Band. Es ist 21 cm lang. Sie macht weiter. Am Schluss ist ihr Band sogar noch 7 cm länger. Wie lang ist ihr Band am Schluss?

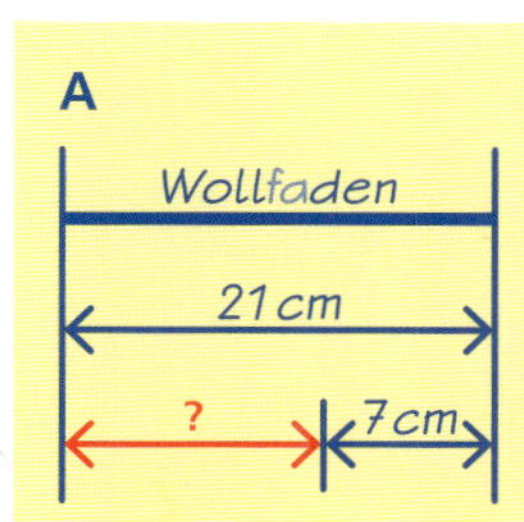


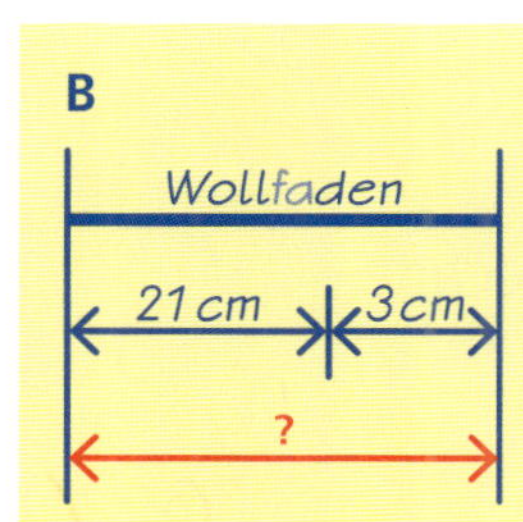


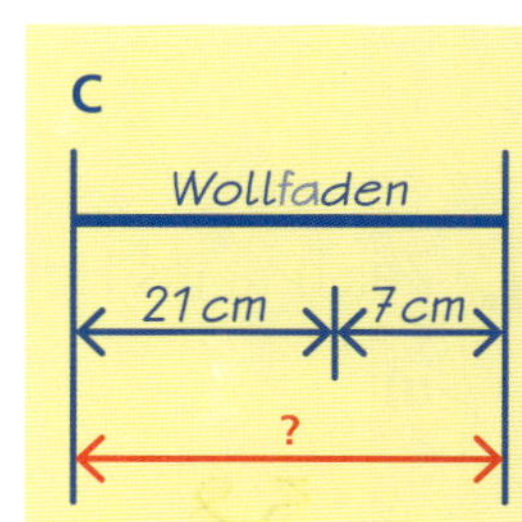


**3** Hier fehlt bei den Skizzen etwas. Begründet. Zeichnet die Skizze ab und vervollständigt sie. Löst die Sachaufgabe.

a) In Klasse 2b stehen 13 Tische. Es sitzen immer 2 Kinder an einem Tisch. Wie viele Kinder sind in Klasse 2b?

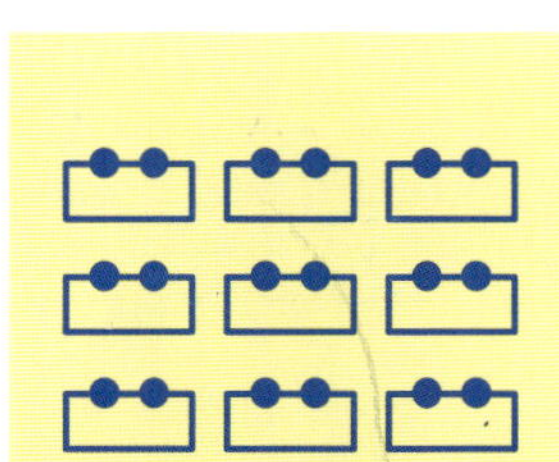

b) Im Bus sitzen 37 Kinder. An einer Haltestelle steigen 6 Kinder aus. Wie viele Kinder sitzen jetzt im Bus?

**4** Zeichne zu jeder Aufgabe eine Skizze. Löse die Sachaufgabe.

a) Emmas Puppe ist 42 cm groß. Miras Puppe ist 49 cm groß. Wie groß ist der Unterschied?

b) Im Schulgarten sind in der 1. Reihe 10 Radieschen und in der 2. Reihe auch. In der 3. Reihe sind es nur 8. Wie viele Radieschen wurden gepflanzt?

**1**

6 2 8

20 80 60

**! Aufgabenfamilie**

40 + 30 = 70
30 + 40 = 70
70 − 30 = 40
70 − 40 = 30

**2** Finde eine Aufgabenfamilie. Schreibe ins Heft und rechne.

a) 60 10 50  b) 90 70 20  c) 50 20 ▭  d) ▭ 60 40

e) 55 2 57  f) 82 7 ▭  g) 21 ▭ 28  h) ▭ 73 ▭

**3**

90
70 | 20 ✓

57
52 | 5
51 | 1 | 4 ✓

**! Rechenmauer**

100 Zielstein
70 | 30 Grundsteine

**4** Zeichne ins Heft. Rechne.

a)
38
31 | 7 ✓

b)
80
50 | 30
30 | 20 | 10 ✓

c)
49
46 | 3
45 | 1 | 2 ✓

S. 38 Nr. 4
a)
▭
31 | 7

**5** Zeichne ins Heft. Rechne.

a)
90
20 | 70
10 | 10 | 60 ✓

b)
59
52 | 57
51 | 1 | 6 ✓

c)
20
10 | 10
5 | 5 | 5 ✓

d)
99
40 | 59
20 | 20 | 33 ✓

**6** Baue die Steine zu einer Rechenmauer zusammen. Ein Stein passt nicht. Zeichne ins Heft.

5 9 5 4 20 30 40 4 49 0 35

49
40 | 9
35 | 5 | 4
30 | 5 | 0 | 4



AH, FöH, FoH S. 25

K A 1 Analogie zwischen den Aufgabenfamilien mit Einerzahlen und Zehnerzahlen thematisieren; ggf. mit Zahlenkarten nachlegen  2 Zum Teil sind mehrere Lösungen möglich
K 3 Aufgabenformat Zahlenmauern besprechen  5 Zum Teil sind mehrere Lösungen möglich  P 6

**1.** Schreibe ins Heft. Setze fort und rechne.

**a)**
3 + 2 = 5
13 + 2 = ■
23 + ■ = ■
33 + ■ ● ■
43 ● ■ ● ■

**b)**
9 − 1 = 8
18 − 1 = ■
27 − ■ = ■
36 − ■ ● ■
45 ● ■ ● ■

**!** **Schöne Päckchen**

| 1. Zahl | | 2. Zahl | | Ergebnis |
|---|---|---|---|---|
| 72 | + | 1 | = | 73 |
| 72 | + | 2 | = | 74 |
| 72 | + | 3 | = | 75 |
| 72 | + | 4 | = | 76 |

**2.** Setze fort und rechne.

**a)**
2 + 7
12 + 7
22 + 7

**b)**
9 − 5
19 − 5
29 − 5

**c)**
1 + 5
11 + 5
21 + 5

**d)**
8 − 2
18 − 3
28 − 4

**e)**
5 + 1
15 + 2
25 + 3

**3.** Findet die Fehler. Begründet und verbessert.

**a)**
3 + 5
13 + 5
33 + 5
43 + 5
53 + 5

**b)**
6 − 2
26 − 2
46 − 2
66 − 2
96 − 2

**c)**
78 − 7
68 − 6
58 − 5
48 − 3
38 − 4

**d)**
49 + 0
47 + 1
45 + 2
43 + 3
42 + 4

**e)**
67 + 3
56 + 3
46 + 3
35 + 3
24 + 3

**4.** Zeichne ins Heft. Rechne.

**a)**
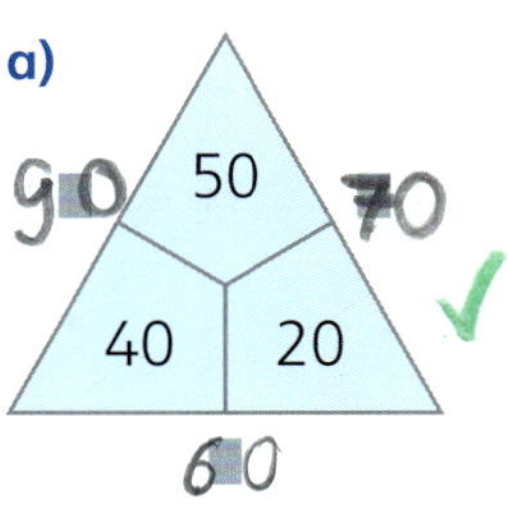


**b)**
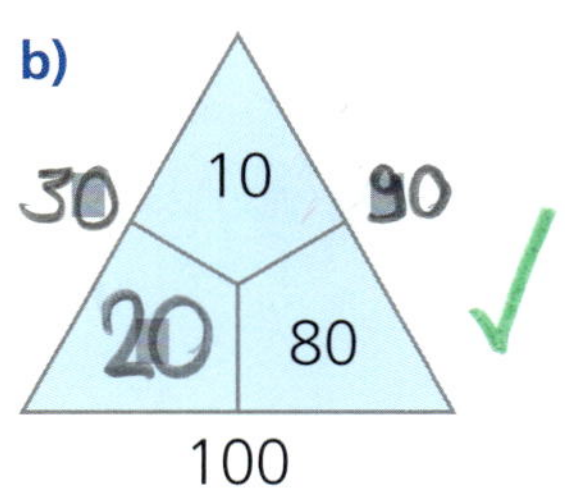


**c)**
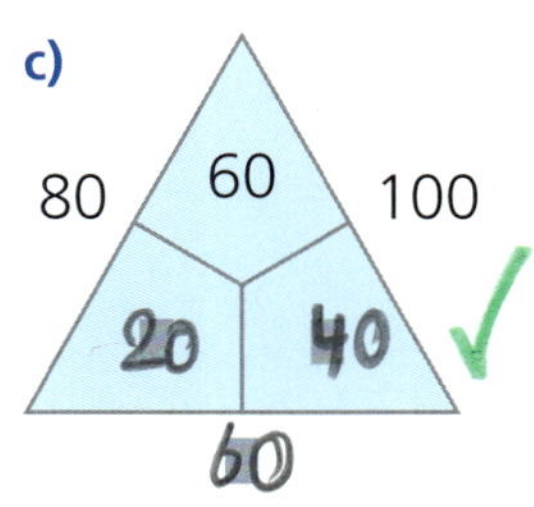


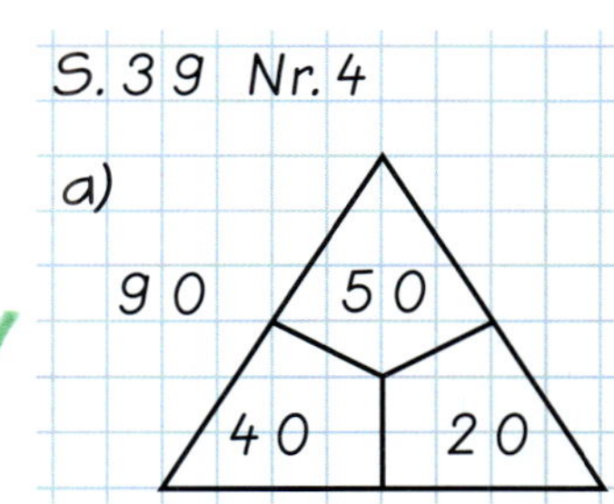


**d)**
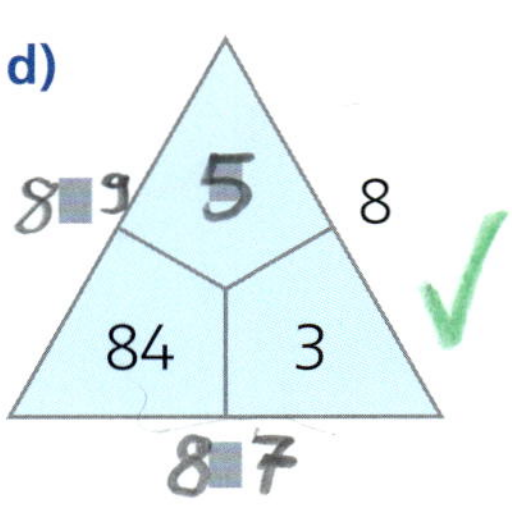


**e)**
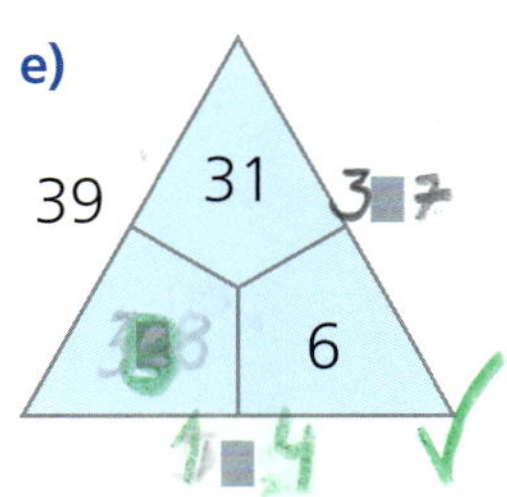


**f)**
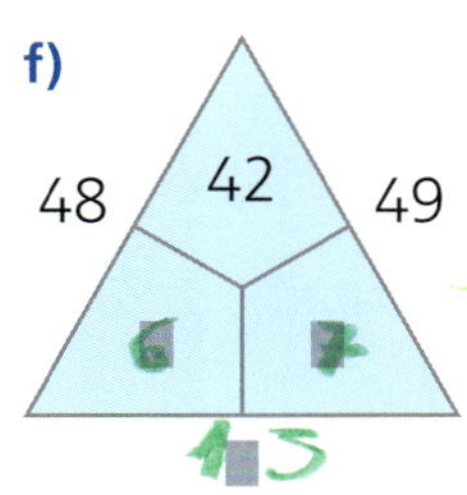


**g)**
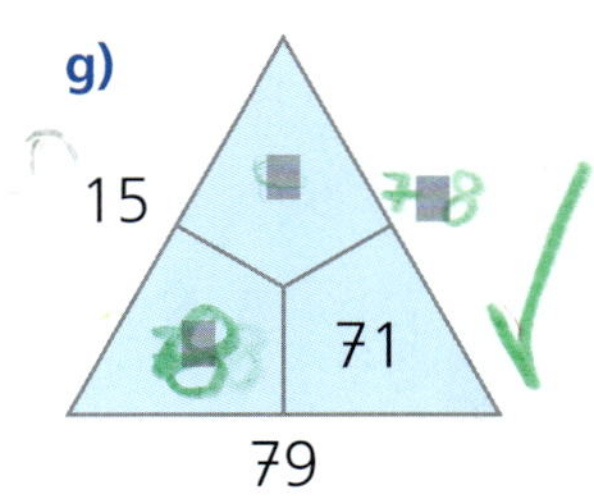


**5.** Zeichnet jeweils das Rechendreieck und zwei weitere ins Heft.
Was passiert mit den äußeren Zahlen? Begründet.

**a)** Vergrößere die inneren Zahlen immer um 1.

**b)** Verkleinere die inneren Zahlen immer um 1.

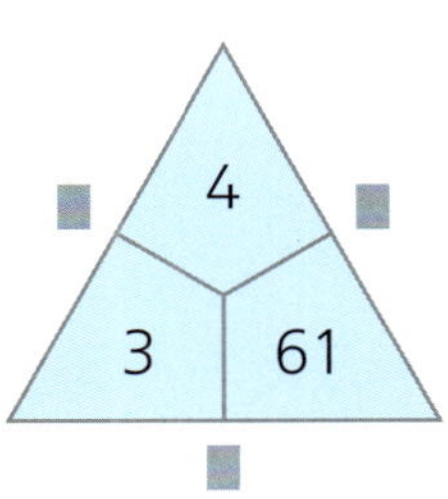

**1.**

**Gleichungen** !

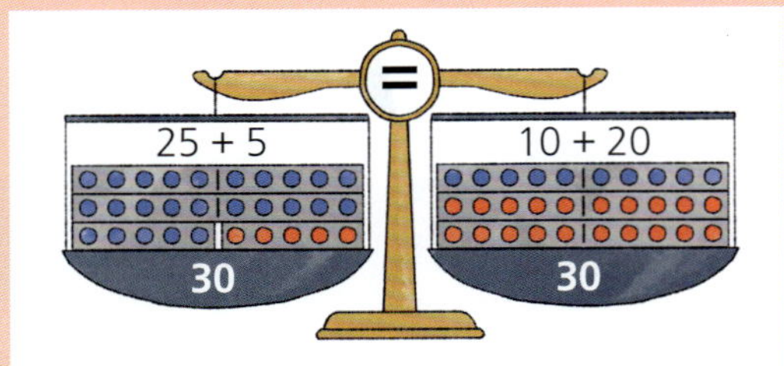


25 + 5 = 10 + 20

**Ungleichungen** !

13 + 5 < 23 + 5

**2.** Schreibe ins Heft. Rechne und setze ein: >, < oder =

| a) | b) | c) |
|---|---|---|
| 15 + 2 > 13 | 39 − 2 ● 35 | 32 ● 31 + 3 |
| 19 + 1 = 20 | 45 − 5 ● 40 | 46 ● 42 + 2 |
| 31 + 6 > 35 | 29 − 8 ● 22 | 80 ● 75 − 4 |
| 28 + 2 < 40 | 74 − 3 ● 72 | 68 ● 72 − 2 |

*S. 40 Nr. 2*

*17*
*a) 15 + 2 > 13*

*19 + 1*

**3.** Schreibe ins Heft. Rechne und setze ein: >, < oder =

| a) | b) | c) |
|---|---|---|
| 20 + 30 ● 50 + 4 | 25 + 4 ● 38 − 6 | 76 − 2 ● 79 − 5 |
| 60 + 9 ● 40 + 20 | 81 + 5 ● 90 − 10 | 31 + 5 ● 38 − 3 |
| 30 + 60 ● 20 + 20 | 66 − 4 ● 30 + 40 | 42 + 1 ● 47 − 2 |
| 10 + 70 ● 79 + 1 | 99 − 8 ● 90 + 1 | 96 + 2 ● 91 + 5 |

**4.** Schreibt ins Heft. Rechnet und findet passende Zahlen.

| a) | b) | c) | d) |
|---|---|---|---|
| 30 + 7 > ■ | ■ > 28 − 3 | 14 + ■ > 17 | 24 − ■ > 22 |
| 45 + 1 < ■ | ■ < 45 − 2 | 60 + ■ < 70 | 80 − ■ < 20 |
| 20 + 20 = ■ | ■ = 60 − 30 | ■ + 10 > 90 | ■ − 7 = 71 |

**5.** Ordne die Lösungen den Ungleichungen zu. Schreibe ins Heft.

a) 30 + ■ < 33
b) 81 < 85 − ■
c) 47 > ■ + 42
d) 79 − ■ > 73

Lösungen: 0, 1, 2

Lösungen: 0, 1, 2, 3, 4

Lösungen: 0, 1, 2, 3

Lösungen: 0, 1, 2, 3, 4, 5

*S. 40 Nr. 5*

*a) 30 + ■ < 33 Lösungen: 0, 1,*

**6.** Ordne so, dass alle Zahlen und Zeichen passen.

a) 30, 8, >, +, +, 12, 1

b) 20, 60, <, +, −, 30, 50

c) 6, 48, −, −, =, 45, 3



AH, FöH, FoH S. 26

K D 1 Gleichungen und Ungleichungen thematisieren; ggf. mit einer Balkenwaage nachstellen
K A 4 Mehrere Lösungen sind möglich P 5
P 6 Zum Teil sind mehrere Lösungen möglich

**1:** Zeichne zusammengesetzte Strecken. Wie lange sind sie jeweils zusammen?

**a)** 6 cm + 2 cm + 5 cm **b)** 1 cm + 7 cm + 9 cm **c)** 11 cm + 2 cm + 3 cm

**d)** 4 cm + 8 cm + 1 cm **e)** 3 cm + 3 cm + 6 cm **f)** 7 cm + 5 cm + 2 cm

**2.** Welche Zahlen verstecken sich unter den Buchstaben? Schreibe ins Heft.

**3.** Rechne im Heft. Schreibe auch die kleine Aufgabe. Rechne die kleine Aufgabe zuerst.

| a) | b) | c) | d) | e) |
|---|---|---|---|---|
| 36 + 2 | 64 + 5 | 47 – 5 | 35 – 4 | 51 + ■ = 58 |
| 81 + 6 | 73 + 4 | 96 – 4 | 29 – 3 | 46 – ■ = 43 |
| 43 + 5 | 41 + 7 | 53 – 2 | 77 – 5 | ■ + 4 = 89 |

**4.** Rechne im Heft.

| a) | b) | c) | d) | e) |
|---|---|---|---|---|
| 90 – 40 | 50 + 40 | 60 – 30 | 20 + 60 | ■ + 40 = 70 |
| 40 + 30 | 70 – 60 | 10 + 50 | 50 – 30 | 60 – ■ = 10 |
| 80 – 60 | 20 + 30 | 90 – 70 | 10 + 80 | ■ + 50 = 80 |

**5:** Wie viel Euro und Cent sind es? Lege. Tausche immer 100 ct gegen 1 €.

**a)**

**b)**

**c)**

**d)**

**6.** Finde eine Aufgabenfamilie. Schreibe ins Heft und rechne.

**a)** 10 | 60 | 70 **b)** 60 | 90 | 30 **c)** 43 | 5 | 47 **d)** 129 | 61 | 68

**7:** Zeichne zu jeder Aufgabe eine Skizze. Löse die Sachaufgabe.

**a)** Tim und Max stellen Dominosteine in einer Reihe auf. Die Reihe von Max ist 43 cm lang. Tims Reihe ist 5 cm länger. Wie lang ist Tims Reihe?

**b)** Hanna hat 69 € gespart. Sie kauft sich ein Buch. Jetzt hat sie nur noch 62 €. Wie viel hat das Buch gekostet?

**1.**

| Januar | | | | | | |
|---|---|---|---|---|---|---|
| Mo | Di | Mi | Do | Fr | Sa | So |
| 1 | 2 | 3 | 4 | 5 | 6 | 7 |
| 8 | 9 | 10 | 11 | 12 | 13 | 14 |
| 15 | 16 | 17 | 18 | 19 | 20 | 21 |
| 22 | 23 | 24 | 25 | 26 | 27 | 28 |
| 29 | 30 | 31 | | | | |

| Februar | | | | | | |
|---|---|---|---|---|---|---|
| Mo | Di | Mi | Do | Fr | Sa | So |
| | | | 1 | 2 | 3 | 4 |
| 5 | 6 | 7 | 8 | 9 | 10 | 11 |
| 12 | 13 | 14 | 15 | 16 | 17 | 18 |
| 19 | 20 | 21 | 22 | 23 | 24 | 25 |
| 26 | 27 | 28 | | | | |

| März | | | | | | |
|---|---|---|---|---|---|---|
| Mo | Di | Mi | Do | Fr | Sa | So |
| | | | 1 | 2 | 3 | 4 |
| 5 | 6 | 7 | 8 | 9 | 10 | 11 |
| 12 | 13 | 14 | 15 | 16 | 17 | 18 |
| 19 | 20 | 21 | 22 | 23 | 24 | 25 |
| 26 | 27 | 28 | 29 | 30 | 31 | |

| April | | | | | | |
|---|---|---|---|---|---|---|
| Mo | Di | Mi | Do | Fr | Sa | So |
| | | | | | | 1 |
| 2 | 3 | 4 | 5 | 6 | 7 | 8 |
| 9 | 10 | 11 | 12 | 13 | 14 | 15 |
| 16 | 17 | 18 | 19 | 20 | 21 | 22 |
| 23 | 24 | 25 | 26 | 27 | 28 | 29 |
| 30 | | | | | | |

| Mai | | | | | | |
|---|---|---|---|---|---|---|
| Mo | Di | Mi | Do | Fr | Sa | So |
| | 1 | 2 | 3 | 4 | 5 | 6 |
| 7 | 8 | 9 | 10 | 11 | 12 | 13 |
| 14 | 15 | 16 | 17 | 18 | 19 | 20 |
| 21 | 22 | 23 | 24 | 25 | 26 | 27 |
| 28 | 29 | 30 | 31 | | | |

| Juni | | | | | | |
|---|---|---|---|---|---|---|
| Mo | Di | Mi | Do | Fr | Sa | So |
| | | | | 1 | 2 | 3 |
| 4 | 5 | 6 | 7 | 8 | 9 | 10 |
| 11 | 12 | 13 | 14 | 15 | 16 | 17 |
| 18 | 19 | 20 | 21 | 22 | 23 | 24 |
| 25 | 26 | 27 | 28 | 29 | 30 | |

**!**

1 Jahr hat 12 Monate.

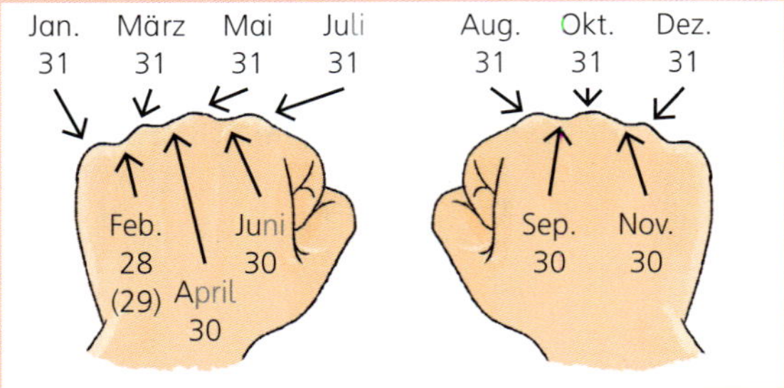


Eine Woche hat 7 Tage.

| | |
|---|---|
| Montag | (Mo) |
| Dienstag | (Di) |
| Mittwoch | (Mi) |
| Donnerstag | (Do) |
| Freitag | (Fr) |
| Samstag | (Sa) |
| Sonntag | (So) |

**2.** Wie heißen die Monate?
Schreibe die Namen und die Anzahl der Tage der Reihe nach auf.

S. 42 Nr. 2
Januar: 31 Tage

**3.** Schaue dir das Kalenderblatt genau an.

**a)** Warum sind die Zahlen in der letzten Spalte rot markiert?

**b)** Warum ist der 3. Oktober rot markiert?

**c)** An welchem Wochentag ist der 3. Oktober?

**d):** Wie viele Wochen hat der Monat?

| Oktober | | | | | | |
|---|---|---|---|---|---|---|
| Mo | Di | Mi | Do | Fr | Sa | So |
| 1 | 2 | 3 | 4 | 5 | 6 | 7 |
| 8 | 9 | 10 | 11 | 12 | 13 | 14 |
| 15 | 16 | 17 | 18 | 19 | 20 | 21 |
| 22 | 23 | 24 | 25 | 26 | 27 | 28 |
| 29 | 30 | 31 | | | | |

**4.** Welcher Wochentag war gestern?
Welcher Tag ist morgen?

**a)** Dienstag **b)** Mittwoch
**c)** Freitag **d)** Sonntag
**e)** Samstag **f)** Donnerstag

S. 42 Nr. 4

| | gestern | heute | morgen |
|---|---|---|---|
| a) | Montag | Dienstag | |
| b) | | Mittwoch | |

**5:** Schreibe in Tagen.

**a)** 1 Woche **b)** 2 Wochen **c)** 4 Wochen
**d)** 1 Woche 2 Tage **e)** 2 Wochen 3 Tage **f)** 3 Wochen 7 Tage

S. 42 Nr. 5
1 Woche: 7 Tage

**6:** Finde mithilfe eines Kalenders heraus.

**a)** Wie viele Wochen hat ein Jahr?
**b)** Wie viele Feiertage hat ein Jahr?
**c)** Wie lange dauern die Sommerferien?
**d):** Wie viele Tage hat ein Jahr?



AH, FöH, FoH S. 27

K M 1 Strukturierung eines Jahres am Kalender untersuchen; Wochentage, Monate, Schaltjahr thematisieren
2 Feststellen, dass Monate eine unterschiedliche Anzahl von Tagen haben (Handknöchel). K 3 K 6

**Juli**

| Mo | Di | Mi | Do | Fr | Sa | So |
|---|---|---|---|---|---|---|
| | | | | | | 1 |
| 2 | 3 | 4 | 5 | 6 | 7 | 8 |
| 9 | 10 | 11 | 12 | 13 | 14 | 15 |
| 16 | 17 | 18 | 19 | 20 | 21 | 22 |
| 23 | 24 | 25 | 26 | 27 | 28 | 29 |
| 30 | 31 | | | | | |

**August**

| Mo | Di | Mi | Do | Fr | Sa | So |
|---|---|---|---|---|---|---|
| | | 1 | 2 | 3 | 4 | 5 |
| 6 | 7 | 8 | 9 | 10 | 11 | 12 |
| 13 | 14 | 15 | 16 | 17 | 18 | 19 |
| 20 | 21 | 22 | 23 | 24 | 25 | 26 |
| 27 | 28 | 29 | 30 | 31 | | |

**September**

| Mo | Di | Mi | Do | Fr | Sa | So |
|---|---|---|---|---|---|---|
| | | | | | 1 | 2 |
| 3 | 4 | 5 | 6 | 7 | 8 | 9 |
| 10 | 11 | 12 | 13 | 14 | 15 | 16 |
| 17 | 18 | 19 | 20 | 21 | 22 | 23 |
| 24 | 25 | 26 | 27 | 28 | 29 | 30 |

**Oktober**

| Mo | Di | Mi | Do | Fr | Sa | So |
|---|---|---|---|---|---|---|
| 1 | 2 | 3 | 4 | 5 | 6 | 7 |
| 8 | 9 | 10 | 11 | 12 | 13 | 14 |
| 15 | 16 | 17 | 18 | 19 | 20 | 21 |
| 22 | 23 | 24 | 25 | 26 | 27 | 28 |
| 29 | 30 | 31 | | | | |

**November**

| Mo | Di | Mi | Do | Fr | Sa | So |
|---|---|---|---|---|---|---|
| | | | 1 | 2 | 3 | 4 |
| 5 | 6 | 7 | 8 | 9 | 10 | 11 |
| 12 | 13 | 14 | 15 | 16 | 17 | 18 |
| 19 | 20 | 21 | 22 | 23 | 24 | 25 |
| 26 | 27 | 28 | 29 | 30 | | |

**Dezember**

| Mo | Di | Mi | Do | Fr | Sa | So |
|---|---|---|---|---|---|---|
| | | | | | 1 | 2 |
| 3 | 4 | 5 | 6 | 7 | 8 | 9 |
| 10 | 11 | 12 | 13 | 14 | 15 | 16 |
| 17 | 18 | 19 | 20 | 21 | 22 | 23 |
| 24 | 25 | 26 | 27 | 28 | 29 | 30 |
| 31 | | | | | | |

**7.**

**!** **Datum**

| | Tag | Monat | Jahr |
|---|---|---|---|
| lang: | 28. | März | 2029 |
| kurz: | 28. | 03. | 29 |

**8.** Schreibe das Datum auf zwei Arten.

**a)** 12. Februar 2021
26. Oktober 2008
17. April 2017

**b)** 30.11.20
10.09.05
19.07.26

**c)** 29.04.27
12.05.31
25.12.29

S. 43 Nr. 8
a) 12. Februar 2021
12.02.21

**9.** Auf welchen Wochentag fallen die folgenden Tage im Jahr 2029?

**a)** 18. August
29. Juni
13. Mai

**b)** 20.01.
05.09.
24.12.

**c):** Silvester
Nikolaus
dein Geburtstag

S. 43 Nr. 9
a) 18. August: Samstag

**10:** Welches Datum passt? Begründet.

**a)** Mira feiert am Rosenmontag Fasching.

**A** 12.02. **B** 15.12.
**C** 30.05. **D** 05.08.

**b)** Tim ist 8 Jahre alt. Er hatte erst zweimal Geburtstag.

**A** 29.12. **B** 29.05.
**C** 29.02. **D** 29.01.

**c)** Emma, Hanna und Max baden im See.

**A** 05.07. **B** 02.11.
**C** 28.02. **D** 22.01.

**11:** Löse die Rätsel.

**a)** Ich bin der Tag zwischen Sonntag und Dienstag.

**b)** Ich habe den längsten Monatsnamen.

**c)** Der Monat nach mir hat genauso viele Tage wie ich.

**1** Die Klasse 2a hat eine Umfrage zum Thema Geburtstage gemacht.

*In welcher Jahreszeit haben wir Geburtstag?*

*Umfrage*

| Jahreszeit | Anzahl Kinder | Anzahl Kinder |
|---|---|---|
| Frühling | \|\|\| | 3 |
| Sommer | 𝍸 \|\|\| | 8 |
| Herbst | \|\|\| | 3 |
| Winter | 𝍸 \|\| | 7 |
| gesamt | 21 | 21 |

*Säulendiagramm*

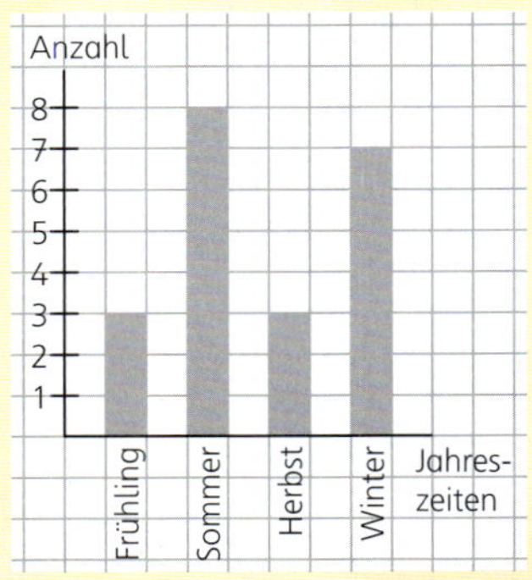


**! Säulendiagramm**

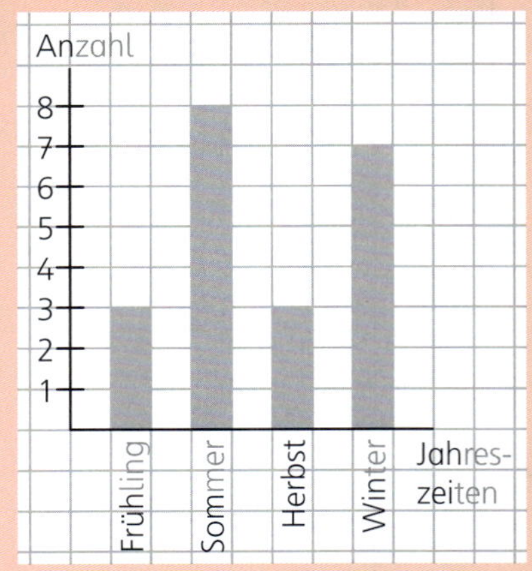


Je höher die Säule, desto größer die Anzahl.

**2** Überprüft die Aussagen zum Diagramm aus Aufgabe 1. Begründet.

**a)** Alle Kinder haben im Frühling Geburtstag.
**b)** In der Klasse sind 21 Kinder.
**c)** Max hat im Frühling Geburtstag.
**d)** Im Sommer haben 8 Kinder Geburtstag.
**e)** Die meisten Kinder haben im Herbst Geburtstag.
**f)** Im Winter haben mehr Kinder Geburtstag als im Herbst.

**3** Schreibt eigene Aussagen zum Diagramm aus Aufgabe 1 auf. Die Wortkarten helfen euch.

… mehr als … | … weniger als … | Die meisten … | Die wenigsten … | … gleich viele wie …

**4** Auch die Klasse 2b hat eine Umfrage zum Thema Geburtstage gemacht. Zeichne zu der Strichliste ein Säulendiagramm.

| Jahreszeit | Anzahl Kinder |
|---|---|
| Frühling | 𝍸 \|\| |
| Sommer | 𝍸 |
| Herbst | 𝍸 \|\|\| |
| Winter | \|\|\|\| |

**5** Führt eine Umfrage zum Thema Geburtstag in eurer Klasse durch.

**a)** Erstellt eine Strichliste.
**b)** Zeichnet ein Säulendiagramm.

**6** Führe weitere Umfragen durch und präsentiere sie.

Haustiere | Sport | Geschwister | ?



AH, FöH, FoH S. 28

K D 1 Verschiedene Darstellungen thematisieren; Diagramm und Strichliste vergleichen
K A D 2 K M D 3 M D 4 Auf richtige Beschriftung im Hefteintrag achten K M D 5, 6

**1.**

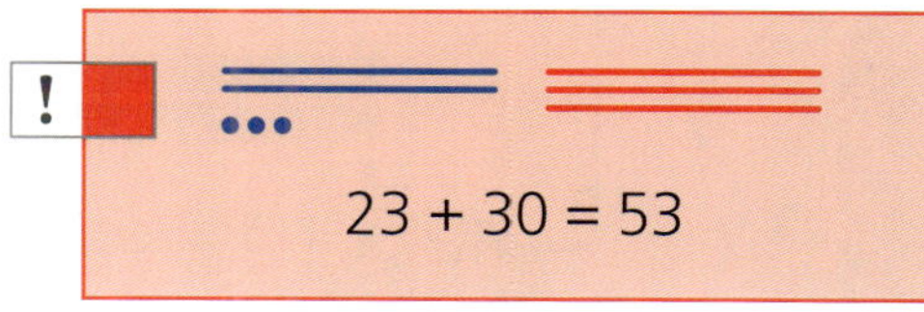


**2.** Lege, zeichne und rechne.

a) 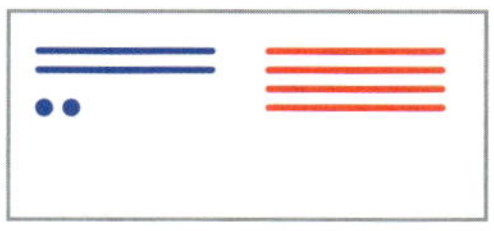

b) 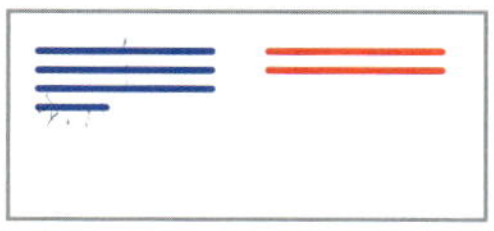

c) 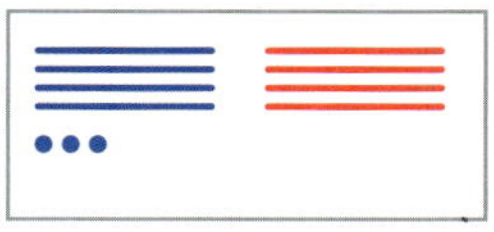

d) 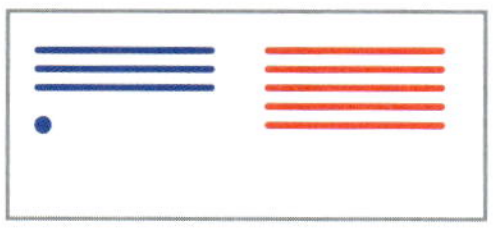

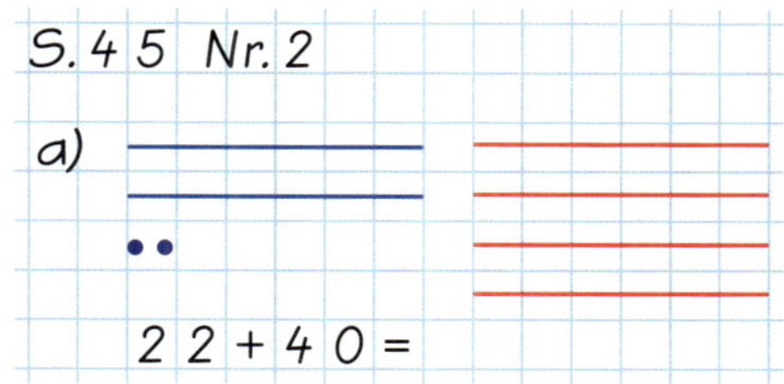


**3.** Lege. Rechne im Heft.

a) 16 + 50, 16 + 20, 16 + 40

b) 28 + 60, 36 + 50, 52 + 20

c) 43 + 40, 21 + 20, 63 + 10

d) 35 + 30, 28 + 40, 71 + 10

e) 25 + ■ = 65, 57 + ■ = 77, 31 + ■ = 51

**4.** Lege. Rechne im Heft.

a) 30 + 37, 40 + 37, 50 + 37

b) 80 + 13, 60 + 39, 20 + 48

c) 90 + 10, 40 + 13, 50 + 26

d) 20 + 66, 30 + 46, 50 + 12

e) ■ + 24 = 54, ■ + 47 = 67, ■ + 55 = 85

**5:** Schreibe ins Heft. Ergänze.

a) 70 + ■ = 83, 90 + ■ = 100, 60 + ■ = 91

b) 10 + ■ = 89, 60 + ■ = 75, 40 + ■ = 63

c) ■ + 21 = 51, ■ + 87 = 97, ■ + 32 = 72

d) ■ + 36 = 56, ■ + 48 = 58, ■ + 25 = 45

e) 15 + ■ = 65, ■ + 33 = 73, 61 + ■ = 91

**6:** Schreibe ins Heft. Setze fort und rechne.

a) 43 + 10, 43 + 20, 43 + 30

b) 18 + 80, 18 + 70, 18 + 60

c) 72 + 20, 62 + 20, 52 + 20

d) 10 + 35, 20 + 35, 30 + 35

e): 14 + ■ = 24, 15 + ■ = 35, 16 + ■ = 46

**1.**

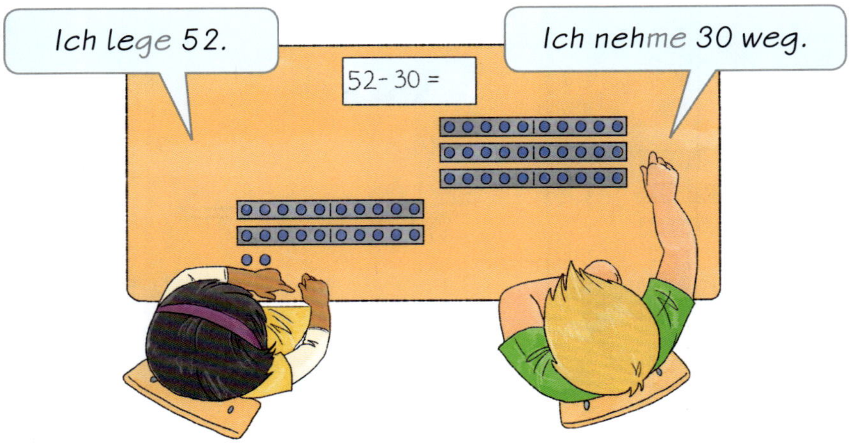


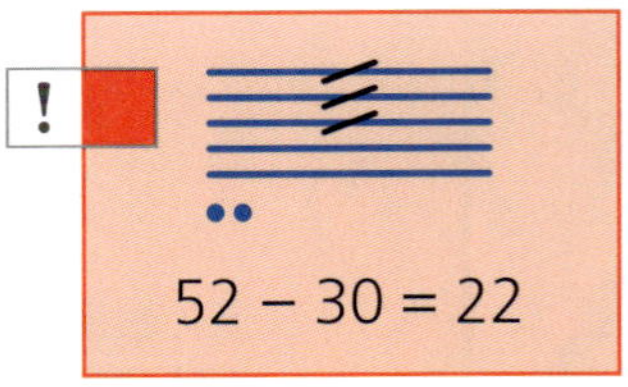


**2.** Lege, zeichne und rechne.

a)  b)  c) 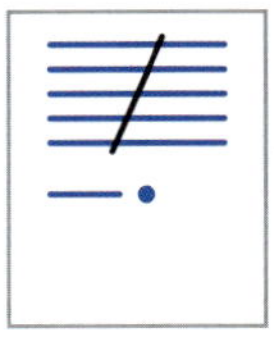 d) 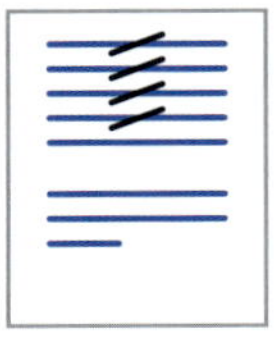

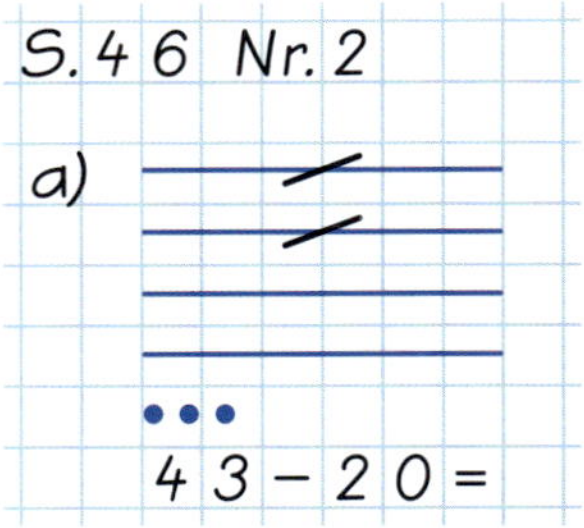


**3.** Lege. Rechne im Heft.

| a) | b) | c) | d) | e): |
|---|---|---|---|---|
| 56 – 30 | 47 – 20 | 72 – 40 | 73 – 60 | 59 – ■ = 49 |
| 96 – 30 | 87 – 50 | 98 – 20 | 58 – 10 | 43 – ■ = 3 |
| 86 – 30 | 67 – 20 | 87 – 30 | 76 – 40 | 67 – ■ = 27 |

**4.** Lege. Rechne im Heft.

| a) | b) | c) | d) | e) |
|---|---|---|---|---|
| 66 – 60 | 24 – 10 | 78 – 50 | 74 – 10 | ■ – 10 = 11 |
| 84 – 60 | 64 – 40 | 57 – 50 | 35 – 10 | ■ – 20 = 11 |
| 22 – 20 | 44 – 40 | 87 – 60 | 71 – 70 | ■ – 30 = 11 |

**5:** Schreibe ins Heft. Ergänze.

| a) | b) | c) | d) | e) |
|---|---|---|---|---|
| 83 – ■ = 63 | 47 – ■ = 27 | 92 – ■ = 72 | ■ – 40 = 51 | 98 – ■ = 48 |
| 83 – ■ = 33 | 77 – ■ = 27 | 58 – ■ = 28 | ■ – 20 = 46 | ■ – 40 = 27 |
| 83 – ■ = 53 | 57 – ■ = 27 | 65 – ■ = 15 | ■ – 30 = 37 | 85 – ■ = 75 |

**6:** Schreibe ins Heft. Setze fort und rechne.

| a) | b) | c) | d) | e): |
|---|---|---|---|---|
| 63 – 20 | 86 – 80 | 75 – 10 | 98 – 40 | 91 – ■ = 81 |
| 63 – 30 | 86 – 70 | 75 – 20 | 88 – 40 | 81 – ■ = 61 |
| 63 – 40 | 86 – 60 | 75 – 30 | 78 – 40 | 71 – ■ = 41 |

**7:** Plus und minus. Schreibt zu jedem Ergebnis fünf Aufgaben. 51 69 27



AH, FöH, FoH S. 30

K D 1 Impulsfrage: Bei welchem Stellenwert verändert sich etwas?
D 2–4 Zehnerstreifen und Plättchen verwenden K 7
Weitere Übungen auf S. 127

**1.** Rechne im Heft.

a) 40

34 + ■
36 + ■
37 + ■

b) 50

■ + 3
■ + 1
■ + 7

c) 90

■ + 8
86 + ■
■ + 5

d) 80

79 + ■
■ + 2
■ + 9

e) 70

63 + ■
66 + ■
■ + 5

**2.** Lege. Schreibe ins Heft und ergänze.

a) 26 + ■ = 30
25 + ■ = 30
23 + ■ = 30
27 + ■ = 30

b) 12 + ■ = 20
44 + ■ = 50
56 + ■ = 60
68 + ■ = 70

c) 34 + ■ = 40
51 + ■ = 60
41 + ■ = 50
21 + ■ = 30

d) 98 + ■ = 100
15 + ■ = 20
36 + ■ = 40
67 + ■ = 70

e) 17 + ■ = 20
■ + 3 = 20
61 + ■ = 70
■ + 28 = 30

**3.** Lege. Rechne im Heft.

a) 30 – 3
30 – 7
30 – 9
30 – 6

b) 60 – 2
40 – 8
50 – 1
30 – 5

c) 20 – 6
90 – 4
70 – 8
80 – 3

d) 30 – ■ = 26
50 – ■ = 43
40 – ■ = 38
60 – ■ = 55

e) 100 – ■ = 92
90 – ■ = 81
80 – ■ = 77
70 – ■ = 64

**4.** Löse die Rätsel.

a) Wenn du von meiner Zahl 3 abziehst, erhältst du 47.

b) Ziehe 6 von meiner Zahl ab und du erhältst 54.

c) Nimm 5 von meiner Zahl weg. Dann erhältst du 25.

**5.** Zeichne ins Heft. Rechne.

a)

| + | 3 | 4 | 5 | 6 |
|---|---|---|---|---|
| 40 | | | | |
| 50 | | | | |
| 60 | | | | |
| 70 | | | | |

b)

| + | | 1 | 8 | |
|---|---|---|---|---|
| 20 | | | | 23 |
| 80 | 87 | | | |
| | | | 38 | |
| 90 | | | | |

S. 47 Nr. 5

a)

| + | 3 | 4 | 5 | 6 |
|---|---|---|---|---|
| 40 | | | | |

**6.** Zeichne ins Heft. Rechne.

a)

| – | 2 | 4 | 8 | 6 |
|---|---|---|---|---|
| 100 | | | | |
| 90 | | | | |
| 80 | | | | |
| 70 | | | | |

b)

| – | 3 | | 7 | |
|---|---|---|---|---|
| 60 | | | | 59 |
| 30 | | 25 | | |
| 50 | | | | |
| | | | 33 | |

S. 47 Nr. 6

a)

| – | 2 | 4 | 8 | 6 |
|---|---|---|---|---|
| 100 | | | | |

**1.**

28 + 6 = ▢

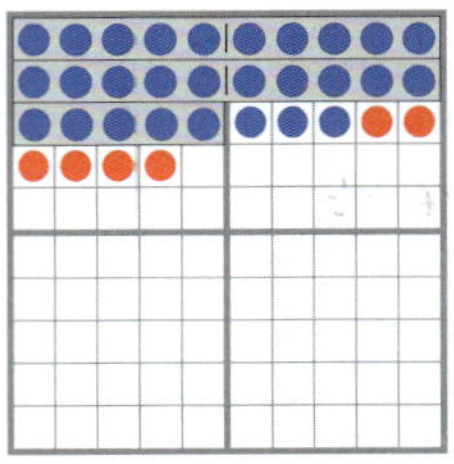

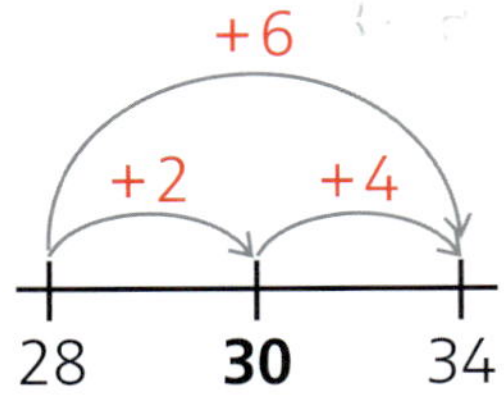


**!**

**Zum Zehner, dann weiter**

28 + 6 = 34
28 + 2 + 4 = 34

**2.** Lege, zeichne und rechne.

a) 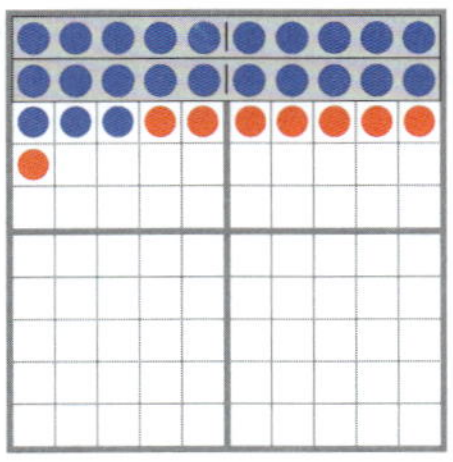

b) 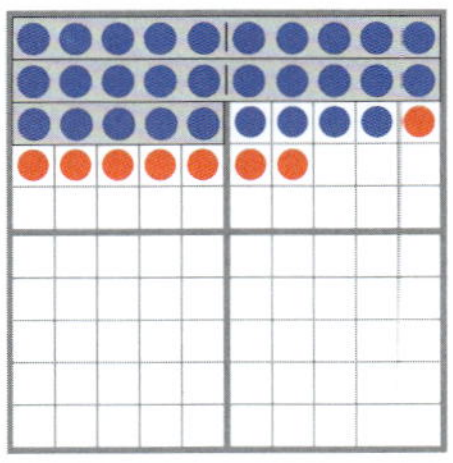

c) 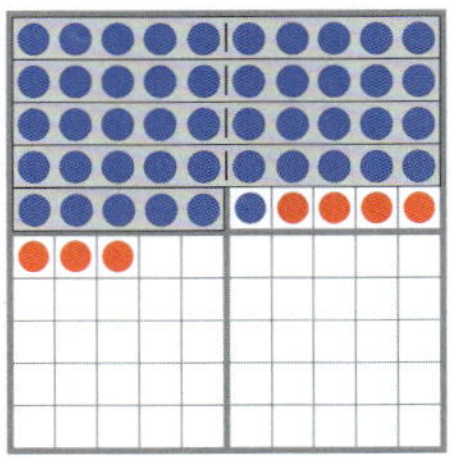

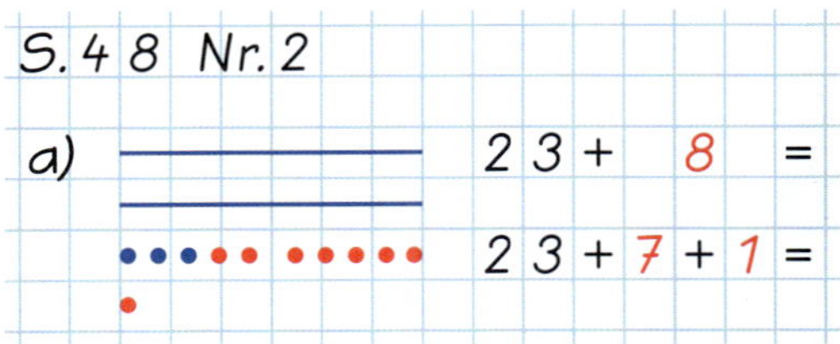


d) 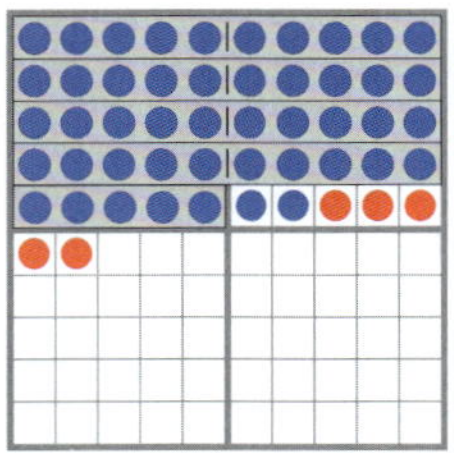

e) 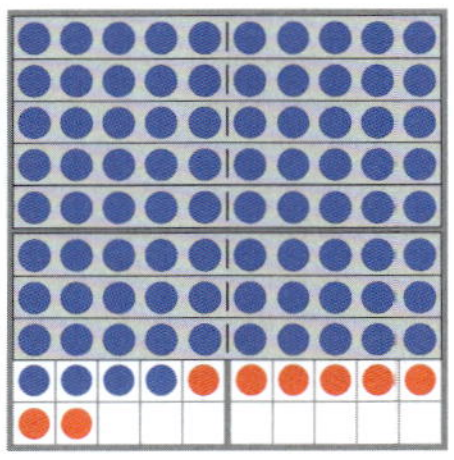

f) 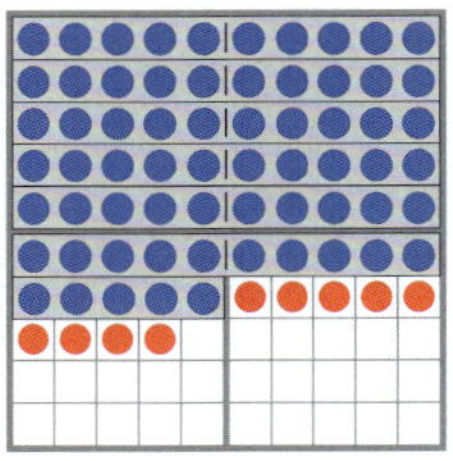

g) 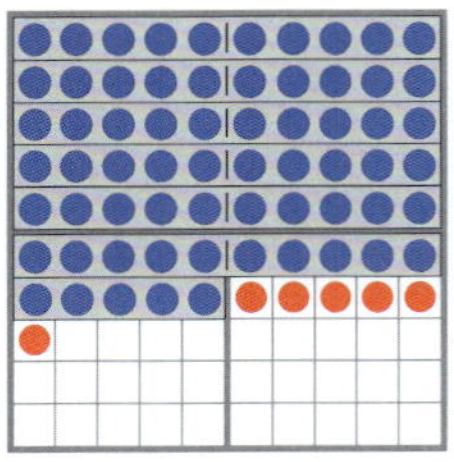

h) 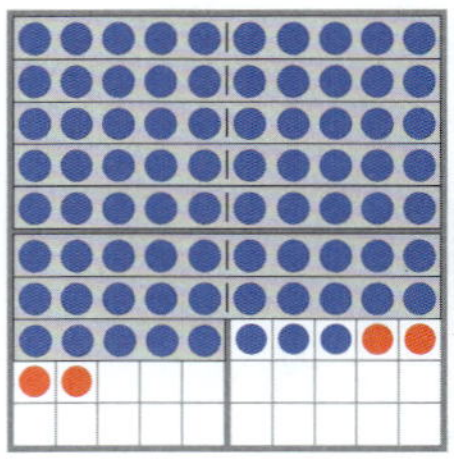

**3.** Zeichne und rechne im Heft.

a) 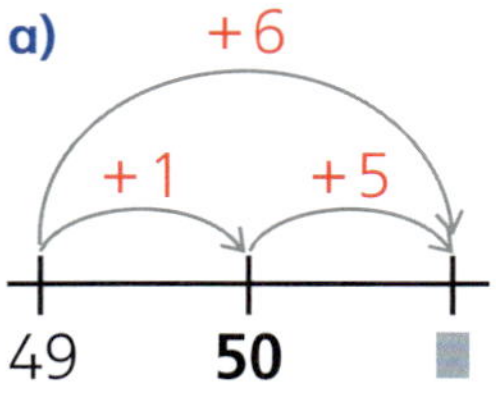


b) 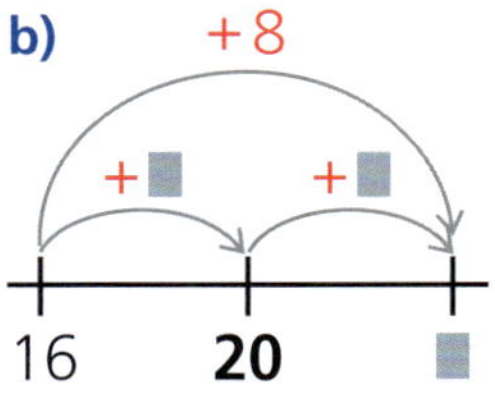


c) 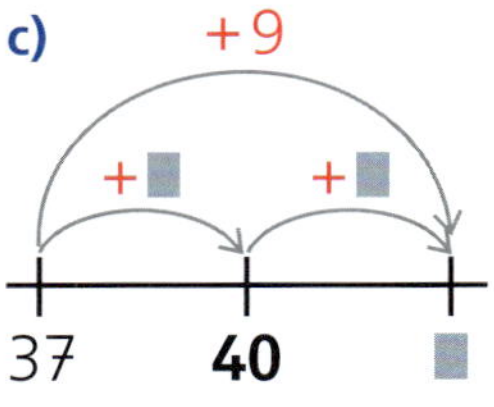


d) 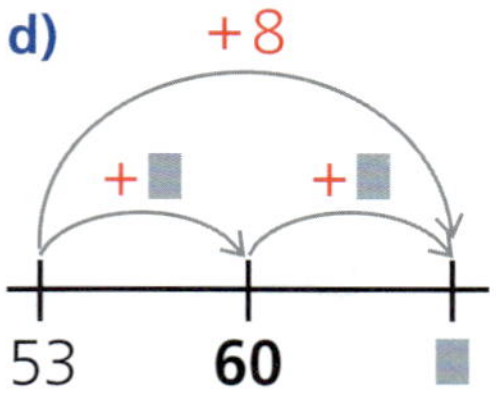


e) 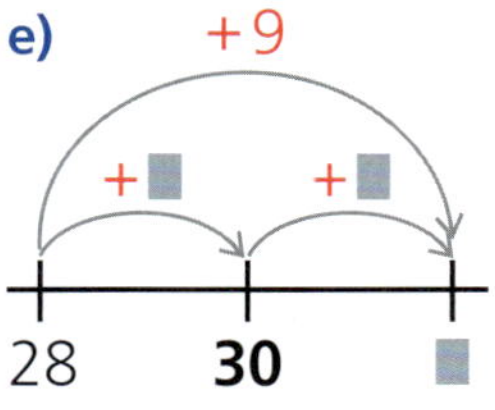


f) 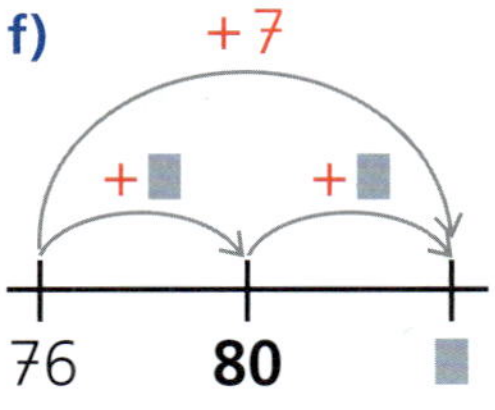


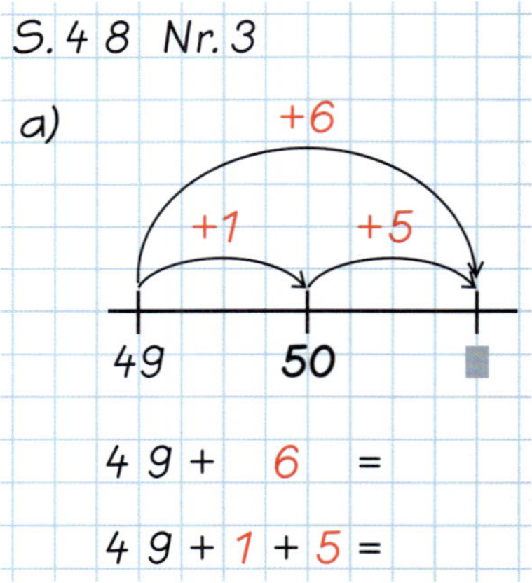


**4.** Rechne.

| a) | b) | c) | d) | e) |
|---|---|---|---|---|
| 8 + 3 | 7 + 8 | 6 + 6 | 7 + 16 | 7 + 6 |
| 18 + 3 | 27 + 8 | 36 + 6 | 28 + 5 | 16 + 7 |
| 28 + 3 | 47 + 8 | 16 + 6 | 39 + 4 | 27 + 6 |
| 38 + 3 | 67 + 8 | 56 + 6 | 8 + 53 | 36 + 7 |



AH, FöH, FoH S.31

K D 1 Verschiedene Lösungswege thematisieren D 2 Hunderterfeld, Zehnerstreifen und Plättchen verwenden
K D 3 Rechenstrich thematisieren und als Lösungshilfe anwenden, Hefteintrag besprechen

**1.** Rechne.

| a) | b) | c) | d) | e): |
|---|---|---|---|---|
| 76 + 8 | 58 + 7 | 45 + 8 | 57 + 5 | 7 + 89 |
| 46 + 5 | 67 + 5 | 29 + 4 | 26 + 7 | 4 + 27 |
| 23 + 8 | 42 + 9 | 54 + 9 | 69 + 3 | 8 + 35 |
| 75 + 6 | 36 + 8 | 76 + 7 | 33 + 8 | 6 + 48 |

**2.** Setze fort und rechne.

| a) | b) | c) | d) | e) |
|---|---|---|---|---|
| 15 + 6 | 18 + 9 | 16 + 8 | 84 + 7 | 5 + 27 |
| 25 + 6 | 28 + 9 | 26 + 8 | 74 + 7 | 5 + 37 |
| 35 + 6 | 38 + 9 | 36 + 8 | 64 + 7 | 5 + 47 |

**3.** Rechne geschickt.

| a) | b): |
|---|---|
| 73 + 9 | 52 + 8 |
| 54 + 9 | 71 + 8 |
| 25 + 9 | 47 + 8 |
| 35 + 9 | 63 + 8 |
| 68 + 9 | 56 + 8 |
| 82 + 9 | 75 + 8 |

S. 49 Nr. 3

a) 73 + 9 =

73 + 10 =

54 + 9 =

**! Nähe zur 10**

73 + **9** = 82

1 weniger ↑

73 + **10** = 83

**4.** Rechne Aufgabe und Tauschaufgabe.

| a) | b) |
|---|---|
| 8 + 45 | 15 + 7 |
| 88 + 5 | 76 + 6 |
| 7 + 35 | 9 + 24 |
| 67 + 4 | 5 + 46 |
| 85 + 6 | 76 + 7 |
| 4 + 58 | 5 + 57 |

S. 49 Nr. 4

a) 8 + 45 =

45 + 8 =

**! Tauschaufgabe**

8 + 45 = 53

45 + 8 = 53

**5.** Wähle einen Rechenweg. Rechne und begründe.

a) 8 + 65

b) 48 + 5

Zum Zehner, dann weiter. | Nähe zur 10 | Tauschaufgabe

**6.** Schreibe ins Heft. Setze die richtigen Ziffern ein. Gleiches Zeichen bedeutet gleiche Ziffer.

a)

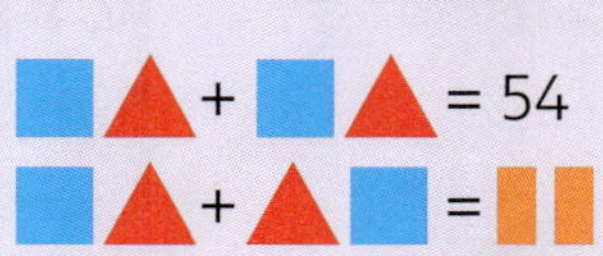


b)

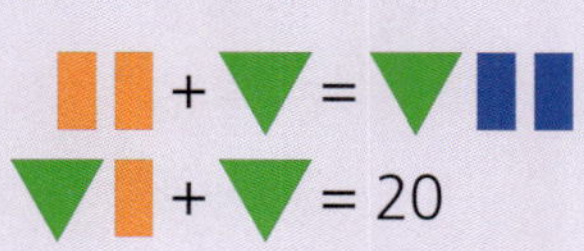


c)

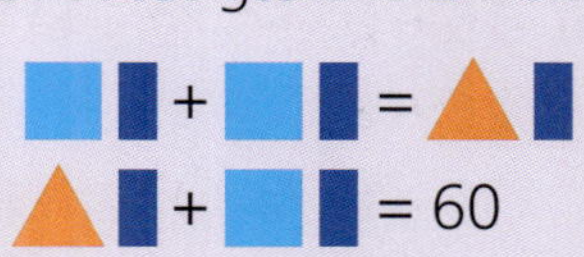

**1.**

35 − 7 = ▢

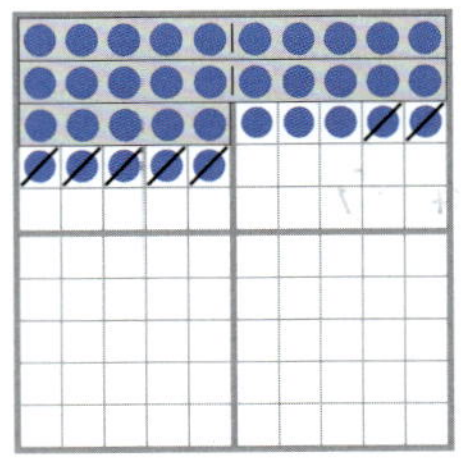

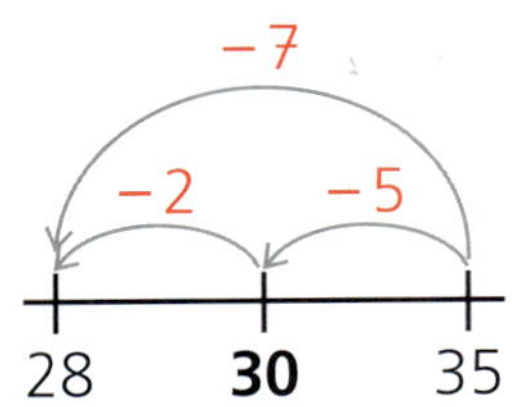


**!**

**Zum Zehner, dann weiter**

35 − 7 = 28

35 − 5 − 2 = 28

**2.** Lege, zeichne und rechne.

**a)**

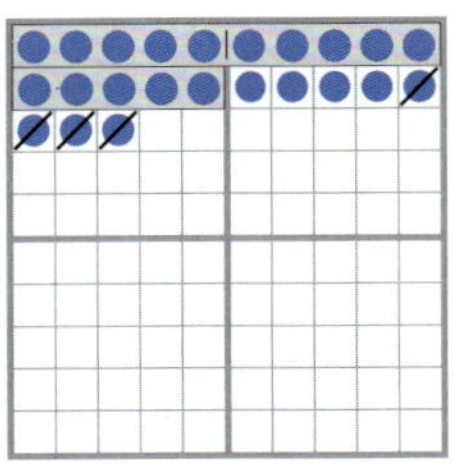

**b)**

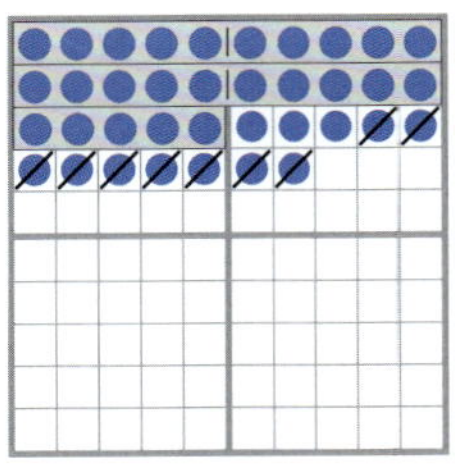

**c)**

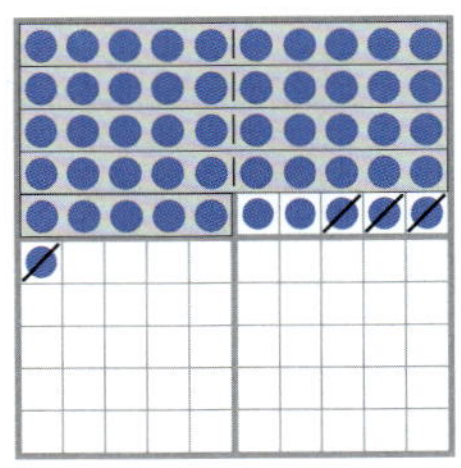

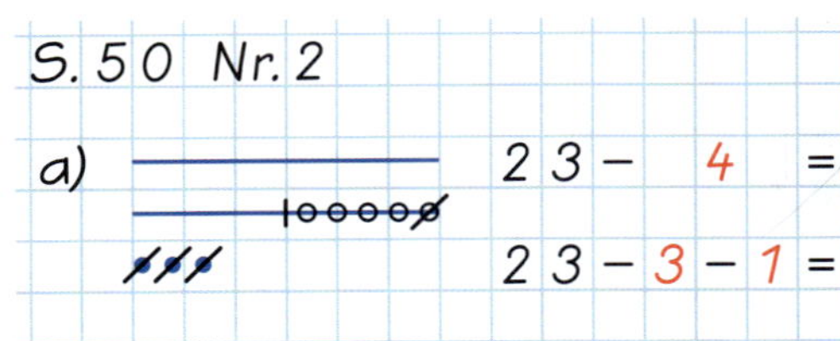


**d)**

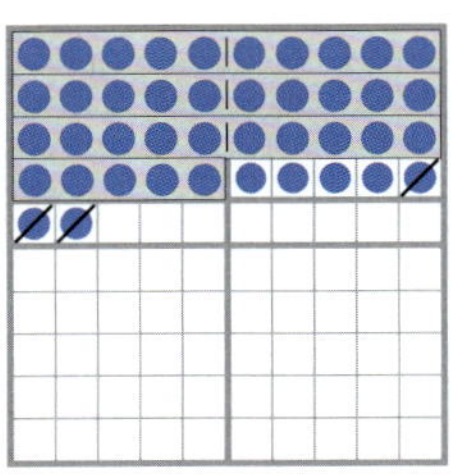

**e)**

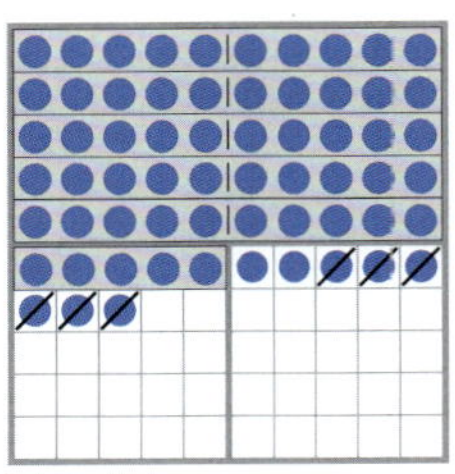

**f)**

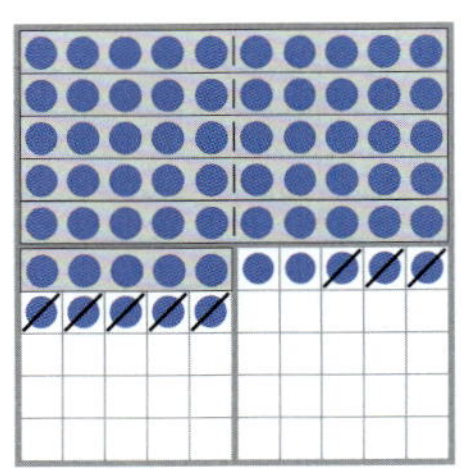

**g)**

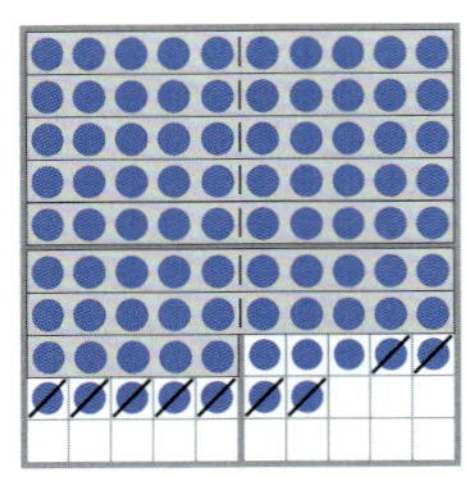

**h)**

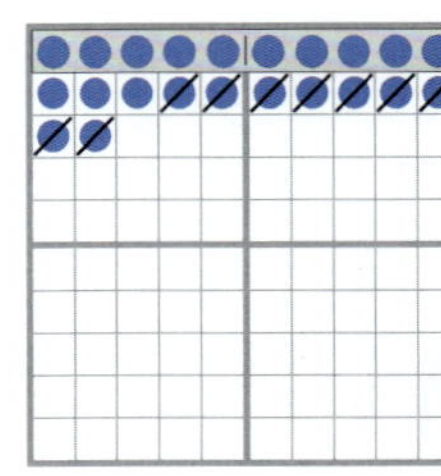

**3.** Zeichne und rechne im Heft.

**a)**

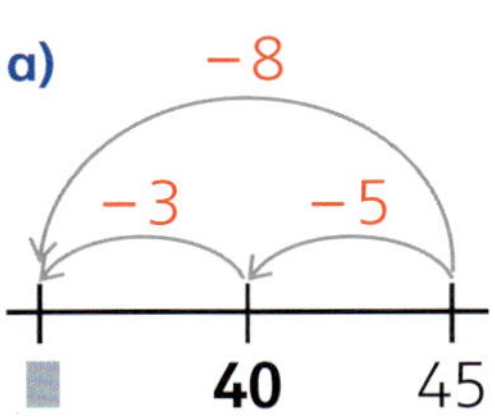


**b)**

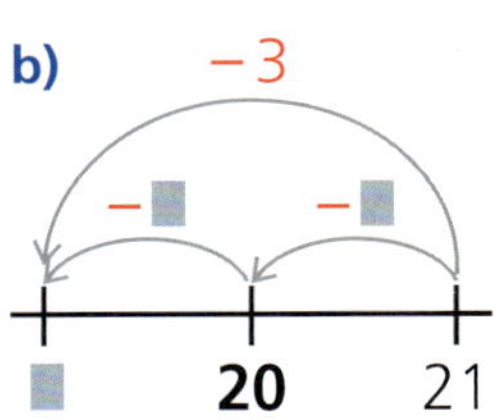


**c)**

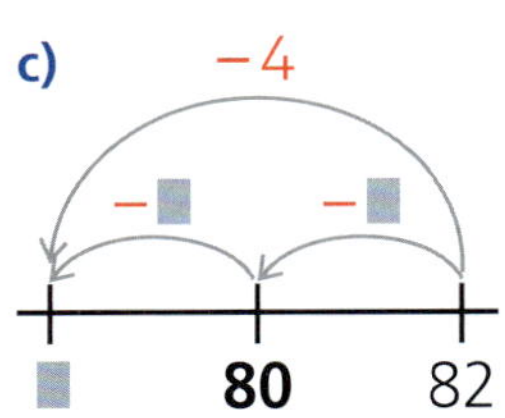


**d)**

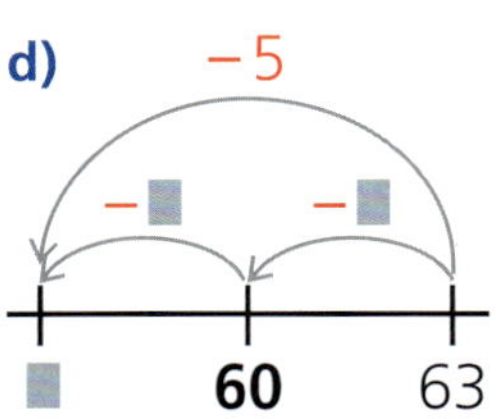


**e)**

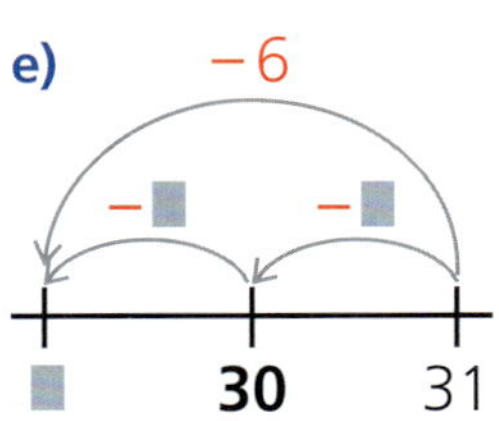


**f)**

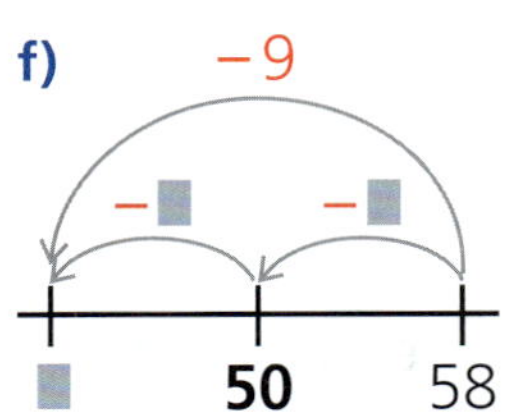


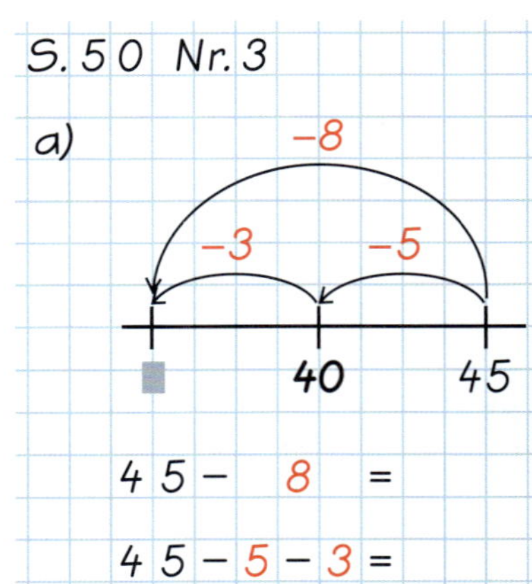


**4.** Rechne.

| a) | b) | c) | d) | e) |
|---|---|---|---|---|
| 16 − 8 | 11 − 7 | 13 − 6 | 42 − 7 | 84 − 8 |
| 26 − 8 | 21 − 7 | 63 − 6 | 32 − 5 | 57 − 9 |
| 36 − 8 | 41 − 7 | 33 − 6 | 52 − 3 | 43 − 7 |
| 46 − 8 | 61 − 7 | 53 − 6 | 72 − 9 | 71 − 5 |



AH, FöH, FoH S. 33

K D 1 Verschiedene Lösungswege thematisieren
K D 2 Hunderterfeld, Fünfer- und Zehnerstreifen und Plättchen verwenden
D 3 Rechenstrich thematisieren und als Lösungshilfe anwenden, Hefteintrag besprechen

**1.** Rechne.

| a) | b) | c) | d) | e) |
|---|---|---|---|---|
| 13 – 5 | 12 – 4 | 14 – 7 | 11 – 8 | 15 – 9 |
| 23 – 5 | 22 – 4 | 24 – 7 | 21 – 8 | 25 – 9 |
| 33 – 5 | 32 – 4 | 34 – 7 | 31 – 8 | 35 – 9 |
| 43 – 5 | 42 – 4 | 44 – 7 | 41 – 8 | 45 – 9 |

**2.** Setze fort und rechne.

| a) | b) | c) | d) | e) |
|---|---|---|---|---|
| 12 – 5 | 13 – 7 | 14 – 6 | 15 – 8 | 22 – 4 |
| 22 – 5 | 23 – 7 | 24 – 6 | 25 – 8 | 22 – 5 |
| 32 – 5 | 33 – 7 | 34 – 6 | 35 – 8 | 22 – 6 |

**3.** Rechne.

| a) | b) |
|---|---|
| 72 – 9 | 51 – 8 |
| 54 – 9 | 97 – 8 |
| 68 – 9 | 85 – 8 |
| 33 – 9 | 43 – 8 |
| 75 – 9 | 66 – 8 |
| 82 – 9 | 76 – 8 |

S. 51 Nr. 3
a) 72 – 9 =
72 – 10 =

54 – 9 =

! **Nähe zur 10**

72 – **9** = 63
1 mehr ↑
72 – **10** = 62

**4.** Rechne. Kontrolliere mit der Umkehraufgabe.

| a) | b) |
|---|---|
| 63 – 7 | 76 – 8 |
| 31 – 4 | 58 – 9 |
| 55 – 6 | 82 – 7 |
| 62 – 5 | 43 – 5 |
| 87 – 8 | 75 – 7 |
| 44 – 7 | 52 – 9 |

S. 51 Nr. 4
a) 63 – 7 = 56
56 + 7 = 63

! **Umkehraufgabe**

63 – 7 = 56
56 + 7 = 63

**5.** Wähle einen Rechenweg. Rechne und begründe.

a) 86 – 8
b) 42 – 5

Zum Zehner, dann weiter.

Nähe zur 10

Tauschaufgabe

**6.** Trefft ihr genau die 50? Vermutet erst. Begründet.

a) 70 Immer minus 5
b) 64 Immer minus 2
c) 99 Immer minus 5
d) 100 Immer minus ■

S. 51 Nr. 6
a) 70 – 5 = 5
65 – 5 =

**1** Welche Wörter helfen dir beim Rechnen? Begründe.

Tim: Ich kaufe mir einen Bagger und **dazu** ein Lexikon.
F: Wie viel kostet es **zusammen**?

Mira: Ich habe 30 € und kaufe mir eine Puppe.
F: Wie viel Euro **bekomme** ich **zurück**?

Max: Ich habe 11 € und möchte mir ein Spiel kaufen.
F: Wie viel Euro **fehlen** mir noch?

Hanna: Ich habe zu meinem Geburtstag 35 € bekommen.
F: Was kann ich **kaufen**?

!
**Signalwörter** helfen dir, die richtige Rechnung zu finden.

**2** Welche Signalwörter helfen dir? Unterstreiche sie und löse die Sachaufgabe.

**a)** Emma kauft sich Bausteine und dazu ein Lesebuch.
F: Wie viel kostet es zusammen?

**b)** Max hat 20 € und kauft sich ein Lexikon.
F: Wie viel Euro bekommt er zurück?

**c)** Tim hat 15 € und kauft sich zwei Spielzeugautos.
F: Wie viel Euro bekommt Tim zurück?

S. 52 Nr. 2
a) F: Wie viel kostet es zusammen?
R:
A:

**3** Welche Aufgabe passt zu dieser Rechnung? Begründet.

R: 20 € – 15 € = 5 €

**A** Max kauft einen Bagger. Er bezahlt mit 20 €. Wie viel bekommt er zurück?

**B** Max kauft ein Spiel und ein Auto. Wie viel kostet es zusammen?

**4** Welche Rechnung passt? Begründet.

Emma hat 17 €. Sie bekommt 6 € dazu.
F: Reicht das Geld für eine Puppe?

R: 17 € – 6 € = 11 €

R: 17 € + 6 € = 23 €

R: 22 € – 17 € = 5 €

**5** Kann das sein? Der Verkäufer hat für 3 Dinge zusammen mehr als 40 € bekommen.


AH, FöH, FoH S. 36

K M 1 Signalwörter thematisieren K M 2 Lösungsschema beachten K A M 3
K A M 4 Mehrere Lösungen sind möglich
P K A M 5 Mehrere Lösungen sind möglich

**1.** Welcher Wochentag war gestern? Welcher Tag ist morgen? Heute ist …

a) Donnerstag b) Samstag c) Freitag d) Montag e) Mittwoch

**2.** Schreibe das Datum auf zwei Arten.

a) 06.12.2010 b) 31. Oktober 2011 c) 14. April 2009 d) 21.03.2015
e) 3. Februar 2004 f) 16.09.1977 g) 30.06.2012 h) 1. Juli 2013

**3.** Die Kinder der Klasse 2b haben eine Umfrage zu ihren Haustieren gemacht.
Erstelle ein Säulendiagramm zur Strichliste.

| Haustiere | Hund | Katze | Hase | kein Haustier |
|---|---|---|---|---|
| Kinder | 𝍸 II | 𝍸 | IIII | 𝍸 III |

**4.** Rechne im Heft.

| a) | b) | c) | d) | e) |
|---|---|---|---|---|
| 47 + 10 | 84 – 20 | 72 – 50 | 75 – 50 | 25 + ■ = 35 |
| 38 + 50 | 76 – 30 | 27 + 40 | 40 + 29 | 53 – ■ = 13 |
| 23 + 20 | 98 – 50 | 64 + 20 | 20 + 57 | ■ + 30 = 92 |
| 55 + 40 | 63 – 40 | 81 – 30 | 52 – 30 | ■ – 40 = 37 |

**5.** Rechne im Heft.

| a) | b) | c) | d) | e) |
|---|---|---|---|---|
| 24 + 8 | 82 – 7 | 51 + 6 | 43 – 7 | 38 + ■ = 45 |
| 48 + 3 | 45 – 5 | 93 – 8 | 5 + 39 | 38 – ■ = 29 |
| 69 + 6 | 71 – 4 | 62 – 3 | 4 + 87 | ■ + 7 = 62 |
| 56 + 3 | 53 – 9 | 74 + 7 | 61 – 6 | ■ – 6 = 77 |

**6:** Schreibe ins Heft. Setze ein: >, < oder =

| a) | b) | c) | d): |
|---|---|---|---|
| 23 + 50 ● 80 | 8 + 27 ● 36 | 77 – 60 ● 27 | 43 + 30 ● 26 + 80 |
| 40 + 37 ● 67 | 72 – 5 ● 80 | 29 + 7 ● 36 | 8 + 74 ● 85 – 9 |
| 87 – 40 ● 47 | 65 + 9 ● 75 | 50 + 24 ● 75 | 62 – 8 ● 31 + 40 |

**7.** Zeichne ins Heft. Rechne.

a)

| + | 7 | 17 | 27 | 37 |
|---|---|---|---|---|
| 5 | | | | |
| 8 | | | | |
| 10 | | | | |

b)

| – | 20 | 9 | 6 | 7 |
|---|---|---|---|---|
| 28 | | | | |
| 35 | | | | |
| 41 | | | | |

**8:** Löse die Sachaufgabe.

a) Max kauft im Spielzeugladen zwei Bagger. Ein Bagger kostet 20 €.
F: Wie viel kostet es zusammen?

b) Hanna wünscht sich einen Tretroller. Er kostet 89 €. Ihre Mama schenkt ihr 8 €.
F: Wie viel Euro fehlen ihr noch?

**1**

34 + 23 = ▮

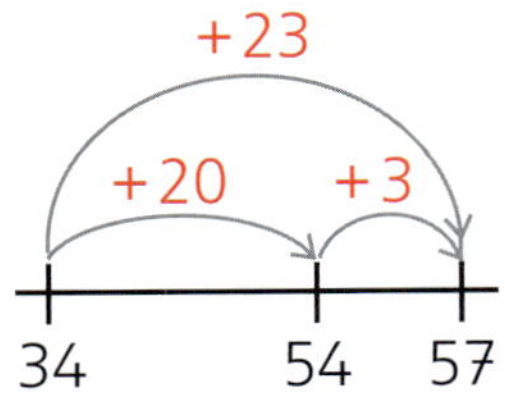


!

Erst die **Zehner dazu**,
dann die **Einer dazu**.

34 + **23** = 57
34 + **20** = 54
54 + **3** = 57

**2** Zeichnet und rechnet.

**a)** 44 + 31
64 + 21
34 + 11

**b)** 76 + 13
56 + 43
46 + 23

**c)** 24 + 14
62 + 21
45 + 32

**d)** 74 + 12
41 + 23
52 + 32

**e)** 15 + 72
42 + 51
34 + 42

**f)** 22 + 53
31 + 47
12 + 32

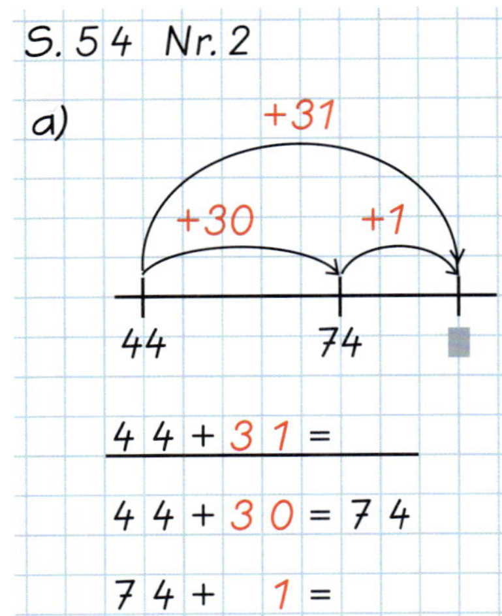


**3** Rechne.

**a)** 34 + 13
13 + 72
46 + 33

**b)** 53 + 22
42 + 57
61 + 12

**c)** 41 + 31
32 + 12
23 + 54

**d)** 52 + 21
16 + 43
74 + 14

**e)** 22 + 61
43 + 12
35 + 62

**4** Kannst du auch zuerst die Einer
und dann die Zehner dazuzählen?
Begründe. Rechne im Heft.

54 + 32 = ▮

**5** Wählt einen Rechenweg. Vergleicht.

**a)** 54 + 23
48 + 31
75 + 22

**b)** 73 + 13
47 + 31
35 + 14

**c)** 11 + 51
24 + 42
33 + 23

**d)** 11 + 48
62 + 31
34 + 14

**e)** 16 + 41
72 + 17
22 + 25

**6** Bilde mit je zwei Zahlen Plusaufgaben.

**a)** Das Ergebnis soll größer als 70 sein.

**b)** Das Ergebnis soll kleiner als 60 sein.

**c)** Das Ergebnis soll zwischen 80 und 90 liegen.

34 43 24 12 35 51



AH, FöH, FoH S. 37

K D 1 Verschiedene Darstellungen und halbschriftliches Rechnen thematisieren
K D 2 3 Ggf. Zehnerstreifen und Plättchen verwenden
K A 4, 5 P K 6 Überschlag bei Addition thematisieren, mehrere Lösungen sind möglich

**1.**

38 + 26 = ▢

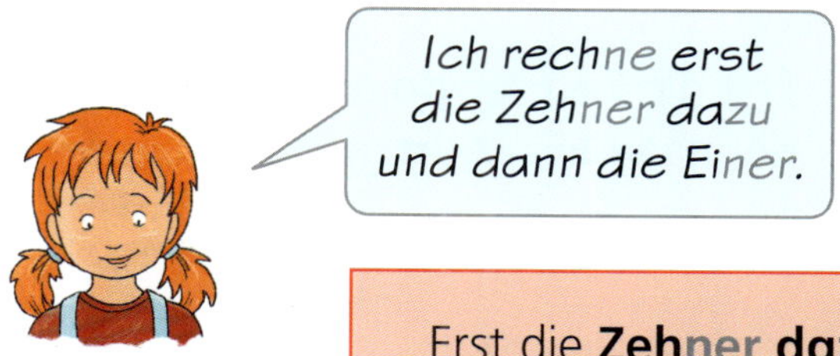


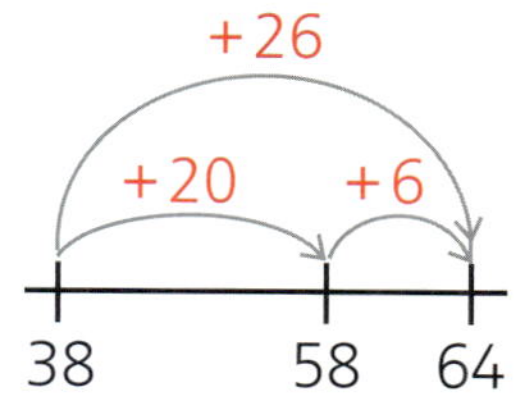


**!** Erst die **Zehner dazu**, dann die **Einer dazu**.

38 + **26** = 64
38 + **20** = 58
58 + **6** = 64

**2.** Zeichnet einen Rechenstrich und rechnet.

**a)** 47 + 35, 18 + 33 **b)** 53 + 26, 36 + 55 **c)** 67 + 27, 38 + 17 **d)** 46 + 25, 57 + 36 **e)** 77 + 18, 58 + 23

**f)** 29 + 16, 34 + 58 **g)** 45 + 36, 28 + 68 **h)** 27 + 59, 73 + 18 **i)** 26 + 26, 35 + 38 **j)** 16 + 57, 66 + 34

**3.** Rechne geschickt.

**a)** 26 + 39, 17 + 49, 29 + 27, 12 + 69, 49 + 47, 19 + 22

**b):** 58 + 35, 43 + 28, 36 + 38, 28 + 44, 15 + 68, 48 + 13

S. 55 Nr. 3
a) 26 + 39 =
26 + 40 = 66
66 − 1 =

**!** **Nähe zum Zehner**

26 + **39** = 65
1 weniger ↑
26 + **40** = 66

**4.** Rechne geschickt.

**a)** 64 + 27, 57 + 35, 74 + 18, 54 + 27, 76 + 18, 22 + 68

**b)** 17 + 48, 53 + 27, 81 + 13, 45 + 25, 21 + 39, 24 + 73

S. 55 Nr. 4
a) 64 + 27 =
60 + 20 = 80
4 + 7 =

**!** Erst **alle Zehner**, dann **alle Einer**.

64 + **27** = 91
60 + **20** = 80
4 + **7** = 11

**5.** Setze fort und rechne.

**a)** 46 + 10, 46 + 11, 46 + 12

**b)** 31 + 46, 31 + 47, 31 + 48

**c)** 23 + 72, 23 + 71, 23 + 70

**d)** 42 + 33, 41 + 33, 40 + 33

**e)** 65 + 12, 66 + 12, 67 + 12

K D **1** Verschiedene Darstellungen und halbschriftliches Rechnen thematisieren
K **2**
K A **3, 4** Verschiedene Rechenstrategien thematisieren

AH, FöH, FoH S. 38

**1.**

! Erst die **Zehner dazu**, dann die **Einer dazu**.

49 + 35 = 84
49 + 30 = 79
79 + 5 = 84

! Erst die **Einer dazu**, dann die **Zehner dazu**.

49 + 35 = 84
49 + 5 = 54
54 + 30 = 84

49 + 35 = ▪

! **Nähe zum Zehner**

49 + 35 = 84
1 weniger ↑
50 + 35 = 85

! Erst **alle Zehner**, dann **alle Einer**.

49 + 35 = 84
40 + 30 = 70
9 + 5 = 14

**2.** Wähle einen Rechenweg. Rechne und begründe.

**a)** 46 + 25 **b)** 39 + 52
**c)** 23 + 38 **d)** 43 + 19
**e)** 25 + 72 **f)** 16 + 44

| Erst Zehner, dann Einer. | Erst Einer, dann Zehner. | Nähe zum Zehner. | Alle Zehner und alle Einer. |
|---|---|---|---|

**3.** Rechne.

| a) | b) | c) | d) | e) |
|---|---|---|---|---|
| 34 + 18 | 15 + 36 | 16 + 56 | 19 + 49 | 26 + 54 |
| 26 + 57 | 28 + 67 | 48 + 22 | 61 + 28 | 47 + 49 |
| 48 + 18 | 44 + 29 | 27 + 17 | 34 + 38 | 66 + 32 |
| 37 + 26 | 57 + 14 | 53 + 43 | 76 + 16 | 73 + 27 |

**4.** Setze fort und rechne.

| a) | b) | c) | d) | e) |
|---|---|---|---|---|
| 61 + 17 | 23 + 11 | 19 + 22 | 12 + 17 | 66 + 24 |
| 61 + 18 | 23 + 22 | 20 + 22 | 22 + 17 | 56 + 24 |
| 61 + 19 | 23 + 33 | 21 + 22 | 32 + 17 | 46 + 24 |

**5.** Findet die Fehler und verbessert.

| a) | b) | c) | d) | e) |
|---|---|---|---|---|
| 21 + 53 = 78 | 46 + 18 = 74 | 53 + 28 = | 39 + 47 = 77 | 56 + 37 = 79 |
| 21 + 50 = 71 | 46 + 10 = 66 | 53 + 20 = 73 | 40 + 47 = 87 | 56 + 30 = 86 |
| 71 + 5 = 76 | 66 + 8 = 74 | 73 + 8 = 81 | 87 − 1 = 77 | 86 − 7 = 79 |



K A 1 Verschiedene Rechenstrategien thematisieren
K A 2 P K A 5

**1.** Rechne.

| a) | b) | c) | d) | e) |
|---|---|---|---|---|
| 21 + 33 | 14 + 36 | 45 + 15 | 23 + 54 | 45 + 24 |
| 56 + 15 | 61 + 27 | 11 + 31 | 16 + 82 | 33 + 19 |
| 72 + 18 | 55 + 39 | 27 + 28 | 46 + 14 | 13 + 42 |
| 48 + 37 | 28 + 48 | 34 + 34 | 61 + 23 | 59 + 27 |

| f) | g) | h) | i) | j) |
|---|---|---|---|---|
| 81 + 18 | 63 + 17 | 86 + 12 | 58 + 6 | 16 + 47 |
| 16 + 26 | 36 + 31 | 43 + 27 | 83 + 13 | 22 + 9 |
| 32 + 12 | 19 + 19 | 30 + 18 | 23 + 38 | 35 + 23 |
| 66 + 27 | 41 + 42 | 24 + 48 | 50 + 22 | 45 + 55 |

**2.** Zeichne ins Heft. Rechne.

a) 78 / 42 | 36

b) 77 / 53 | 24

c) 99 / 83 | 16

d) 95 / 38 | 57

e) 100 / 21 | 79

f) 74 / 40 | 34 / 17 | 23 | 11

g) 86 / 38 | 48 / 22 | 16 | 32

h): 97 / 62 | 35 / 44 | 18 | 17

i): 81 / 46 | 45 / 28 | 18 | 27

**3.** Schreibe ins Heft. Ergänze.

| a) | b) | c) | d) | e) |
|---|---|---|---|---|
| 47 + 22 = ■ | ■ + 61 = ■ | 56 + 27 = ■ | ■ + 4■ = 8■ | ■ + ■6 = ■ |
| ■ + 20 = 67 | 18 + ■ = ■ | 5■ + ■0 = 7■ | 38 + ■0 = 7■ | 2■ + 5■ = ■9 |
| 67 + ■ = ■ | ■ + 1 = ■ | 6 + ■ = ■3 | ■8 + 5 = ■ | 7■ + ■ = ■ |

**4.** Rechne. Wie heißt der Lösungssatz? Schreibe ins Heft.

| | |
|---|---|
| 45 + 19 | 59 + 14 |
| 11 + 35 | 38 + 39 |
| 79 + 13 | 17 + 48 |
| 15 + 43 | 55 + 37 |
| 22 + 62 | 26 + 64 |
| 28 + 18 | 30 + 59 |
| 34 + 58 | 13 + 38 |

Ich bin ein …

S. 57 Nr. 4
45 + 19 = 64 F
11 + 35 =
Ich bin ein …

| R | C | F | N | H | I | A | L | D | T | P |
|---|---|---|---|---|---|---|---|---|---|---|
| 51 | 58 | 64 | 73 | 84 | 89 | 92 | 46 | 77 | 65 | 90 |

**4** Ggf. zum gesuchten Tier recherchieren
Weitere Übungen auf S. 128

**1**

54 – 32 = ■

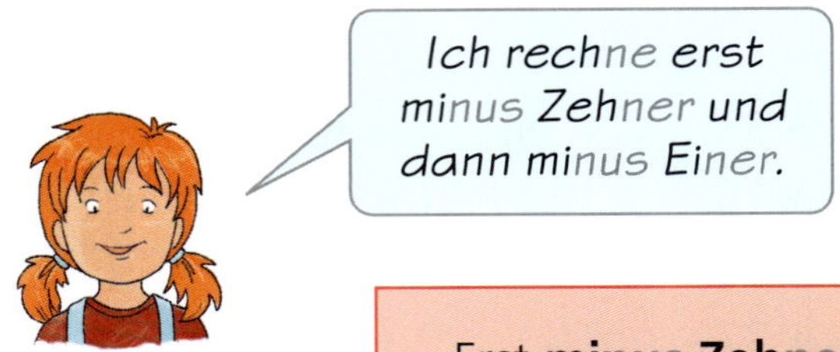


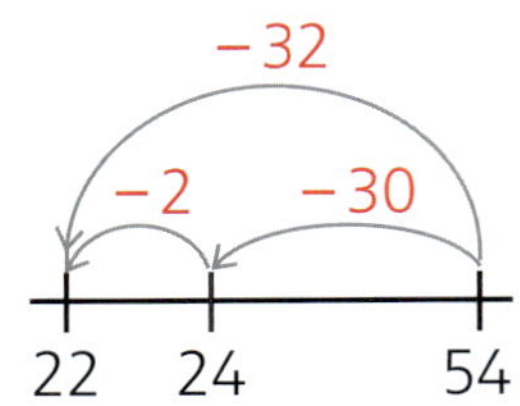


**!**

Erst **minus Zehner**,
dann **minus Einer**.

54 – **32** = 22

54 – **30** = 24

24 – **2** = 22

**2** Zeichne und rechne.

**a)** 66 – 24, 46 – 34, 36 – 14

**b)** 78 – 35, 58 – 25, 68 – 15

**c)** 65 – 14, 88 – 32, 49 – 22

**d)** 67 – 42, 44 – 31, 59 – 45

**e)** 88 – 12, 99 – 61, 37 – 13

**f)** 96 – 11, 64 – 33, 76 – 64

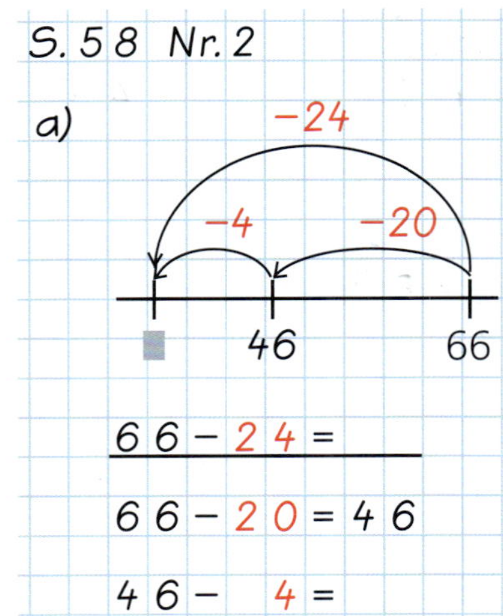


**3** Rechne.

**a)** 74 – 22, 96 – 61, 55 – 14

**b)** 48 – 21, 67 – 53, 59 – 12

**c)** 73 – 31, 34 – 13, 58 – 42

**d)** 48 – 31, 76 – 53, 34 – 22

**e)** 94 – 61, 77 – 12, 68 – 42

**4** Kannst du auch zuerst minus Einer und dann minus Zehner rechnen? Begründe.

35 – 23 = ■

**5** Wählt einen Rechenweg. Vergleicht.

**a)** 64 – 32, 38 – 26, 75 – 44

**b)** 68 – 45, 77 – 36, 46 – 12

**c)** 78 – 53, 29 – 12, 47 – 31

**d)** 98 – 56, 63 – 42, 54 – 41

**e)** 78 – 42, 36 – 25, 59 – 34

**6** Bilde mit je zwei Zahlen Minusaufgaben.

**a)** Das Ergebnis soll kleiner als 30 sein.

**b)** Das Ergebnis soll größer als 40 sein.

**c)** Das Ergebnis soll zwischen 50 und 60 liegen.

44 | 76 | 22 | 13 | 35 | 68



AH, FöH, FoH S. 39

KD 1 Verschiedene Darstellungen und halbschriftliches Rechnen thematisieren
KD 2 3 Ggf. Zehnerstreifen und Plättchen verwenden
KA 4, 5 PK 6 Überschlag bei Subtraktion thematisieren, mehrere Lösungen sind möglich

**1.**

43 – 26 = ▒

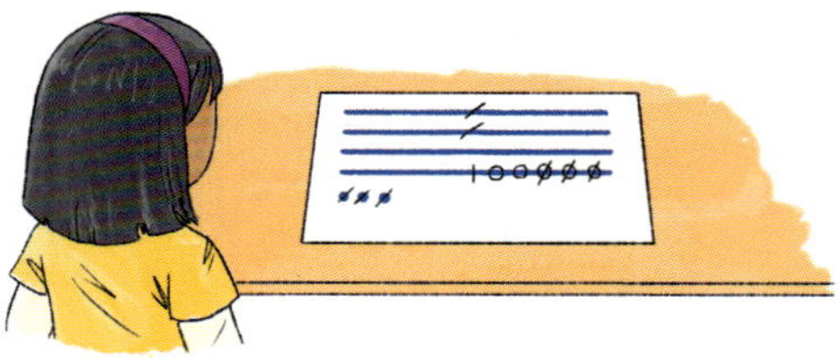

Ich rechne erst minus Zehner und dann minus Einer.

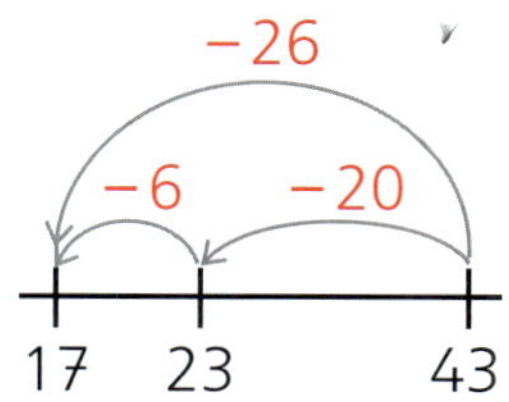


**!** Erst **minus Zehner**, dann **minus Einer**.

43 – **26** = 17
43 – **20** = 23
23 – **6** = 17

**2.** Zeichnet einen Rechenstrich und rechnet.

| | | | | |
|---|---|---|---|---|
| **a)** 64 – 38<br>45 – 36 | **b)** 54 – 28<br>46 – 17 | **c)** 45 – 18<br>33 – 27 | **d)** 84 – 26<br>76 – 58 | **e)** 94 – 28<br>38 – 29 |
| **f)** 37 – 15<br>42 – 37 | **g)** 77 – 38<br>32 – 25 | **h)** 72 – 58<br>36 – 18 | **i)** 81 – 27<br>97 – 19 | **j)** 53 – 24<br>61 – 16 |

**3.** Rechne geschickt.

| **a)** | **b):** |
|---|---|
| 56 – 49 | 41 – 18 |
| 74 – 29 | 72 – 28 |
| 43 – 19 | 53 – 38 |
| 67 – 59 | 82 – 68 |
| 85 – 39 | 44 – 18 |
| 92 – 29 | 35 – 28 |

S. 59 Nr. 3

a) 56 – 49 =

56 – 50 = 6

6 + 1 =

**! Nähe zum Zehner**

74 – **49** = 25
1 mehr ↑
74 – **50** = 24

**4.** Setze fort und rechne.

| **a)** | **b)** | **c)** | **d)** | **e)** |
|---|---|---|---|---|
| 53 – 10 | 64 – 41 | 67 – 32 | 78 – 45 | 86 – 24 |
| 53 – 11 | 64 – 42 | 67 – 31 | 77 – 45 | 87 – 24 |
| 53 – 12 | 64 – 43 | 67 – 30 | 76 – 45 | 88 – 24 |

**5:** Zeichne ins Heft. Rechne.

**a)**

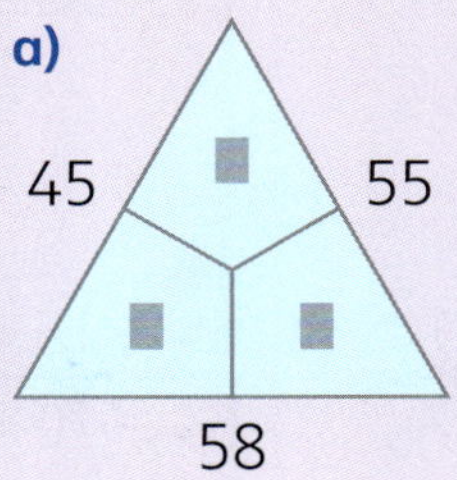


**b)**

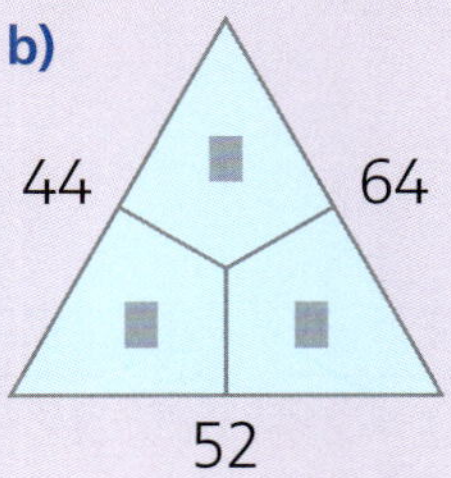


**c)**

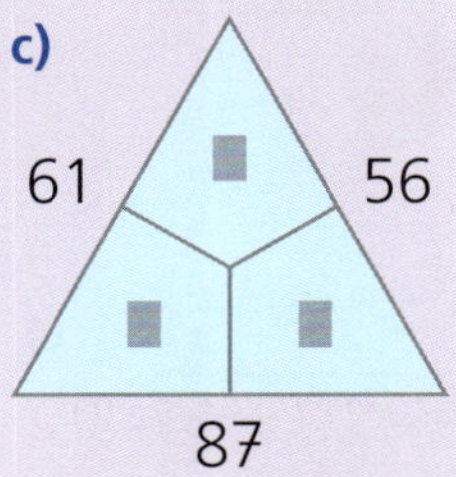


**d)**

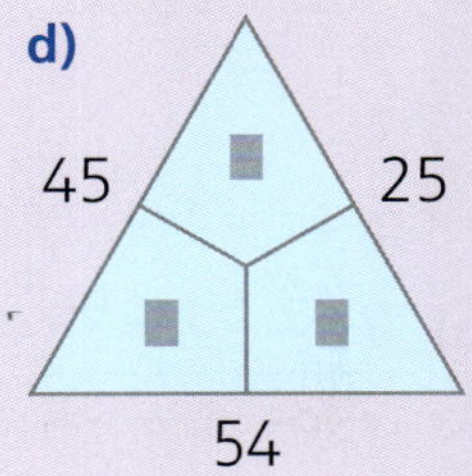


K D 1 Verschiedene Darstellungen und halbschriftliches Rechnen thematisieren
K D 2 K A 3 Rechenstrategien thematisieren A 4 P 5
Weitere Übungen auf S. 128

AH, FöH, FoH S. 40

**1**

! **Erst minus Zehner, dann minus Einer.**

45 – **29** = 16
45 – **20** = 25
25 – **9** = 16

! **Erst minus Einer, dann minus Zehner.**

45 – **29** = 16
45 – **9** = 36
36 – **20** = 16

45 – 29 = ■

! **Nähe zum Zehner**

45 – **29** = 16
1 mehr ↑
45 – **30** = 15

**2** Wähle einen Rechenweg. Rechne und begründe.

**a)** 57 – 35 **b)** 62 – 39
**c)** 83 – 45 **d)** 42 – 26
**e)** 77 – 38 **f)** 93 – 56

| Erst Zehner, dann Einer. | Erst Einer, dann Zehner. | Nähe zum Zehner. |
|---|---|---|

**3** Rechne.

| **a)** | **b)** | **c)** | **d)** | **e)** |
|---|---|---|---|---|
| 64 – 17 | 52 – 35 | 33 – 18 | 62 – 45 | 68 – 48 |
| 91 – 25 | 22 – 13 | 54 – 29 | 74 – 37 | 25 – 17 |
| 32 – 18 | 67 – 29 | 91 – 63 | 53 – 23 | 82 – 59 |
| 75 – 46 | 81 – 36 | 65 – 46 | 81 – 79 | 94 – 25 |

**4** Setze fort und rechne.

| **a)** | **b)** | **c)** | **d)** | **e)** |
|---|---|---|---|---|
| 38 – 15 | 52 – 11 | 88 – 35 | 67 – 18 | 33 – 24 |
| 38 – 16 | 52 – 21 | 87 – 35 | 57 – 18 | 44 – 24 |
| 38 – 17 | 52 – 31 | 86 – 35 | 47 – 18 | 55 – 24 |

**5** Findet die Fehler und verbessert.

| **a)** | **b)** | **c)** | **d)** | **e)** |
|---|---|---|---|---|
| 75 – 32 = 33 | 55 – 24 = 51 | 88 – 59 = 37 | 73 – 26 = 11 | 64 – 15 = 79 |
| 75 – 30 = 35 | 55 – 20 = 35 | 88 – 60 = 28 | 37 – 20 = 17 | 64 – 10 = 74 |
| 35 – 2 = 33 | 55 – 4 = 51 | 28 + 9 = 37 | 17 – 6 = 11 | 74 – 5 = 79 |



K A 1 Verschiedene Rechenstrategien thematisieren; auch Tims Weg erläutern
K A 2 A 3 P K A 5

**1.** Rechne.

a) 52 – 45
95 – 28
71 – 62
47 – 16

b) 97 – 34
32 – 15
73 – 47
54 – 26

c) 64 – 52
36 – 19
95 – 45
81 – 33

d) 88 – 59
47 – 15
51 – 25
66 – 31

e) 58 – 46
72 – 12
36 – 29
41 – 35

f) 74 – 56
38 – 18
43 – 27
55 – 32

g) 46 – 37
98 – 25
84 – 60
53 – 51

h) 86 – 57
43 – 34
77 – 52
61 – 11

i) 99 – 35
65 – 57
56 – 3
42 – 41

j) 45 – 8
70 – 47
33 – 32
52 – 25

**2.** Zeichne ins Heft. Rechne.

a)
66
42 |

b)
69
| 53

c)
89
83 |

d)
82
| 67

e)
45
28 |

f)
94
| 44
| 18 |

g)
76
42 |
| 25 |

h)
93
| 29
| 18 |

i)
83
28 |
| 26 |

**3.** Schreibe ins Heft. Ergänze.

a) 37 – 24 = ■
■ – 20 = 17
17 – ■ = ■

b) 73 – ■ = ■
■ – 40 = ■
33 – 2 = ■

c) ■ – 36 = ■
54 – ■ = 24
■ – 6 = ■

d) ■ – ■ = ■
38 – ■ = 28
■ – 9 = ■

e) ■ – ■ = 32
■ – 40 = ■
■ – 7 = ■

f) ■6 – ■2 = ■4
9■ – 70 = 2■
■ – ■ = ■

g) 8■ – ■2 = 3■
■8 – 5■ = ■8
■ – 2 = ■

h) ■1 – 5■ = ■5
8■ – ■0 = ■
■ – 6 = ■

i) 8■ – 1■ = ■
■ – 10 = ■2
■2 – ■ = ■9

j) ■ – ■ = 37
■ – 5■ = 40
■ – 3 = 37

**4.** Rechne. Wie heißt der Lösungssatz?
Schreibe ins Heft.

76 – 28
57 – 31
68 – 40
84 – 29

97 – 35
44 – 18
68 – 39
74 – 46

46 – 9
59 – 13
98 – 61

Ich bin eine …

| A | N | R | E | L | T | Z | G |
|---|---|---|---|---|---|---|---|
| 26 | 28 | 29 | 37 | 46 | 48 | 55 | 62 |

4 Ggf. zum gesuchten Tier recherchieren

**1** Welche Antwort passt? Begründe.

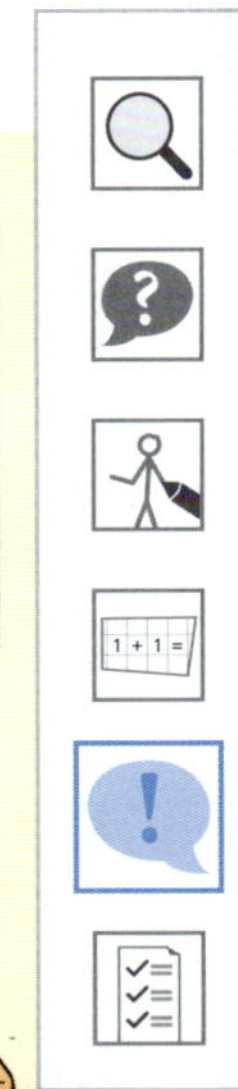

**2** Löst die Sachaufgabe. Achtet auf die Antwort.

**a)** Die Kinder zählen ihre Stifte. Max hat 27 und Tim hat 21 Stifte.
Wie viele Stifte sind es insgesamt?

**b)** In der Turnhalle sind 23 blaue und 18 grüne Matten.
Wie viele Matten sind es zusammen?

**c)** Für das Sportfest wurden 56 Flaschen Wasser gekauft. 35 davon wurden getrunken. Wie viele Flaschen bleiben übrig?

*Für den Antwortsatz schaue ich mir die Frage noch einmal genau an.*

S. 62 Nr. 2

a) F: Wie viele Stifte sind es insgesamt?

R: 27 + 21 = ____

27 +

A: Es sind insgesamt

**3** Welche Antwort passt?

**a)** Wie viele Kinder sind es insgesamt?

**b)** Wie viel kostet der Eintritt?

**c)** Wann fährt der Bus zum Zoo?

**d)** Wer bezahlt den Eintritt?

**e)** Wie viele Eltern sind dabei?

**f)** Wo ist der Eingang?

**A** Der Bus zum Zoo fährt um 11:00 Uhr.

**B** Es sind 33 Eltern dabei.

**C** Es sind insgesamt 48 Kinder.

**D** Der Eingang ist hinter der Hütte.

**E** Die Lehrerin bezahlt den Eintritt.

**F** Der Eintritt kostet 17 € pro Kind.

**4** Rechne und schreibe den Antwortsatz.

**a)** F: Wie viele Fotos hat Tim gemacht?

R: 21 + 27 =

**b)** F: Wie viele Taschen liegen auf der Wiese?

R: 28 + 47 =

**c)** F: Wie viele Portionen Eis wurden verteilt?

R: 39 + 18 =

**d)** F: Wie viele Kinder stehen an?

R: 19 + 26 + 17 =



AH, FöH, FoH S. 41

K A M 1 Lösungsschema beachten
K M 2 Ggf. Skizzen als Lösungshilfe nutzen; Lösungsschema beachten
K A M 3

**1.**

**2.** Löse die Sachaufgabe.

a) Wie viele Steckwürfel sind es zusammen?

b) Wie viele Bücher sind es zusammen?

c) Wie viele Wortkarten sind es zusammen?

d) Wie viele Klebestifte sind es zusammen?

**3.** Erfindet eigene Aufgaben zum Bild.

**4.** Welche Skizze passt? Begründet. Löst die Sachaufgabe im Heft.

a) Tim nimmt sich 2 Pinsel aus dem Glas. Wie viele Pinsel bleiben übrig?

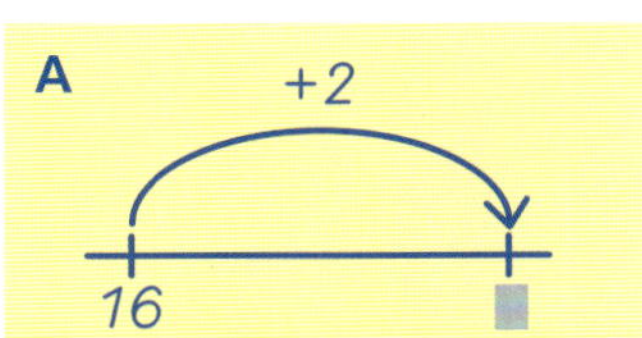


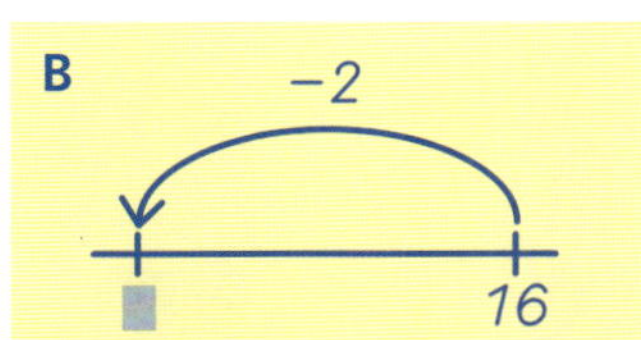


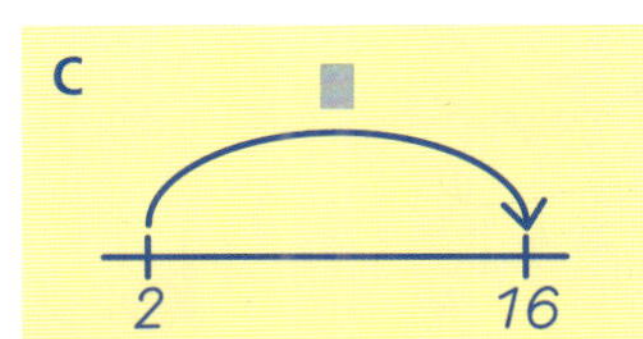


b) Wie viele Steine mehr sind in einem vollen Glas?

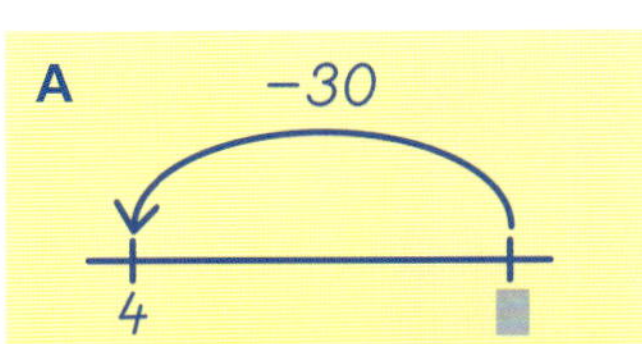


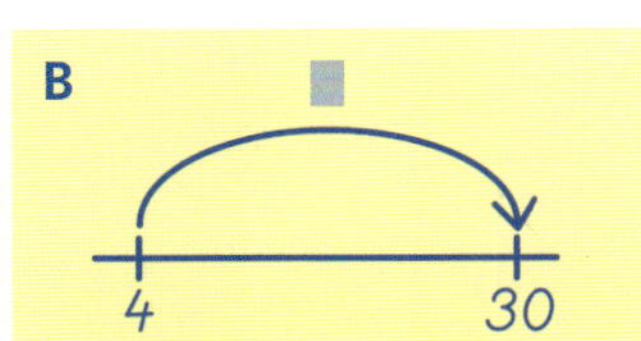


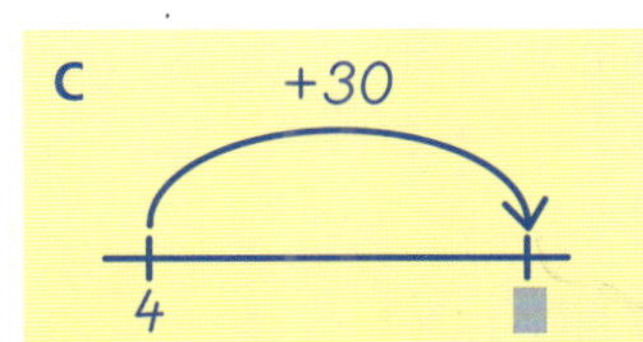


c) Wie viele Klebestifte sind ausgeliehen worden?

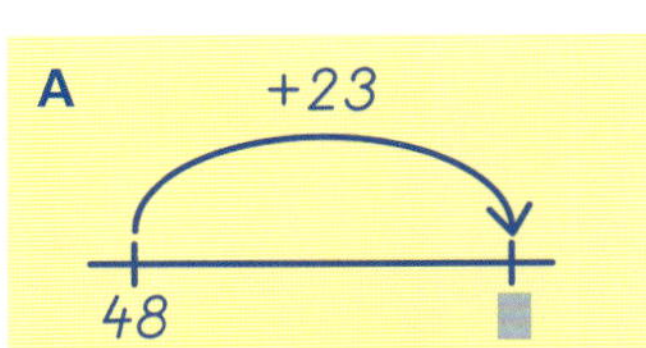


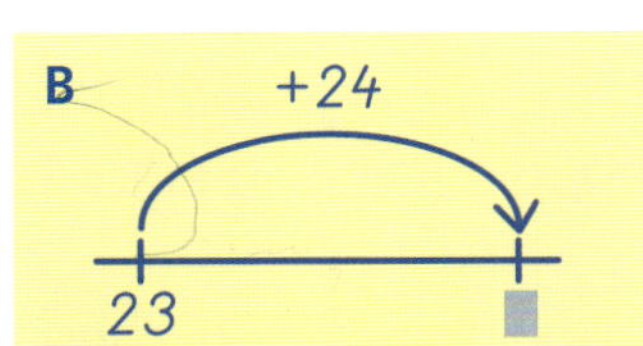


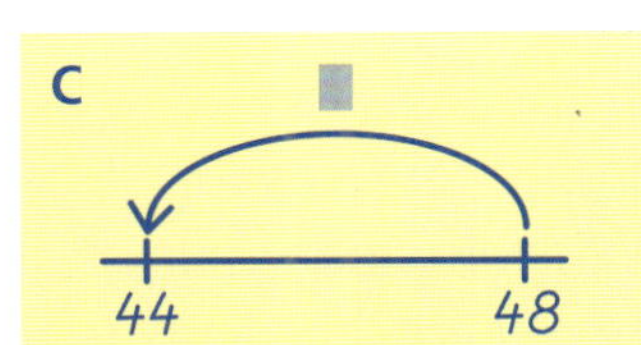


**5.** Löse die Sachaufgabe.

a) Emma hat 42 Wortkarten. Sie schreibt noch 6 Karten dazu. Wie viele Wortkarten sind es insgesamt?

b) Hanna nimmt aus einer Steckwürfelkiste 12 Stück heraus. Wie viele Würfel sind noch in der Kiste?

**1**

! Es ist …
sicher.
möglich.
unmöglich.

**2** Welche Aussagen sind „sicher“, „möglich“ oder „unmöglich“?

**a)** Aus Glas B ziehe ich einen blauen Steckwürfel.
**b)** Aus Glas A ziehe ich einen blauen Steckwürfel.
**c)** Aus Glas C ziehe ich einen roten Steckwürfel.
**d)** Aus Glas B ziehe ich einen gelben Steckwürfel.
**e)** Aus Glas A ziehe ich einen roten Steckwürfel.
**f)** Aus Glas C ziehe ich einen blauen Steckwürfel.

S. 64 Nr. 2

| | sicher | möglich | unmöglich |
|---|---|---|---|
| a) | | × | |
| b) | | | |

**3** Welches Glas passt? Begründet.

**a)** Es ist unmöglich, einen gelben Steckwürfel zu ziehen.

**b)** Es ist möglich, einen roten Steckwürfel zu ziehen.

**c)** Es ist sicher, einen roten Steckwürfel zu ziehen.

**d)** Es ist möglich, einen blauen Steckwürfel zu ziehen.

**4** Max hat immer einen Würfel gezogen, die Farbe in einer Liste notiert und den Würfel wieder zurückgelegt.
Aus welchem Glas hat Max wahrscheinlich gezogen? Begründe.

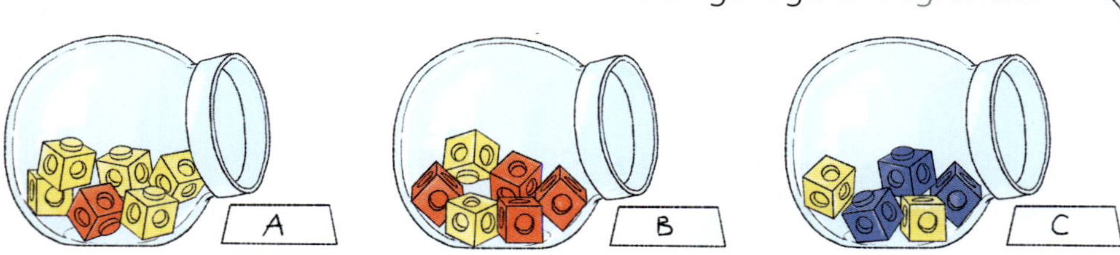

AH, FöH, FoH S. 42

K A 1, 2 Ggf. Situation nachspielen
K A 3, 4 Mehrere Lösungen sind möglich

**1:** Male Gläser mit 4 Würfeln, die zu der Liste passen.

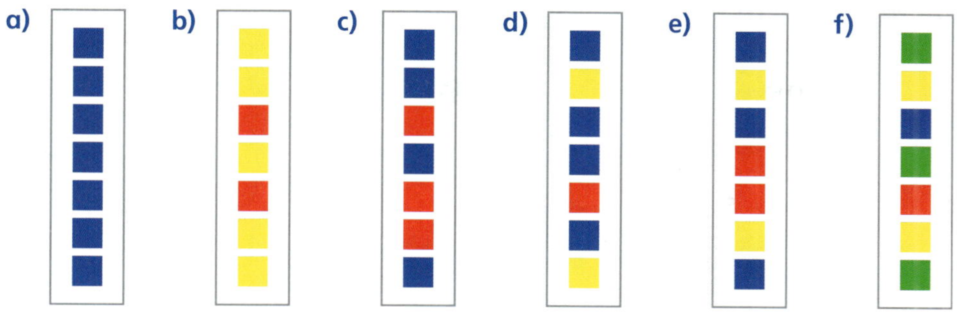


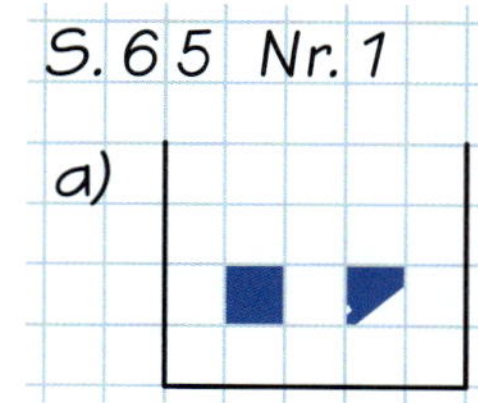


**2:** Malt Gläser mit drei Würfeln, sodass die Aussagen passen.

**a)** Es ist sicher, einen gelben Würfel zu ziehen.

**b)** Es ist unmöglich, einen roten Würfel zu ziehen.

**c)** Es ist möglich, einen gelben Würfel zu ziehen.

**d):** Es ist sicher, keinen blauen Würfel zu ziehen.

**e):** Es ist möglich, einen roten oder blauen Würfel zu ziehen.

**3:** Welches Glas wählst du? Begründe.

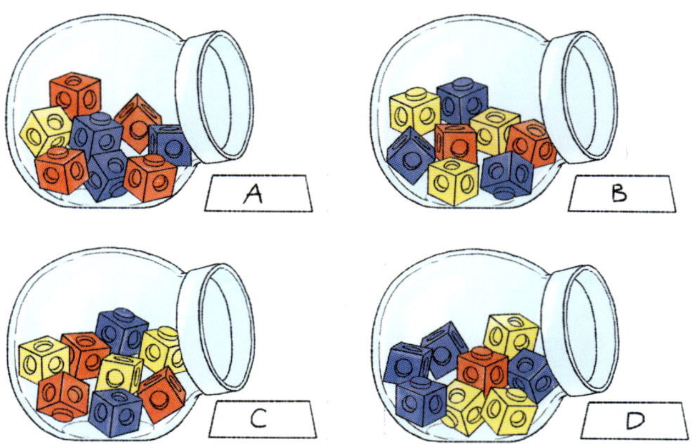

**4:** Wähle je zwei Gläser so aus, dass Tims Gewinnspiel gerecht ist.

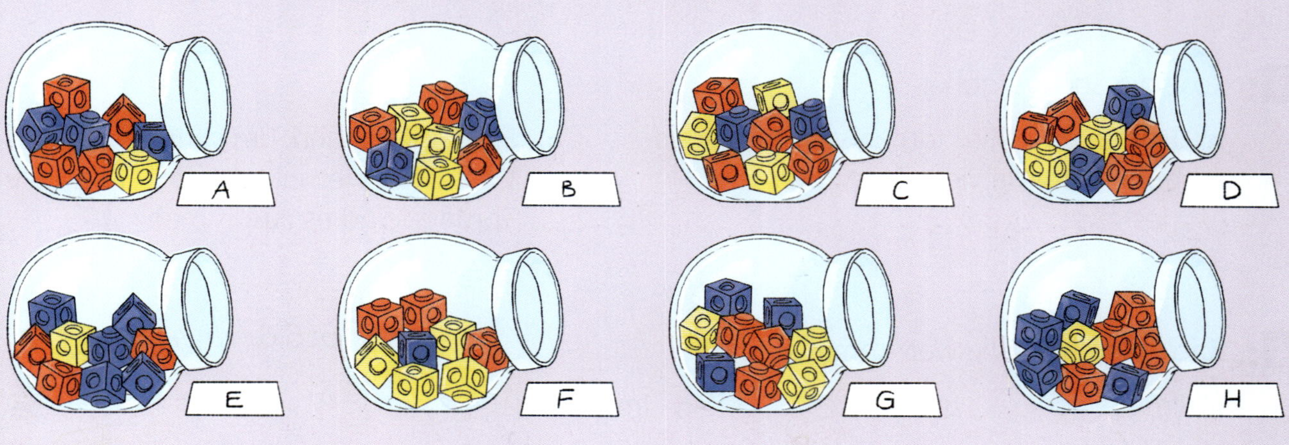


**1** Mehrere Lösungen sind möglich
Ⓚ Ⓐ 2 Ⓚ Ⓐ 3 „Gerechtes Spiel" thematisieren
Ⓟ Ⓚ Ⓐ Ⓜ 4 Jeweils 2 Gläser mit gleicher Wahrscheinlichkeitsverteilung finden

AH, FöH, FoH S. 42

**1.**

**2.** Rechne.

a) Beim Lauf starten immer zwei Kinder. Wie viele Zeiten müssen gestoppt werden, wenn drei Paare laufen?

S. 66 Nr. 2
a) 2 + 2 + 2 =

b) Beim Weitsprung springt jedes Kind dreimal. Wie viele Weiten müssen gemessen werden, wenn fünf Kinder springen?

c) Beim Weitwurf wirft jedes Kind dreimal. Wie oft muss gemessen werden, wenn sechs Kinder werfen?

**3:** Löse die Sachaufgabe.

a) Hanna und Mira laufen viermal gegeneinander. Wie viele Zeiten werden gestoppt?

b) Emma, Max und Tim springen beim Weitsprung jeweils dreimal. Wie viele Sprünge sind es zusammen?

**4:** Rechne weiter. Wie weit kommst du?

a) Immer +5 b) Immer +1 c) Immer +10

d) Immer +4 e) Immer +12 f) Immer +20

S. 66 Nr. 4
a) 5 + 5 = 10
5 + 5 + 5 =



AH, FöH, FoH S. 43

K M 1 Der Sachsituation Informationen entnehmen
3 Lösungsschema beachten K 4

**1.** Rechne.

**a)** 36 + 22
17 + 46
61 + 34
48 + 13

**b)** 55 − 32
91 − 26
74 − 47
62 − 15

**c)** 18 + 47
66 + 24
35 + 4
23 + 76

**d)** 84 − 56
50 − 24
32 − 32
77 − 41

**e)** 65 + 7
32 + 14
47 + 33
51 + 24

**f)** 84 − 30
36 − 17
71 − 28
55 − 55

**g)** 80 + 11
67 + 19
58 + 6
32 + 68

**h)** 54 − 43
21 − 21
49 − 7
35 − 28

**i)** 26 + 40
51 + 29
45 + 31
8 + 55

**j)** 46 − 13
59 − 20
94 − 5
63 − 62

**2.** Zeichne ins Heft. Rechne.

**a)**

| + | 25 | 7 | 24 | 19 | 36 |
|---|---|---|---|---|---|
| 33 | 58 | 40 | 57 | 42 | 69 |
| 61 | 86 | 68 | 85 | 80 | 97 |
| 54 | 79 | 61 | 78 | 63 | 90 |

**b)**

| − | 23 | 34 | 17 | 56 | 8 |
|---|---|---|---|---|---|
| 58 | 35 | 24 | 41 | 22 | 50 |
| 66 | 43 | 32 | 59 | 10 | [illegible] |
| 85 | 62 | 51 | [illegible] | 31 | 77 |

**3.** Welches Glas passt?

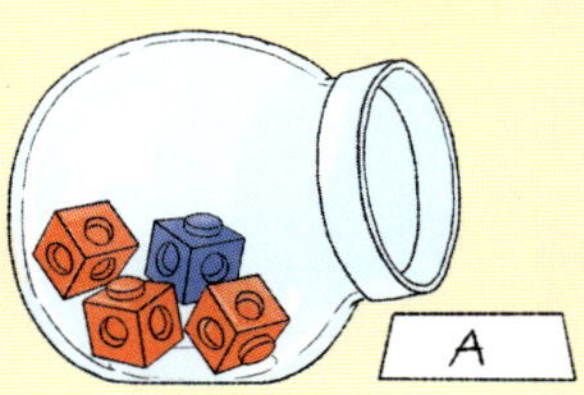

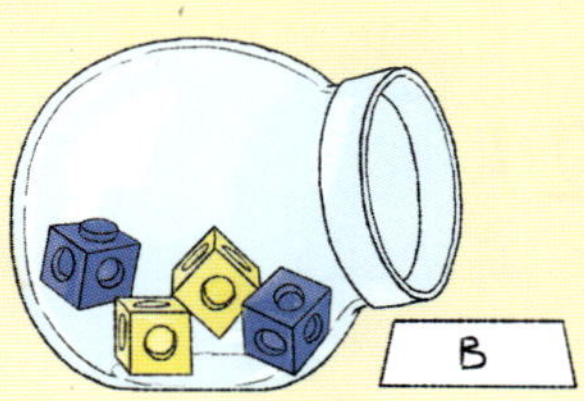

**a)** Es ist sicher, einen blauen Steckwürfel zu ziehen.

**b)** Es ist möglich, einen gelben Steckwürfel zu ziehen.

**c)** Es ist unmöglich, einen roten Steckwürfel zu ziehen.

**d)** Es ist möglich, einen blauen oder roten Steckwürfel zu ziehen.

**4.** Rechne.

**a)** 8 + 8
4 + 4 + 4
3 + 3 + 3 + 3
10 + 10 + 10 + 10 + 10

**b)** 13 + 13
9 + 9 + 9
1 + 1 + 1 + 1
5 + 5 + 5 + 5 + 5

**c)** 2 + 2 + 2 + 2 + 2
6 + 6 + 6
11 + 11
7 + 7 + 7 + 7

**5.** Löse die Sachaufgabe.

**a)** Tim holt immer 2 Becher. Er geht dreimal. Wie viele Becher sind es insgesamt?

**b)** Emma und Mira tragen jeweils 4 Flaschen. Sie gehen zweimal. Wie viele Flaschen sind es insgesamt?

M 5 Lösungsschema beachten

**1.**

**!**

| | |
|---|---|
| 2 + 2 + 2 + 2 = 8 | Plusaufgabe |
| ↓ | ↓ |
| 4 **mal** 2 = 8 | Malaufgabe |
| 4 · 2 = 8 | |

**2.** Lege, male und rechne.

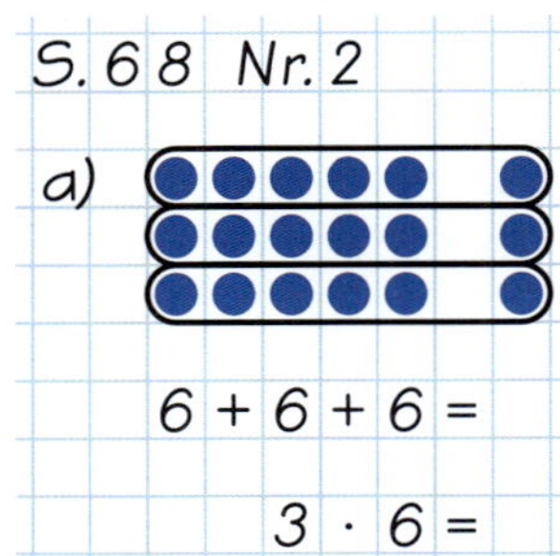


**a)**

**b)**

**c)**

**3.** Malt, rechnet und schreibt die passende Malaufgabe.

**a)** 5 + 5 + 5 + 5 + 5
7 + 7 + 7
3 + 3 + 3

**b)** 6 + 6 + 6 + 6
10 + 10 + 10
2 + 2 + 2

**c)** 1 + 1 + 1 + 1 + 1 + 1
9 + 9 + 9
4 + 4 + 5 + 4

**4.** Erfinde eigene „Mal"-Geschichten. Spielt sie nach, malt und rechnet.



AH, FöH, FoH S. 44

K A M D 1, 2 Rechengeschichten mathematisch deuten und darstellen; Fünferstreifen und Plättchen verwenden
D K 3 Additions- und Multiplikationsaufgaben verknüpfen
K D M 4 Ggf. Fünferstreifen und Plättchen verwenden

**1.**

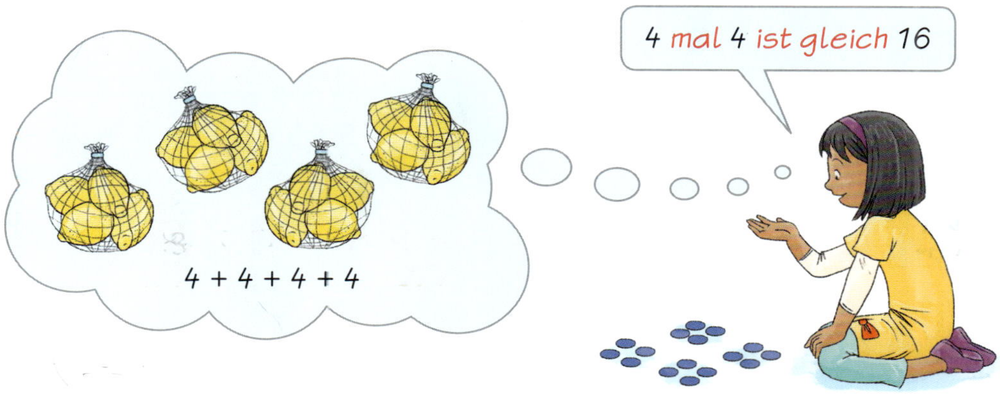


**2.** Welche Aufgaben findest du im Bild bei Aufgabe 1 noch?
Lege, male und rechne.

a)

b) Bananen
c) Birnen
d) Orangen
e) Auberginen
f) Gurken
g) Kartoffeln
h) Äpfel
i) Zitronen

S. 69 Nr. 2

a) Salat

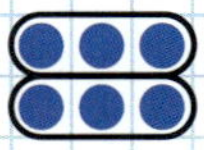

3 + 3 =

2 · 3 =

**3.** Lege. Rechne zu jedem Bild die passende Plus- und Malaufgabe.

a)

b)

c)

d)

**4.** Lege. Rechne zu jedem Bild die passende Plus- und Malaufgabe.

a)

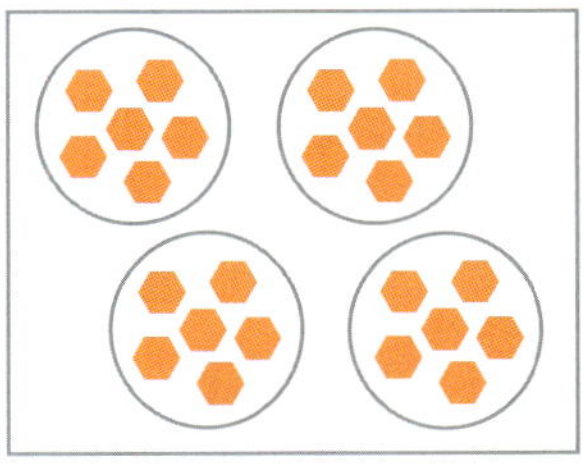

b)

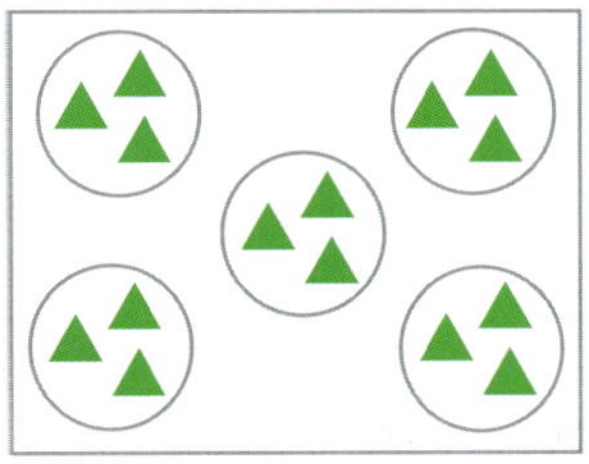

c)

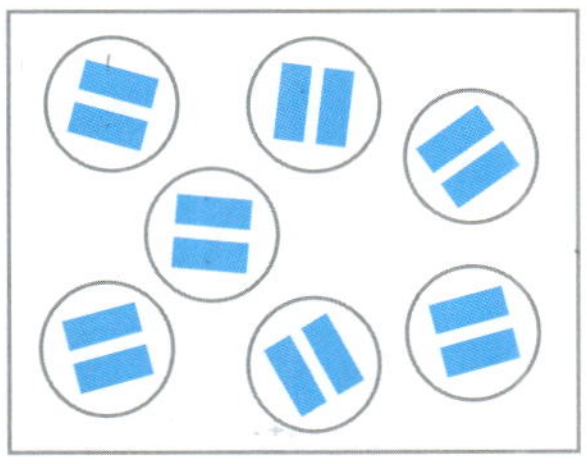

d)

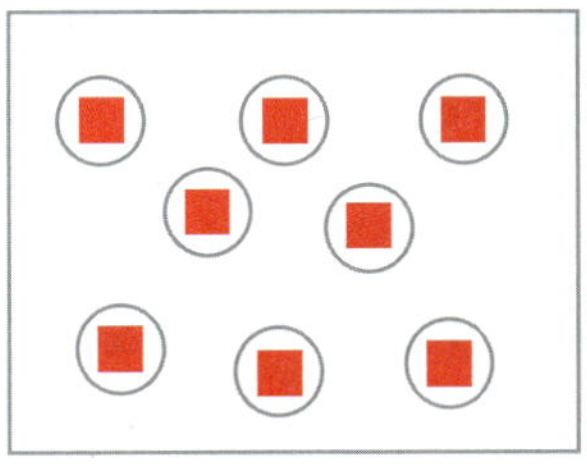

K A M D 1–3 Statische Rechengeschichten zur Multiplikation mathematisch deuten und darstellen;
Fünfer- und Zehnerstreifen und Plättchen verwenden
D 4 Additions- und Multiplikationsaufgaben miteinander verknüpfen

**1.**

**!** **Malaufgaben am Hunderterpunktefeld**

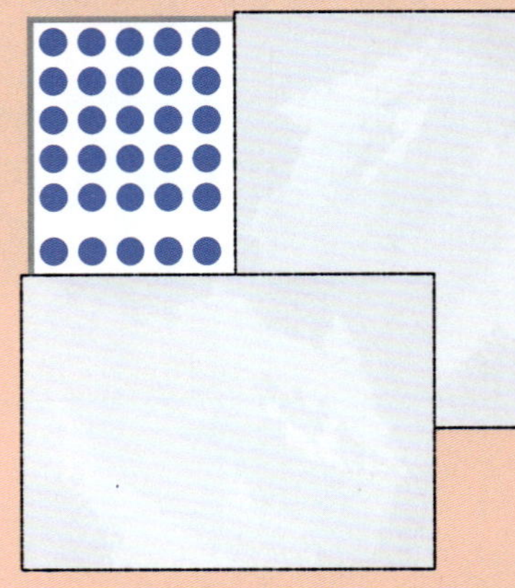

5 + 5 + 5 + 5 + 5 + 5 = 30
6 **mal** 5 **=** 30
6 **·** 5 **=** 30

**2.** Zeige, male und rechne.

**a)**

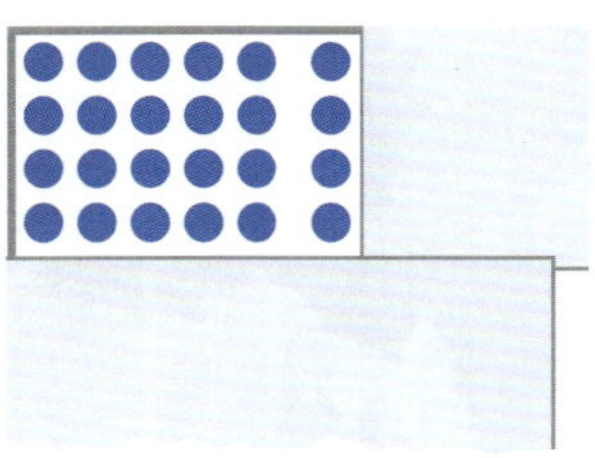

**b)**

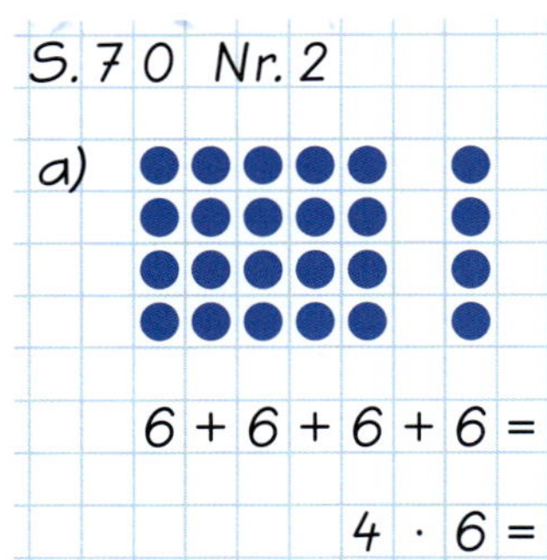


**c)**

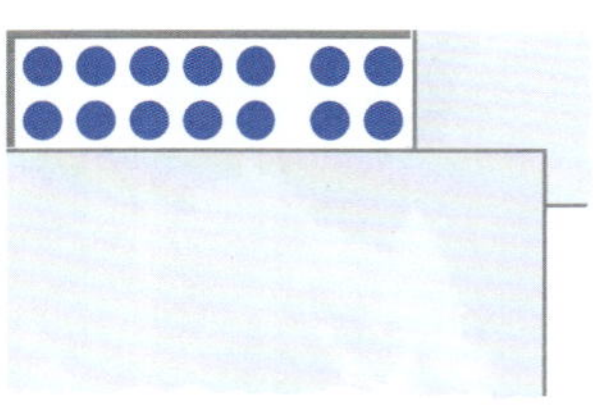

**d)**

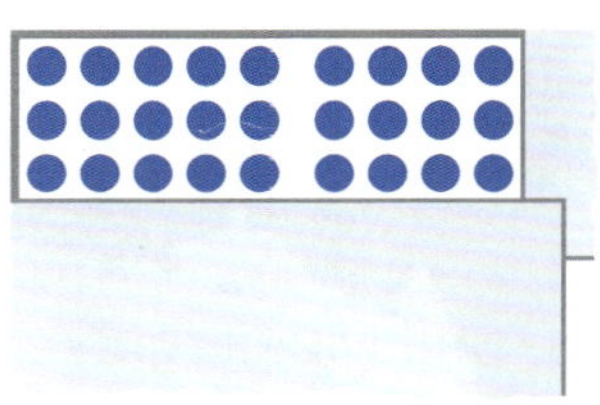

**e)**

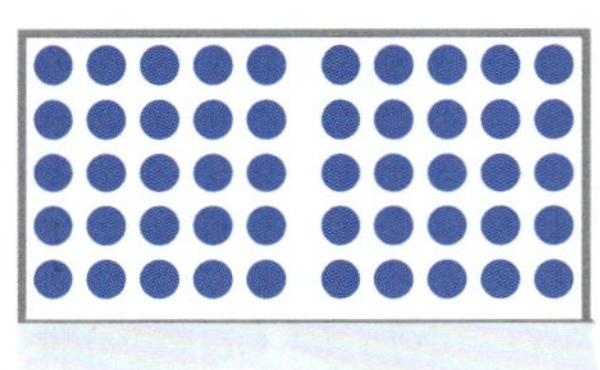

**f)**

**3.** Zeigt und rechnet.

| a) | b) | c) | d) | e) |
|---|---|---|---|---|
| 4 · 4 | 9 · 2 | 1 · 8 | 8 · 1 | 7 · 3 |
| 5 · 4 | 2 · 10 | 5 · 5 | 9 · 3 | 10 · 4 |

**4.** Zeige, male und rechne.

**a)**

**b)**

**c)**

**d)**

AH, FöH, FoH S. 45

K A D 1 Multiplikationsaufgaben am Hunderterpunktefeld veranschaulichen; Hunderterpunktefeld verwenden
1–4 Hunderterpunktefeld verwenden
D 2 K D 3 D 4

**1.** Wer hat recht? Welche Aufgabe ist leichter?

**! Tauschaufgaben bei Mal**

1. Zahl ↓ 2. Zahl ↓

$5 \cdot 2 = 10$ Aufgabe
↓
$2 \cdot 5 = 10$ Tauschaufgabe

**2.** Male. Schreibe Aufgabe und Tauschaufgabe zum Punktefeld.

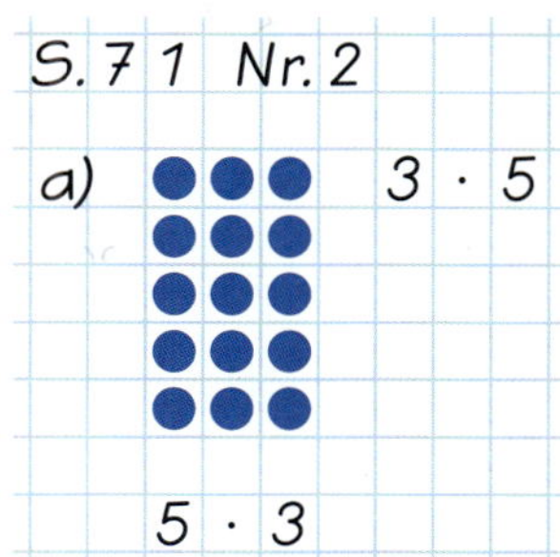


a)
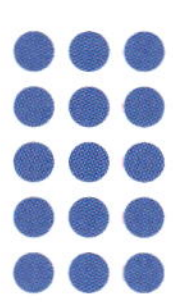

b)
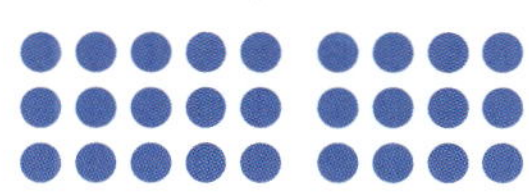

c)

d)
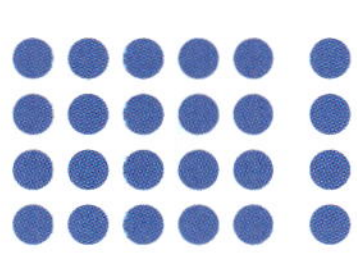

e)
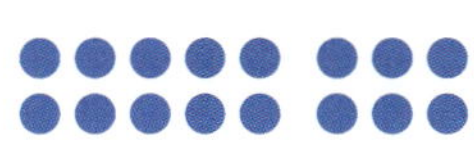

f)

g)
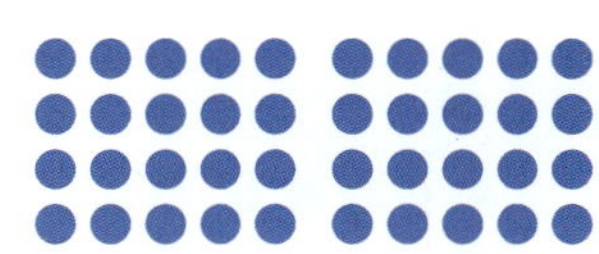

**3.** Male das Punktefeld. Rechne die leichte Aufgabe zuerst.

a) $4 \cdot 3$ b) $8 \cdot 2$ c) $3 \cdot 9$

d) $6 \cdot 2$ e) $4 \cdot 5$ f) $7 \cdot 4$

g) $2 \cdot 10$ h) $1 \cdot 7$ i) $3 \cdot 6$

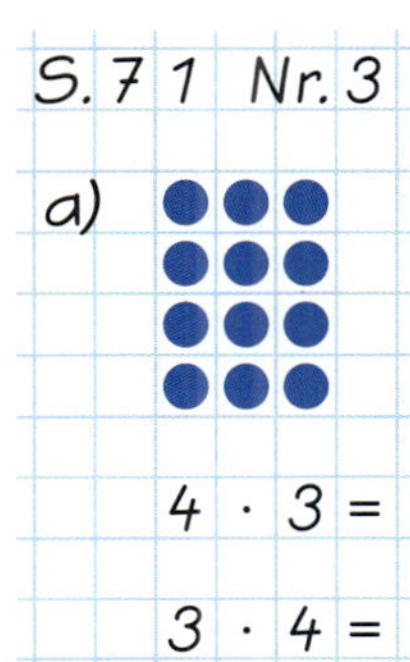


**4.** Bei welchen Aufgaben unterscheiden sich Aufgabe und Tauschaufgabe nicht?

K A D 1 Tauschaufgaben bei der Multiplikation thematisieren
D 2, 3 Rechenvorteile erkennen und anwenden
P K A 4 Vorwissen zu den Tauschaufgaben nutzen

AH, FöH, FoH S. 45

**1.**

! Verdoppeln bedeutet auch Malnehmen mit 2.
3 + 3 = 6
2 · 3 = 6

**2.** Schreibe die Verdopplungsaufgabe als Malaufgabe und rechne.

S. 72 Nr. 2
a) 4 + 4 = 2 · 4 = 8

**a)** 4 + 4 **b)** 2 + 2 **c)** 1 + 1 **d)** 10 + 10 **e)** 7 + 7
**f)** 5 + 5 **g)** 6 + 6 **h)** 0 + 0 **i)** 8 + 8 **j)** 9 + 9
**k)** 11 + 11 **l)** 20 + 20 **m)** 12 + 12 **n)** 25 + 25 **o)** 50 + 50

**3.** Rechne zu jedem Punktefeld Aufgabe und Tauschaufgabe.

**a)**
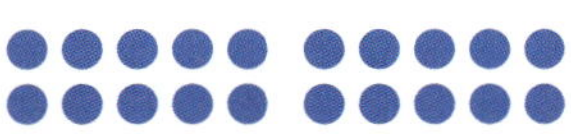

**b)**
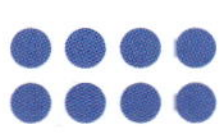

**c)**
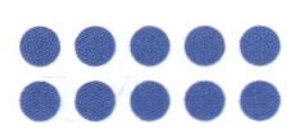

S. 72 Nr. 3
a) 2 · 10 =
10 · 2 =

**d)**

**e)**

**f)**

**g)**
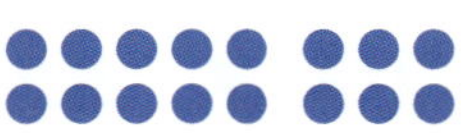

**h)**
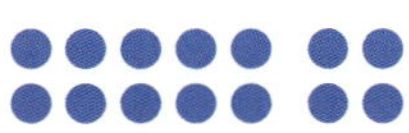

**i)**
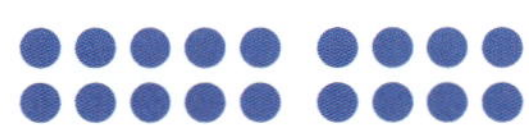

**4.** Übertrage ins Heft. Setze fort.
Färbe die Zahlen der Zweierreihe blau.

| | | | | | |
|---|---|---|---|---|---|
| 0 | 1 | 2 | 3 | 4 | 5 |

S. 72 Nr. 4

| | | | |
|---|---|---|---|
| 0 | 1 | 2 | 3 |

**5.** Setzt fort und rechnet.

**a)** **2er-Reihe**
0 · 2
1 · 2
2 · 2

**b)** **Mal mit 2**
2 · 10
2 · 9
2 · 8

**6.** Zeichne die Tabelle ins Heft. Rechne.

| Zahl | 0 | 1 | 2 | 3 | 4 | 5 | 6 | 7 | 8 | 9 | 10 |
|---|---|---|---|---|---|---|---|---|---|---|---|
| das Zweifache | 0 | 2 | 4 | 6 | 8 | 10 | 12 | 14 | 16 | 18 | 20 |



AH, FöH, FoH S.46

K A D 1 Verdopplungsaufgaben als Multiplikationsaufgaben mit 2 thematisieren
2 Verknüpfung von Verdopplungsaufgabe und Multiplikationsaufgabe mit 2
D 3, 4 Verknüpfung mit dem Vorwissen K 5

**1.**

**!** Bei Malaufgaben mit 10 helfen die Zehnerstreifen.

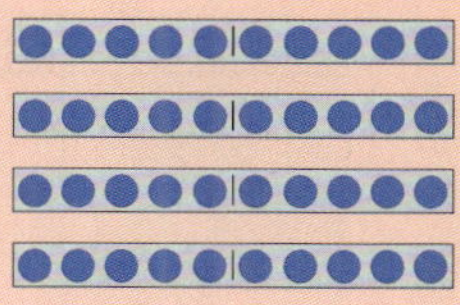

10 + 10 + 10 + 10 = 40

4 · 10 = 40

**2.** Zeige am Hunderterpunktefeld und zeichne. Rechne Plus- und Malaufgabe.

a)

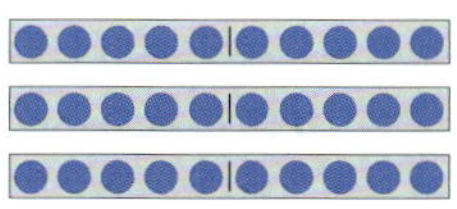

b)

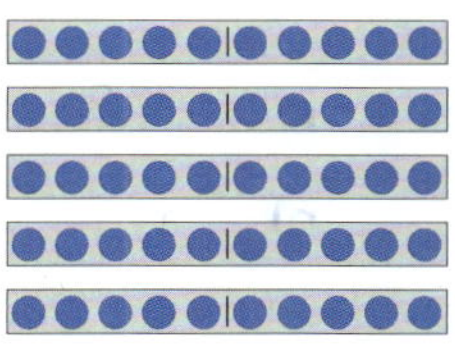

c)

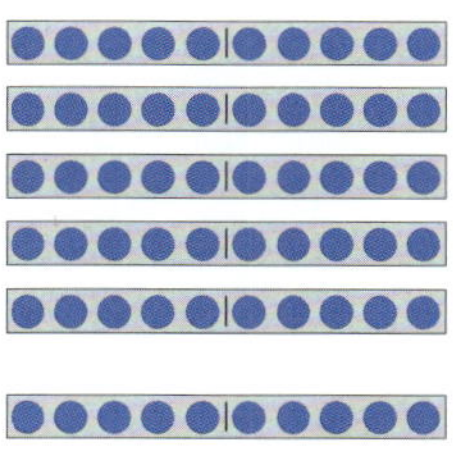

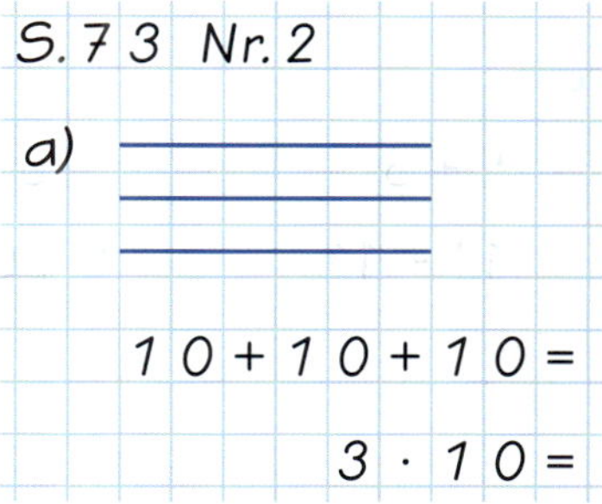


d)

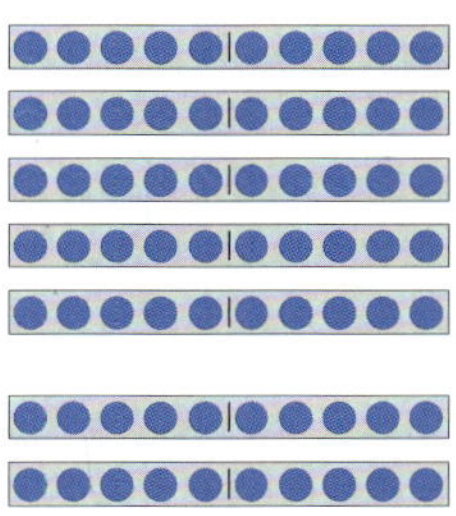

e)

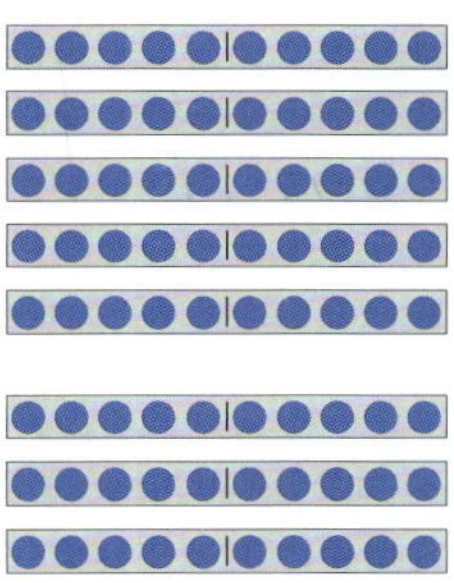

f)

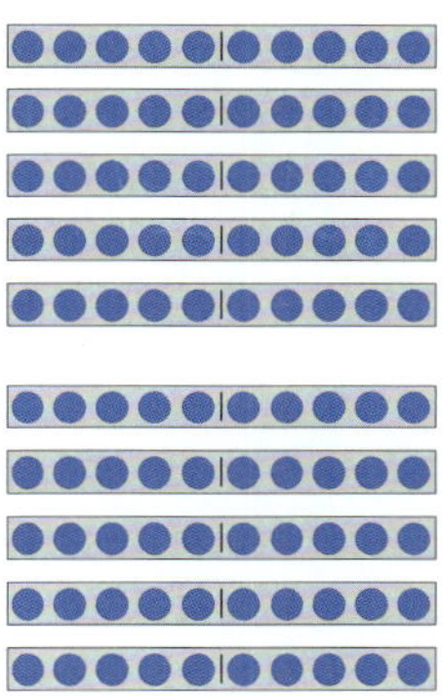

g)

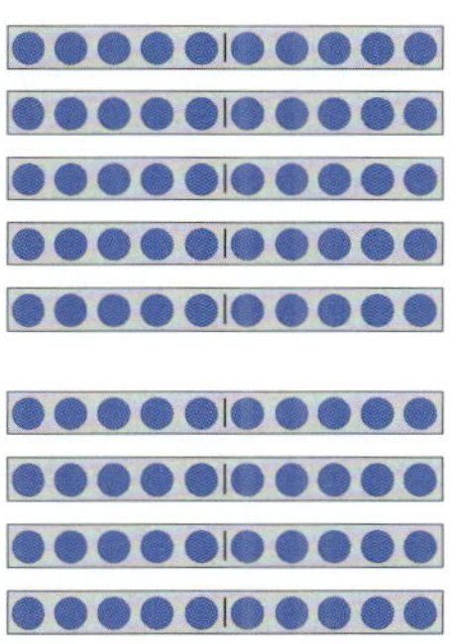

**3.** Zeichne den Zahlenstrahl.
Trage alle Zahlen der Zehnerreihe ein.

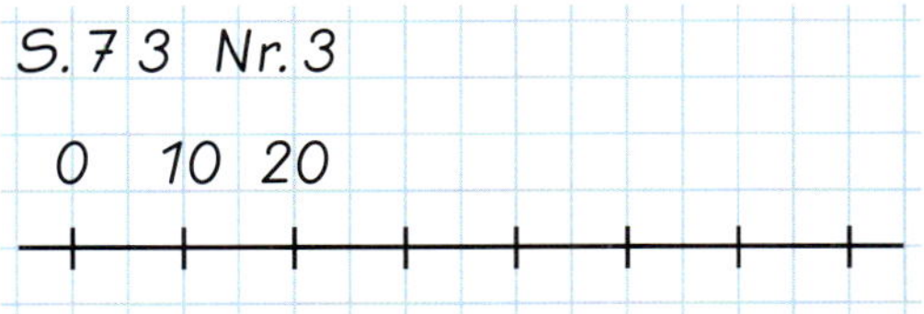


**4.** Setzt fort und rechnet.

a) **10er-Reihe**
0 · 10
1 · 10
2 · 10

b) **Mal mit 10**
10 · 10
10 · 9
10 · 8

**5.** Zeichne die Tabelle ins Heft. Rechne.

| Zahl | 0 | 1 | 2 | 3 | 4 | 5 | 6 | 7 | 8 | 9 | 10 |
|---|---|---|---|---|---|---|---|---|---|---|---|
| das Zehnfache | 0 | 10 | 20 | 30 | 40 | 50 | 60 | 70 | 80 | 90 | 100 |

**1.** Legt die Zahlen im Hunderterfeld. Halbiert und tragt in eine Tabelle ein.

32 26 44 50 68 14 76 88

S. 74 Nr. 1

| Zahl | die Hälfte |
| --- | --- |
| 32 | 16 |
| 26 | |

**2.** Legt verschiedene Zahlen und halbiert sie.

**3.** Halbiere.

**a)** 80, 50, 60 **b)** 90, 10, 40 **c)** 24, 44, 64 **d)** 18, 38, 58 **e)** 96, 86, 76

S. 74 Nr. 3

a) 80 = 40 + 40

**4.** Zeichne die Tabelle ins Heft. Rechne.

| Zahl | 6 | 12 | 24 | 42 | 40 | 62 | 36 | 80 | 58 | 32 | 22 |
| --- | --- | --- | --- | --- | --- | --- | --- | --- | --- | --- | --- |
| die Hälfte | 3 | 6 | 12 | 21 | 20 | 31 | 15 | 40 | 34 | 11 | 11 |

**5.** Mira hat zwei Tanten. Sie wollen ihr gemeinsam ein Geburtstagsgeschenk kaufen. Sie teilen die Kosten gerecht.

Wie viel zahlt jede Tante, …

**a)** wenn sie Mira die Inliner schenken?

**b)** wenn sie Mira den Fußball schenken?

**c)** wenn sie Mira den Malkasten schenken?

**d)** wenn sie Mira den Tretroller schenken?

S. 74 Nr. 5

a) F: Wie viel zahlt jede Tante?

R: Inliner

| Preis | 48 € |
| --- | --- |
| die Hälfte | |

A: Jede Tante zahlt

K 1, 2 Vorwissen zum Halbieren aktivieren; ggf. Hunderterfeld, Fünfer- und Zehnerstreifen und Plättchen verwenden
K 4 M 5 Sachrechnungen zum Halbieren lösen

**1** Welche Idee hat Max?

! Die Malaufgaben mit 10 helfen mir.

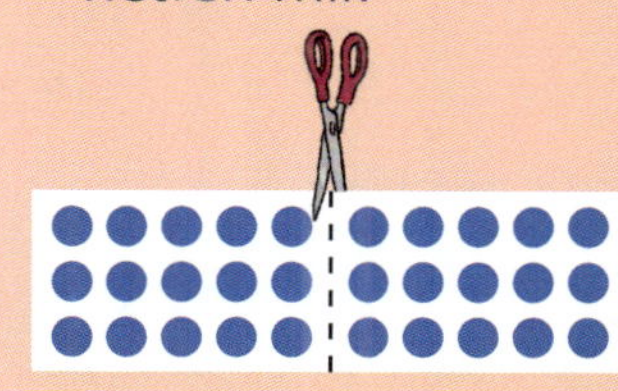

3 · 5 = 15
die Hälfte ↑
3 · 10 = 30

**2** Die Zehnerreihe hilft dir. Zeige am Hunderterpunktefeld und rechne.

a) 2 · 5
2 · 10

b) 4 · 5
4 · 10

c) 5 · 5
5 · 10

S. 75 Nr. 2
a) 2 · 5 =
2 · 10 =

d) 10 · 5
10 · 10

e) 1 · 5
1 · 10

f) 3 · 5
3 · 10

g) 6 · 5
6 · 10

h) 8 · 5
8 · 10

i) 7 · 5
7 · 10

j) 9 · 5
9 · 10

**3** Male das Punktefeld und rechne.

a) 2 · 5
b) 4 · 5
c) 8 · 5
d) 1 · 5
e) 7 · 5
f) 5 · 5
g) 10 · 5
h) 3 · 5
i) 6 · 5
j) 9 · 5

S. 75 Nr. 3
a)

2 · 5 =

**4** Setzt fort und rechnet.

a) **5er-Reihe**
0 · 5
1 · 5
2 · 5

b) **Mal mit 5**
5 · 10
5 · 9
5 · 8

**5** Zeichne die Tabelle ins Heft. Rechne.

| Zahl | 0 | 1 | 5 | 4 | 3 | 6 | 10 | 9 | 8 | 2 | 7 |
|---|---|---|---|---|---|---|---|---|---|---|---|
| das Fünffache | 0 | 5 | 25 | 20 | 15 | 30 | 50 | 45 | 40 | 10 | 35 |

**6** Finde passende Malaufgaben zu den Ergebnissen. Schreibe ins Heft und setze fort. Was fällt dir auf?

a) 50, 25, 10, 5, 15, ___

b) 100, 30, 10, 20, 50, ___

c) 4, 10, 6, 2, 20, ___

S. 75 Nr. 6
a) 50 = 10 · 5
25 =

**1.**

**!** **Kernaufgaben**

Die Malaufgaben mit 1, 2, 5 und 10 sind leicht. Wir nennen sie **Kernaufgaben**.

1 · ■ Zahl (das Einfache)
↓ das Doppelte
2 · ■ das Zweifache

5 · ■ das Fünffache
↑ die Hälfte
10 · ■ das Zehnfache

**2.** Zerlege in Kernaufgaben. Male und rechne.

a) 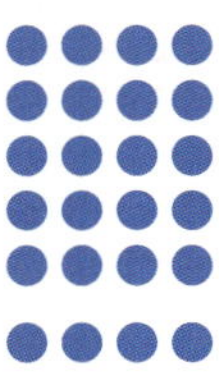

b) 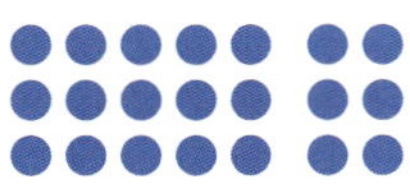

c) 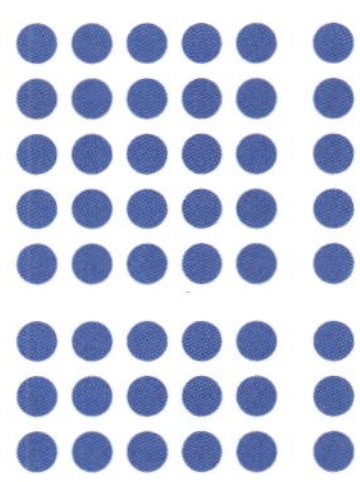

d) 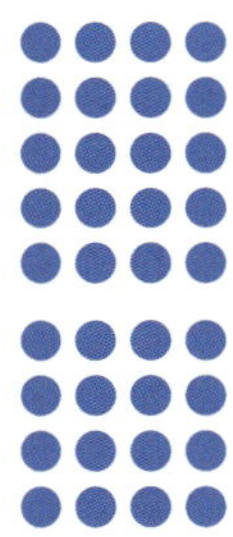

e) 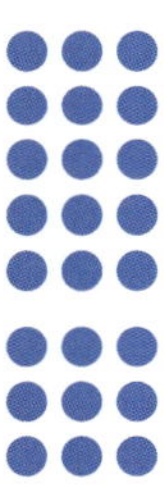

f) 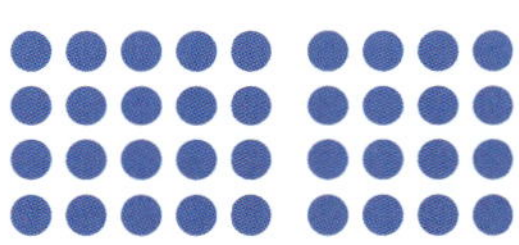

g) 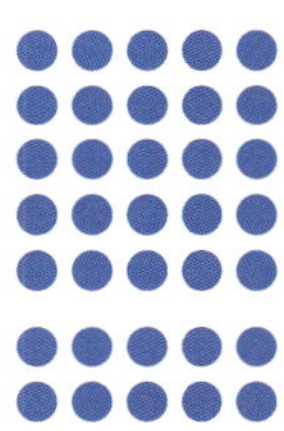

h) 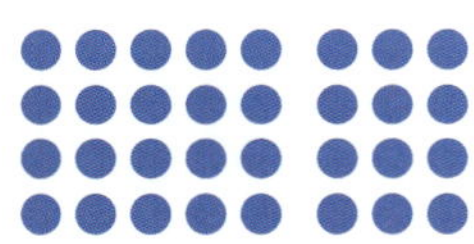

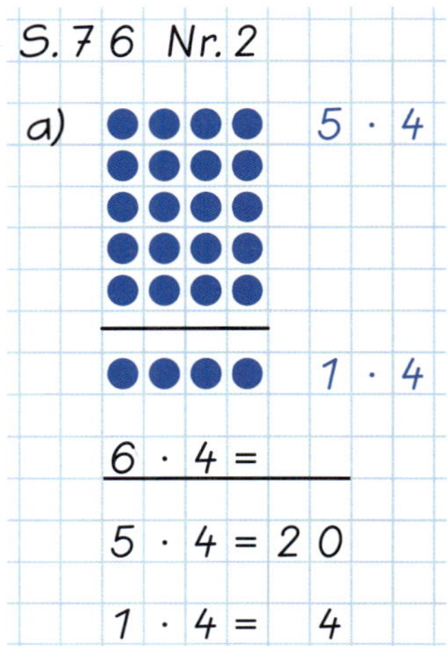


**3.** Male zu jeder Aufgabe ein Punktefeld und schreibe die Malaufgabe dazu.

a) 2 · 4 + 1 · 4
b) 5 · 6 + 2 · 6
c) 2 · 8 + 2 · 8
d) 5 · 3 + 1 · 3
e) 5 · 9 + 5 · 9
f) 5 · 10 + 2 · 10
g) 5 · 7 + 2 · 7 + 1 · 7
h) 5 · 5 + 2 · 5 + 2 · 5

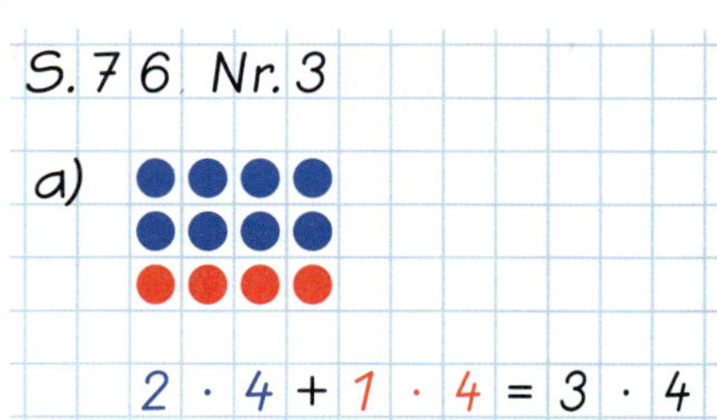


**4:** Rechne die Kernaufgaben.

| a) | b) | c) | d) | e) | f) | g) | h) |
|---|---|---|---|---|---|---|---|
| 1 · 2 | 1 · 3 | 1 · 4 | 1 · 5 | 1 · 6 | 1 · 7 | 1 · 8 | 1 · 9 |
| 2 · 2 | 2 · 3 | 2 · 4 | 2 · 5 | 2 · 6 | 2 · 7 | 2 · 8 | 2 · 9 |
| 5 · 2 | 5 · 3 | 5 · 4 | 5 · 5 | 5 · 6 | 5 · 7 | 5 · 8 | 5 · 9 |
| 10 · 2 | 10 · 3 | 10 · 4 | 10 · 5 | 10 · 6 | 10 · 7 | 10 · 8 | 10 · 9 |



P K A 1 Kernaufgaben als Stützpunktaufgaben verankern
D 2, 3
4 Kernaufgaben automatisieren

**1** Lege. Rechne im Heft.

3 + 3 + 3 = ▢ 
3 · ▢ = ▢

2 + ▢ + ▢ = ▢ 
3 · ▢ = ▢

1 + ▢ + ▢ = ▢ 
3 · ▢ = ▢

0 + ▢ + ▢ = ▢ 
3 · ▢ = ▢

**2** Erkläre und rechne.

**!** **Malaufgaben mit 1 und 0**

0 · ▢ 
▢ · 0 ergibt immer 0

1 · ▢ 
▢ · 1 ergibt immer ▢

**3** Legt, zeichnet und rechnet. Was fällt euch auf?

**a)** 2 · 10 
2 · 1

**b)** 3 · 10 
3 · 1

**c)** 7 · 10 
7 · 1

**d)** 8 · 10 
8 · 1

**e)** 1 · 10 
1 · 1

**f)** 5 · 10 
5 · 1

**g)** 6 · 10 
6 · 1

**h)** 10 · 10 
10 · 1

S. 77 Nr. 3

a)

10 + 10 = 1 + 1 =

2 · 10 = 2 · 1 =

**4** Zeichne ins Heft. Rechne.

**a)**

| · | 8 | 4 | 5 | 0 |
|---|---|---|---|---|
| 2 | 16 | 8 | 10 | 0 |
| 1 | 8 | 4 | 5 | 0 |
| 10 | 80 | 40 | 50 | 0 |
| 5 | 40 | 20 | 25 | 0 |

**b):**

| · | 6 | 9 | 3 | 7 |
|---|---|---|---|---|
| 5 | 30 | 45 | 15 | 35 |
| 10 | 60 | 90 | 30 | 70 |
| 2 | 12 | 18 | 6 | 14 |
| 1 | 6 | 9 | 3 | 7 |

**5** Welche Aussagen stimmen? Begründe.

**A** Jede Zahl mal 0 ist 0.

**B** Jede Zahl mal 0 ist 1.

**C** Jede Zahl mal 1 ist 1.

**D** Jede Zahl mal 1 ergibt die gleiche Zahl.

**E** Jede Zahl mal 2 ist gerade.

**F** Jede Zahl mal 3 ist ungerade.

**1.**

| · | 0 | 1 | 2 | 3 | 4 | 5 | 6 | 7 | 8 | 9 | 10 |
|---|---|---|---|---|---|---|---|---|---|---|---|
| 0 | A | | | | | | | | | B | |
| 1 | | A | | B | C | | D | E | | | |
| 2 | | | A | | B | | C | | D | E | A |
| 3 | | F | F | | | | | | | | |
| 4 | C | | | | | B | | | | | A |
| 5 | | | | A | C | B | C | D | E | | |
| 6 | D | G | | | | F | | | | | |
| 7 | E | | G | | | G | | | | | |
| 8 | F | | | | | | | | | | B |
| 9 | | H | H | | | H | | | | | C |
| 10 | | | D | D | E | | | F | G | | H |

**2.** Was haben die Aufgaben gemeinsam? Schreibt zuerst die Aufgaben. Vergleicht und rechnet.

a) (gelb) b) (grün) c) (orange)
d) (blau) e) (lila) f) (grau)

S. 78 Nr. 2
a) A 1 · 1 = 1
B 1 · 3 =

**3.** Wo stehen die Aufgaben?

**a)** Zeichnet eine Einmaleinstabelle ins Heft. Tragt die Buchstaben ein und rechnet.

| | | |
|---|---|---|
| **A** 1 · 6 | **B** 0 · 8 | **C** 3 · 6 |
| **D** 3 · 4 | **E** 2 · 4 | **F** 2 · 8 |
| **G** 6 · 10 | **H** 7 · 10 | **I** 5 · 2 |
| **J** 10 · 5 | **K** 10 · 9 | **L** 9 · 0 |

**b)** Findet eigene Aufgaben. Tragt die Buchstaben in die Tabelle im Heft ein und rechnet.

**M** **N** **O** **P**
**Q** **R** **S** **T**

S. 78 Nr. 3

| · | 0 | 1 | 2 | 3 | 4 | 5 | 6 |
|---|---|---|---|---|---|---|---|
| 0 | | | | | | | |
| 1 | | | | | | | A |
| 9 | | | | | | | |
| 10 | | | | | | | |

a) 1 · 6 = 6

**4.** Trage alle Ergebnisse von Kernaufgaben in eine neue Einmaleinstabelle ein. Färbe die Felder gelb.

**5.** Stellt euch gegenseitig Aufgaben und zeigt sie in der Einmaleinstabelle.



AH, FöH, FoH S. 49

K A D **1** Einmaleinstabelle kennenlernen
K A **2, 3** Mit der Einmaleinstabelle arbeiten
**4** Kernaufgaben verankern K **5**

**1.** *Eine Reihe dazu und eine Reihe weg.*

! **Jede Malaufgabe hat 4 Nachbaraufgaben.**

*Immer ein Plättchen mehr und immer ein Plättchen weniger.*

**2.** Zeige am Hunderterpunktefeld und rechne.

a)

| | |
|---|---|
| 2 · 2 | 3 · 1 |
| 3 · 2 | 3 · 2 |
| 4 · 2 | 3 · 3 |

b)

| | |
|---|---|
| 2 · 5 | 3 · 4 |
| 3 · 5 | 3 · 5 |
| 4 · 5 | 3 · 6 |

S. 79 Nr. 2

a) 2 · 2 =   3 · 1 =
3 · 2 = 6   3 · 2 = 6
4 · 2 =   3 · 3 =

c)

| | |
|---|---|
| 6 · 2 | 7 · 1 |
| 7 · 2 | 7 · 2 |
| 8 · 2 | 7 · 3 |

d)

| | |
|---|---|
| 1 · 8 | 2 · 7 |
| 2 · 8 | 2 · 8 |
| 3 · 8 | 2 · 9 |

e)

| | |
|---|---|
| 3 · 3 | 4 · 2 |
| 4 · 3 | 4 · 3 |
| 5 · 3 | 4 · 4 |

f)

| | |
|---|---|
| 8 · 5 | 9 · 4 |
| 9 · 5 | 9 · 5 |
| 10 · 5 | 9 · 6 |

**3.** Finde die Nachbaraufgaben und rechne.

a) 7 · 2   b) 2 · 6   c) 5 · 8   d) 2 · 5   e) 3 · 3   f) 4 · 4

**4.** Arbeite mit der Einmaleinstabelle.

a) Markiere die Kernaufgaben mit 2, 5 und 10 in der Einmaleinstabelle.

b) Rechne die Kernaufgaben in der Einmaleinstabelle.

c) Markiere und rechne die Nachbaraufgaben.

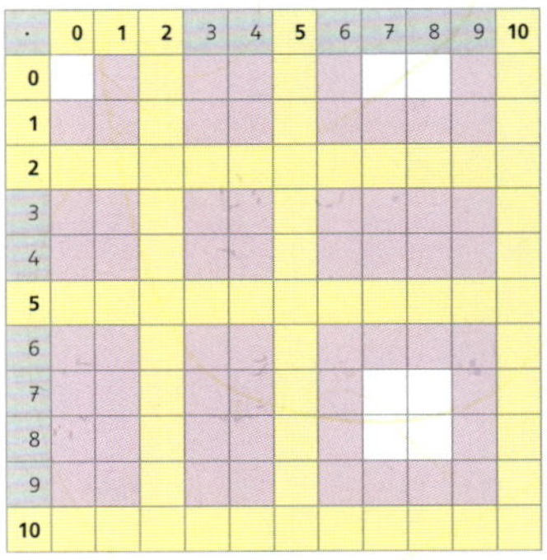


**5.** Setze fort und rechne.

a)
10 · 1
9 · 1
8 · 1

b)
10 · 2
9 · 2
8 · 2

c)
10 · 5
9 · 5
8 · 5

d):
10 · 10
8 · 10
6 · 10

**1.** Rechne zu jedem Bild die passende Plus- und Malaufgabe.

a) 

b) 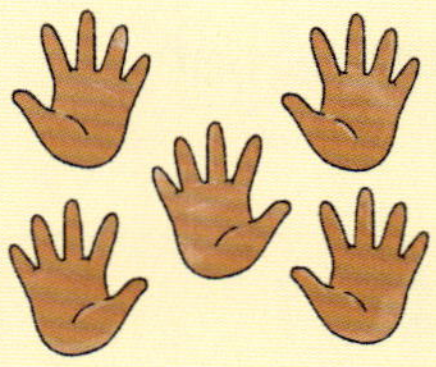

c) 

d) 

**2.** Zerlege in Kernaufgaben. Male und rechne.

a) 

b) 

c) 

d): 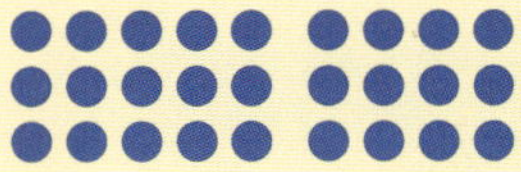

**3.** Schreibe Aufgabe und Tauschaufgabe. Rechne die leichtere Aufgabe zuerst.

a) 

b) 

c) 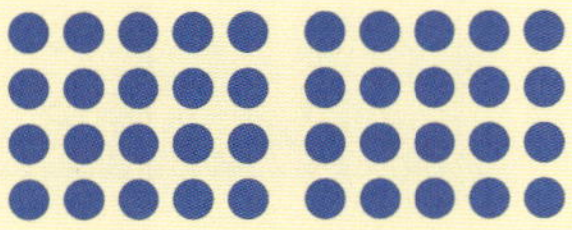

d) 

**4.** Zeichne ins Heft. Rechne.

a)

| · | 0 | 1 | 2 | 5 | 10 |
|---|---|---|---|---|---|
| 3 | | | | | |
| 4 | | | | | |
| 5 | | | | | |
| 8 | | | | | |

b):

| · | 1 | | 5 | 6 | |
|---|---|---|---|---|---|
| 2 | | 6 | | | |
| | | | 25 | | |
| 6 | | | | | |
| 10 | | | | | 100 |

**5:** Finde die Nachbaraufgaben und rechne.

a) 6 · 2 b) 5 · 7 c) 4 · 5 d) 5 · 3 e) 6 · 6 f) 9 · 4

**6.** Setze fort und rechne.

a)
1 · 1
1 · 2
1 · 3

b)
2 · 1
2 · 2
2 · 3

c)
5 · 1
5 · 2
5 · 3

d):
10 · 1
2 · 10
10 · 3



M 1
A D 2, 3 Rechenvorteile nutzen
K 6

**1.**

**! Malaufgaben mit 4**

2 · 6 = 12
das Doppelte ↓
4 · 6 = 24

Wenn ich die Zweierreihe verdopple, erhalte ich die Viererreihe.

**2.** Zeige mit Material. Rechne die Malaufgaben mit 2 und mit 4.

**a)** 2 · 5

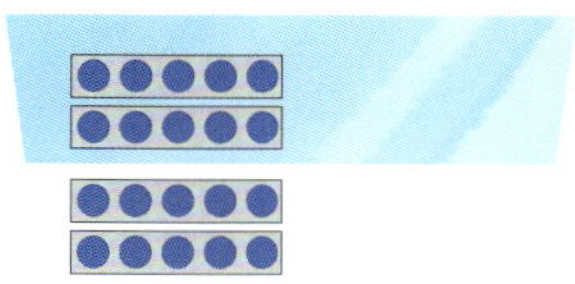

**b)** 2 · 4 **c)** 2 · 2
**d)** 2 · 3 **e)** 2 · 1
**f)** 2 · 10 **g)** 2 · 7
**h)** 2 · 6 **i)** 2 · 9 **j)** 2 · 8

S. 81 Nr. 2
a) 2 · 5 = 10
4 · 5 =

**3.** Gehe zuerst in Zweierschritten,
dann in Viererschritten.
Zeichne in dein Heft bis zur Zahl 40.

S. 81 Nr. 3

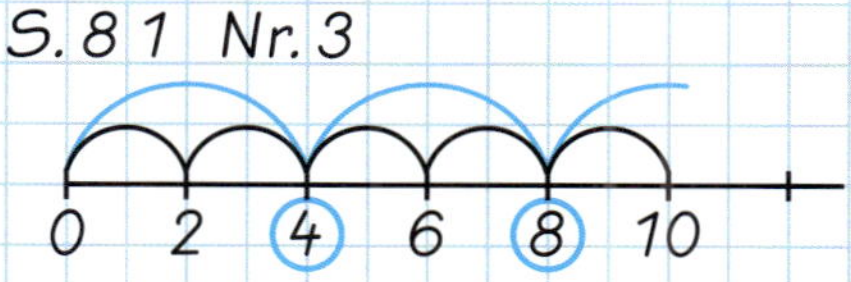


**4.** Ein Frosch springt mit einem Sprung 2 m. Ein Löwe springt doppelt so weit.
Zeichnet die Tabelle. Ergänzt.

S. 81 Nr. 4

| Sprünge | Frosch | Löwe |
|---|---|---|
| 1 | 2 m | |
| 2 | | |

**5.** Setze fort. Markiere die Kernaufgaben.

**a)** **4er-Reihe**
0 · 4
1 · 4
2 · 4

**b)** **Mal mit 4**
4 · 10
4 · 9
4 · 8

**6.** Schreibe ins Heft. Finde passende Malaufgaben zu den Ergebnissen und setze fort. Was fällt dir auf?

**a)** 20 2 10 4 12 ▢

**b)** 40 4 20 8 24 ▢

**7.** Zeichne die Tabelle ins Heft. Rechne.

| Zahl | 0 | 1 | | 3 | | 6 | | 9 | 8 | | 7 |
|---|---|---|---|---|---|---|---|---|---|---|---|
| das Vierfache | | | 20 | | 16 | | 40 | | | 8 | |

Beim Malnehmen mit 8 habe ich doppelt so viel.
8 · 6 = 48

**1.** Die Viererreihe kennen wir auch.
4 · 6 = 24

**! Malaufgaben mit 8**

Wenn ich die Viererreihe verdopple, habe ich die Achterreihe.

2 · 6 = 12
das Doppelte ↓
4 · 6 = 24
das Doppelte ↓
8 · 6 = 48

**2.** Zeige mit Material. Rechne die Malaufgaben mit 4 und mit 8.

a) 4 · 5

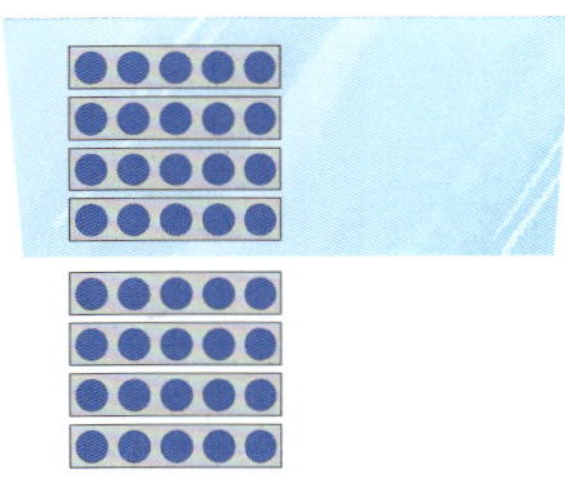

b) 4 · 4
c) 4 · 3
d) 4 · 6
e) 4 · 10
f) 4 · 7

**3.** Gehe zuerst in Viererschritten, dann in Achterschritten.
Zeichne in dein Heft bis zur Zahl 80.

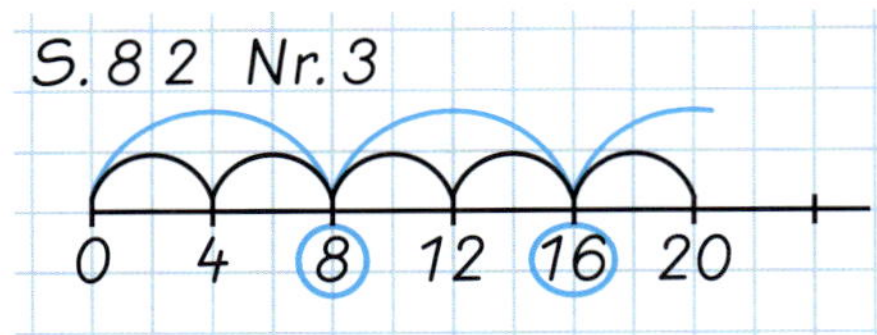


**4:** Ein Löwe springt mit einem Sprung 4 m. Ein Känguru springt doppelt so weit.
Zeichnet die Tabelle. Ergänzt.

S. 82 Nr. 4

| Sprünge | Löwe | Känguru |
|---|---|---|
| 1 | 4 m | 8 m |
| 2 | | |

**5:** Setze fort. Markiere die Kernaufgaben.

a) **8er-Reihe**
0 · 8
1 · 8
2 · 8

b) **Mal mit 8**
8 · 10
8 · 9
8 · 8

**6:** Zeichne ins Heft. Rechne.

a)

| · | 8 | 4 | |
|---|---|---|---|
| 1 | | | |
| | | 8 | |
| 5 | | | |
| 10 | | | 20 |

b)

| · | 2 | 10 | | 1 |
|---|---|---|---|---|
| | | | | 1 |
| 2 | | | 10 | |
| | | 40 | | |
| 8 | | | | |

**7:** Zeichne die Tabelle ins Heft. Rechne.

| Zahl | 0 | 1 | 5 | 4 | | 6 | | 9 | | | 7 |
|---|---|---|---|---|---|---|---|---|---|---|---|
| das Zweifache | | | | | 6 | | | | 16 | | |
| das Vierfache | | | | | | | | | | 8 | |
| das Achtfache | | | | | | | 80 | | | | |



AH, FöH, FoH S. 52

K A D 1 Multiplikationsaufgaben mit 8 über Verdoppeln aus den Aufgaben mit 4 ableiten
D 2 Fünferstreifen und Plättchen verwenden
D 3 K M A 4

**1.**

**! Malaufgaben mit 3**

Die Malaufgaben mit 2 sind Nachbaraufgaben von den Malaufgaben mit 3.

2 · 6 = 12 → einmal 6 dazu → 3 · 6 = 18

4 · 2 = 8 → viermal 1 dazu → 4 · 3 = 12

**2.** Zeige am Hunderterpunktefeld, male und rechne. Rechne auch die Nachbaraufgabe.

a) b) c) d) e) f)

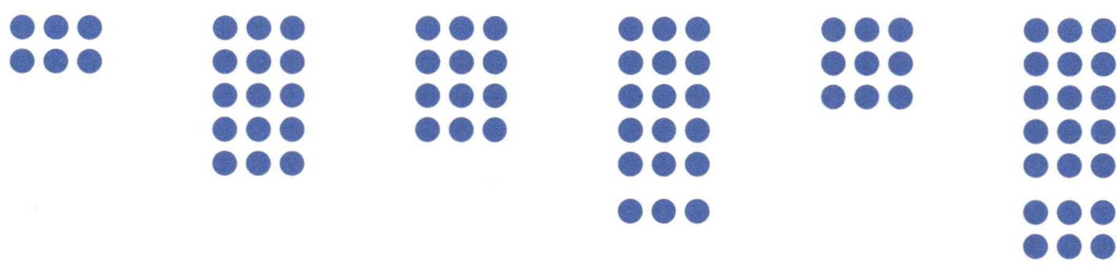

S. 83 Nr. 2

a) ●●● / ●●●

2 · 2 =

2 · 3 =

**3:** Zeige am Hunderterpunktefeld. Rechne zuerst die Nachbaraufgabe.

a) 5 · 2 / 5 · 3

b) 6 · 2 / 6 · 3

c) 3 · 2 / 3 · 3

d) 2 · 4 / 3 · 4

e) 2 · 7 / 3 · 7

f) 2 · 8 / 3 · 8

**4.** Setze fort und rechne.

a)
2 + 2
2 + 2 + 2
2 + 2 + 2 + 2
2 + 2 + 2 + 2 + 2

b)
3 + 3
3 + 3 + 3
3 + 3 + 3 + 3
3 + 3 + 3 + 3 + 3

c)
0 + 0 + 0
1 + 1 + 1
2 + 2 + 2
3 + 3 + 3

S. 83 Nr. 4

a) 2 + 2 = 2 · 2 =

2 + 2 + 2 =

**5:** Setze fort. Markiere die Kernaufgaben.

a) **3er-Reihe**
0 · 3
1 · 3
2 · 3

b) **Mal mit 3**
3 · 10
3 · 9
3 · 8

**6:** Zerlege in Kernaufgaben. Rechne.

a) 4 · 3 b) 3 · 3

c) 7 · 3 d) 6 · 3

e) 8 · 3 f) 9 · 3

S. 83 Nr. 6

a) 4 · 3 =

2 · 3 = 6

2 · 3 = 6

**7:** Zeichne die Tabelle ins Heft. Rechne.

| Zahl | | 1 | | 2 | | 6 | | 9 | 8 | | 7 |
|---|---|---|---|---|---|---|---|---|---|---|---|
| das Dreifache | 0 | | 12 | | 9 | | 15 | | | 30 | |

K A D 1 Multiplikationsaufgaben mit 3 als Nachbaraufgabe aus den Aufgaben mit 2 ableiten
D 2, 3 Hunderterpunktefeld verwenden
K 6 „–1 · 3" thematisieren

AH, FöH, FoH S. 53

**1.**

**! Malaufgaben mit 6**

Die Malaufgaben mit 5 sind Nachbaraufgaben von den Malaufgaben mit 6.

5 · 4 = 20 ↓ einmal 4 dazu 6 · 4 = 24

3 · 5 = 15 ↓ dreimal 1 dazu 3 · 6 = 18

**2.** Zeige am Hunderterpunktefeld, male und rechne. Rechne auch die Nachbaraufgabe.

a) 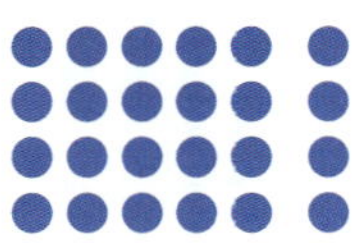

b) 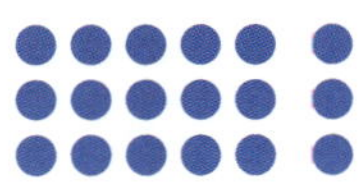

c) 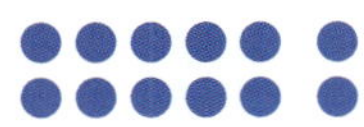

d) 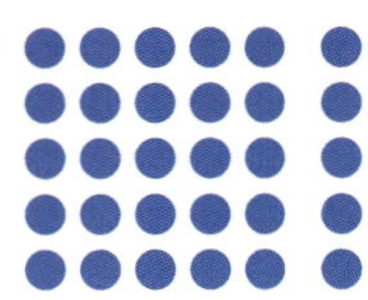

e) 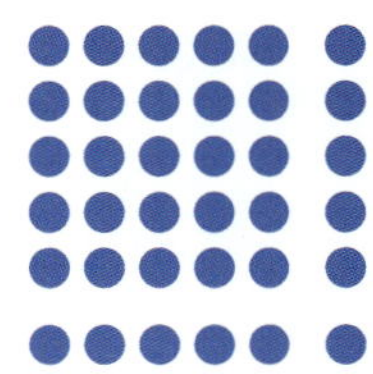

**3:** Zeige am Hunderterpunktefeld und rechne.

a) 3 · 5 / 3 · 6

b) 5 · 5 / 5 · 6

c) 6 · 5 / 6 · 6

d) 5 · 4 / 6 · 4

e) 5 · 7 / 6 · 7

f) 5 · 8 / 6 · 8

**4.** Setze fort und rechne.

a)
5 + 5
5 + 5 + 5
5 + 5 + 5 + 5
5 + 5 + 5 + 5 + 5

b)
6 + 6
6 + 6 + 6
6 + 6 + 6 + 6
6 + 6 + 6 + 6 + 6

c)
0 + 0 + 0 + 0 + 0 + 0
1 + 1 + 1 + 1 + 1 + 1
2 + 2 + 2 + 2 + 2 + 2
3 + 3 + 3 + 3 + 3 + 3

**5:** Setze fort. Markiere die Kernaufgaben.

a) **6er-Reihe**
0 · 6
1 · 6
2 · 6

b) **Mal mit 6**
6 · 10
6 · 9
6 · 8

**6:** Zerlege in Kernaufgaben. Rechne.

a) 4 · 6 b) 3 · 6 c) 7 · 6 d) 9 · 6

**7:** Zeichne die Tabelle ins Heft. Rechne.

| Zahl | 1 | 0 | | 2 | | 6 | | 9 | 8 | | 7 |
|---|---|---|---|---|---|---|---|---|---|---|---|
| das Sechsfache | | | 24 | | 18 | | 30 | | | 60 | |



AH, FöH, FoH S. 54

K A D 1 Multiplikationsaufgaben mit 6 als Nachbaraufgabe aus den Aufgaben mit 5 ableiten
D 2, 3 Hunderterpunktefeld verwenden

**1.**

**! Malaufgaben mit 9**

Die Malaufgaben mit 10 sind Nachbaraufgaben von den Malaufgaben mit 9.

9 · 5 = 45 ↑ einmal 5 weg 10 · 5 = 50

4 · 9 = 36 ↑ viermal 1 weg 4 · 10 = 40

**2.** Zeige am Hunderterpunktefeld, male und rechne.

a) 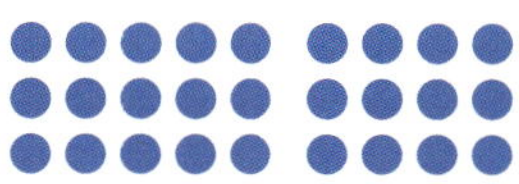

b) 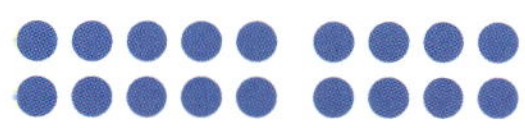

c) 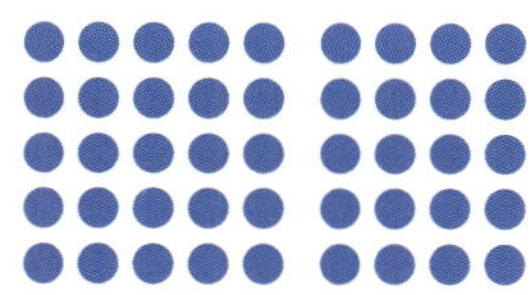

d) 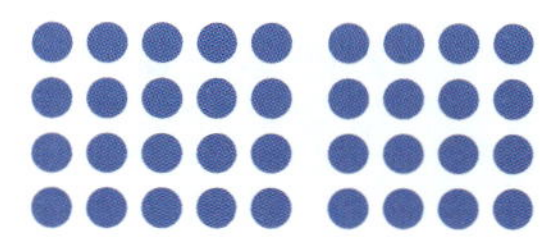

**3.** Zeige am Hunderterpunktefeld und rechne.

a) 5 · 9 / 5 · 10
b) 6 · 9 / 6 · 10
c) 3 · 9 / 3 · 10
d) 9 · 4 / 10 · 4
e) 9 · 7 / 10 · 7
f) 9 · 8 / 10 · 8

**4.** Setze fort und rechne.

a)
10 + 10
10 + 10 + 10
10 + 10 + 10 + 10

b)
9 + 9
9 + 9 + 9
9 + 9 + 9 + 9

c)
0 + 0 + 0 + 0 + 0 + 0 + 0 + 0 + 0
1 + 1 + 1 + 1 + 1 + 1 + 1 + 1 + 1
2 + 2 + 2 + 2 + 2 + 2 + 2 + 2 + 2

**5.** Setze fort. Markiere die Kernaufgaben.

a) **9er-Reihe**
0 · 9
1 · 9
2 · 9

b) **Mal mit 9**
9 · 10
9 · 9
9 · 8

**6.** Zerlege in Kernaufgaben. Rechne.

a) 4 · 9  b) 3 · 9  c) 7 · 9  d) 9 · 9

**7.** Zeichne die Tabelle ins Heft. Rechne.

| Zahl | 0 | 4 | | | 6 | 3 | | 9 | 7 | | 8 |
|---|---|---|---|---|---|---|---|---|---|---|---|
| das Neunfache | | | 9 | 18 | | | 45 | | | 90 | |

**1** Zeichne ins Heft. Rechne.

a) ▢ / 2 4 b) ▢ / 3 4 c) ▢ / 3 5 d) ▢ / 3 6

e) ▢ / 10 5 f) ▢ / 9 5 g) ▢ / 4 8 h) ▢ / 9 7

**Rechenmauer mit Mal** !

8 / 2 4

$2 \cdot 4 = 8$

**2** Zeichne ins Heft. Rechne.

a) 20 / ▢ 5 b) 18 / 3 ▢ c) 40 / ▢ 8 d) 12 / ▢ 3 e) 27 / 9 ▢ f) 28 / ▢ 4

**3** Zeichne ins Heft. Rechne.

a) 15 / ▢ ▢ b) 24 / ▢ ▢ c) 35 / ▢ ▢ d) 40 / ▢ ▢ e) 18 / ▢ ▢ f) 32 / ▢ ▢

**4** Zeichne ins Heft. Rechne.

a) ▢ / ▢ ▢ / 2 2 3 b) ▢ / ▢ ▢ / 2 1 5 c) ▢ / ▢ ▢ / 5 2 4 d) 24 / ▢ ▢ / 3 2 ▢ e) 40 / ▢ ▢ / ▢ ▢ ▢

**5** Zeichne ins Heft. Rechne.

a) 2 / 5 4 b) 3 / 10 2 c) 4 / 5 8

**Rechendreieck mit Mal** !

10, 2, ▢ / 5, 4 / ▢

$5 \cdot 2 = 10$

**6** Zeichne ins Heft. Rechne.

a) ▢ 2 ▢ / ▢ 4 / 24 b) ▢ 3 ▢ / ▢ 2 / 6 c) ▢ 4 8 / 5 ▢ / ▢ d) 70 10 30 / ▢ ▢ / ▢ e) ▢ ▢ 24 / ▢ 6 / 48

**7** Zeichne ins Heft. Finde die Lösung.

a) 20 ▢ 10 / ▢ ▢ / 50 b) 40 ▢ 32 / ▢ ▢ / 20

**8** Zeichne ins Heft. Kann das sein? Begründe.

a) 1 ▢ 1 / ▢ ▢ / 1 b) 16 ▢ 25 / ▢ ▢ / 21



AH, FöH, FoH S. 56

K A 1 K A 5 P 7 P K A 8
5 Aufgabenformat besprechen
Weitere Übungen auf S. 129

**1.** Setze fort und rechne.

a) 3 · 5, 4 · 5, 5 · 5, 6 · 5

b) 8 · 4, 7 · 4, 6 · 4, 5 · 4

c) 6 · 10, 6 · 9, 6 · 8, 6 · 7

d) 10 · 2, 9 · 2, 10 · 3, 9 · 3

e): 20 · 1, 10 · 2, 5 · 4

**2.** Rechne.

| a) | b) | c) | d) | e) | f) |
|---|---|---|---|---|---|
| 6 · 4 | 9 · 3 | 2 · 4 | 3 · 6 | 7 · 5 | 2 · 9 |
| 5 · 2 | 10 · 7 | 8 · 6 | 4 · 9 | 8 · 0 | 0 · 9 |
| 4 · 3 | 5 · 8 | 7 · 3 | 3 · 8 | 6 · 6 | 5 · 5 |

**3.** Schreibe ins Heft. Ergänze.

| a) | b) | c) | d) | e) |
|---|---|---|---|---|
| 5 · ■ = 40 | 5 · ■ = 30 | ■ · 7 = 14 | 0 = ■ · 6 | 21 = ■ · 3 |
| ■ · 10 = 100 | ■ · 9 = 45 | 6 · ■ = 24 | 36 = 9 · ■ | 25 = 5 · ■ |
| 8 · ■ = 24 | ■ · 7 = 70 | 8 · ■ = 16 | 20 = ■ · 4 | 63 = ■ · 9 |

**4:** Ergänze zu ganzen Reihen.
Manchmal gibt es mehrere Lösungen.

S. 87 Nr. 4
a) 0,

a) 15, 18, 21,

b) 28, 32, 36

c) 35, 40, 45,

d) 30, 40, 50,

e) 16, 24, 32

f) 72, 81, 90

g): 18, 54,

h): 27,

**5:**

**Vorsicht Vielfache!**

1. Legt gemeinsam eine „verbotene" Malreihe fest und schreibt sie auf. Würfle mit einem zehnseitigen Würfel.
2. Die Würfelergebnisse werden zu deinen Punkten gerechnet. Aber Vorsicht! Erreicht das Ergebnis eine Zahl der „verbotenen" Malreihe, fallen die Punkte dieser Runde auf 0 zurück.
3. Nach jedem Wurf kannst du die erreichten Punkte wählen oder es riskieren, noch einmal zu würfeln.

**6:** Kann das stimmen? Begründe.

a) Es gibt eine Zahl, die in jeder Malreihe vorkommt.

b) Jede Zahl aus der 3er-Reihe ist auch in der 9er-Reihe.

c) Wenn ich die vierte Zahl der 5er-Reihe mit der vierten Zahl der 3er-Reihe zusammenzähle, erhalte ich die vierte Zahl der 8er-Reihe.

d) Ich kann die Zahlen zweier Reihen wie bei **c)** addieren, sodass ich die 7er-Reihe erhalte.

**1.**

| · | 1 | 2 | 3 | 4 | 5 | 6 | 7 | 8 | 9 | 10 |
|---|---|---|---|---|---|---|---|---|---|---|
| 1 | 1 · 1 | 1 · 2 | 1 · 3 | 1 · 4 | 1 · 5 | 1 · 6 | 1 · 7 | 1 · 8 | 1 · 9 | 1 · 10 |
| 2 | 2 · 1 | 2 · 2 | 2 · 3 | 2 · 4 | 2 · 5 | 2 · 6 | 2 · 7 | 2 · 8 | 2 · 9 | 2 · 10 |
| 3 | 3 · 1 | 3 · 2 | 3 · 3 | 3 · 4 | 3 · 5 | 3 · 6 | 3 · 7 | 3 · 8 | 3 · 9 | 3 · 10 |
| 4 | 4 · 1 | 4 · 2 | 4 · 3 | 4 · 4 | 4 · 5 | 4 · 6 | 4 · 7 | 4 · 8 | 4 · 9 | 4 · 10 |
| 5 | 5 · 1 | 5 · 2 | 5 · 3 | 5 · 4 | 5 · 5 | 5 · 6 | 5 · 7 | 5 · 8 | 5 · 9 | 5 · 10 |
| 6 | 6 · 1 | 6 · 2 | 6 · 3 | 6 · 4 | 6 · 5 | 6 · 6 | 6 · 7 | 6 · 8 | 6 · 9 | 6 · 10 |
| 7 | 7 · 1 | 7 · 2 | 7 · 3 | 7 · 4 | 7 · 5 | 7 · 6 | 7 · 7 | 7 · 8 | 7 · 9 | 7 · 10 |
| 8 | 8 · 1 | 8 · 2 | 8 · 3 | 8 · 4 | 8 · 5 | 8 · 6 | 8 · 7 | 8 · 8 | 8 · 9 | 8 · 10 |
| 9 | 9 · 1 | 9 · 2 | 9 · 3 | 9 · 4 | 9 · 5 | 9 · 6 | 9 · 7 | 9 · 8 | 9 · 9 | 9 · 10 |
| 10 | 10 · 1 | 10 · 2 | 10 · 3 | 10 · 4 | 10 · 5 | 10 · 6 | 10 · 7 | 10 · 8 | 10 · 9 | 10 · 10 |

**2.** Rechnet und vergleicht. Was fällt euch auf?

**a)** → mit ↓ **b)** → mit →
**c)** → mit → **d)** → mit →
**e)** ↓ mit ↓ **f)** ↓ mit →

S. 88 Nr. 2

a)
2 · 1 = 2    1 · 2 = 2
2 · 2 =    2 · 2 =

**3.** Rechne. Vergleiche die Ergebnisse der Nachbaraufgaben. Welcher Nachbar hilft dir?

| · | 1 | 2 | 3 | 4 | 5 |
|---|---|---|---|---|---|
| 1 | 1 · 1 | 1 · 2 | 1 · 3 | 1 · 4 | 1 · 5 |
| 2 | 2 · 1 | 2 · 2 | 2 · 3 | 2 · 4 | 2 · 5 |
| 3 | 3 · 1 | 3 · 2 | 3 · 3 | 3 · 4 | 3 · 5 |
| 4 | 4 · 1 | 4 · 2 | 4 · 3 | 4 · 4 | 4 · 5 |
| 5 | 5 · 1 | 5 · 2 | 5 · 3 | 5 · 4 | 5 · 5 |

**a)** 3 · 4 **b)** 7 · 10
**c)** 5 · 8 **d)** 9 · 3
**e)** 7 · 5 **f)** 5 · 3
**g)** 3 · 9 **h)** 7 · 2

S. 88 Nr. 3

a) 2 · 4 = 8
3 · 4 = 12   − 4
4 · 4 = 16   + 4

**4.** Rechne. Vergleiche die Ergebnisse der Nachbaraufgaben. Welcher Nachbar hilft dir?

| · | 1 | 2 | 3 | 4 | 5 |
|---|---|---|---|---|---|
| 1 | 1 · 1 | 1 · 2 | 1 · 3 | 1 · 4 | 1 · 5 |
| 2 | 2 · 1 | 2 · 2 | 2 · 3 | 2 · 4 | 2 · 5 |
| 3 | 3 · 1 | 3 · 2 | 3 · 3 | 3 · 4 | 3 · 5 |
| 4 | 4 · 1 | 4 · 2 | 4 · 3 | 4 · 4 | 4 · 5 |
| 5 | 5 · 1 | 5 · 2 | 5 · 3 | 5 · 4 | 5 · 5 |

**a)** 3 · 3 **b)** 2 · 4
**c)** 3 · 9 **d)** 6 · 2
**e)** 2 · 8 **f)** 7 · 4
**g)** 4 · 9 **h)** 5 · 9

S. 88 Nr. 4

a) 3 · 2 = 6
3 · 3 = 9   − 3
3 · 4 = 12   + 3

**5.** Rechne zuerst die leichte Nachbar-Kernaufgabe.

**a)** 4 · 3 **b)** 4 · 4 **c)** 6 · 3 **d)** 6 · 4 **e)** 8 · 3
**f)** 8 · 4 **g)** 3 · 6 **h)** 3 · 9 **i)** 6 · 7 **j)** 4 · 8



K A D 1 Beziehungen in der Einmaleinstabelle thematisieren
K A D 2 D A 3, 4

**1.** Zerlege in Kernaufgaben. Zeige am Hunderterpunktefeld, male und rechne.

a)
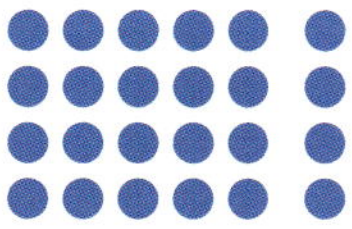

b)
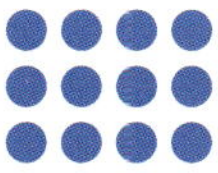

c)
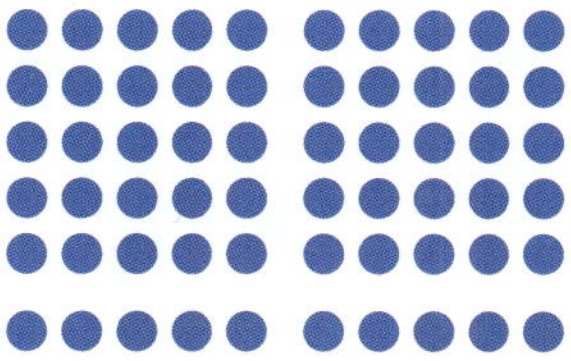

d)
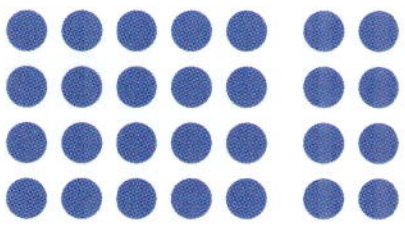

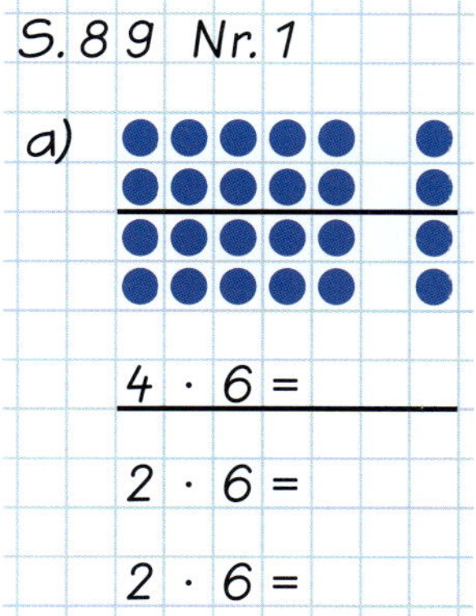


e)
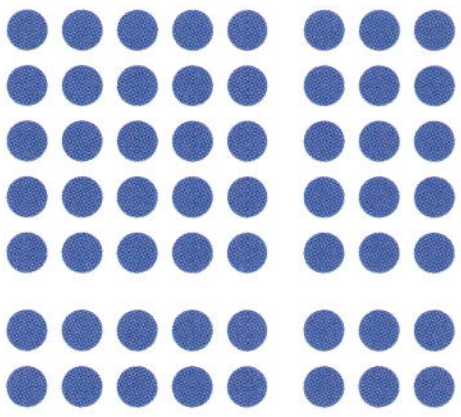

f)

g)
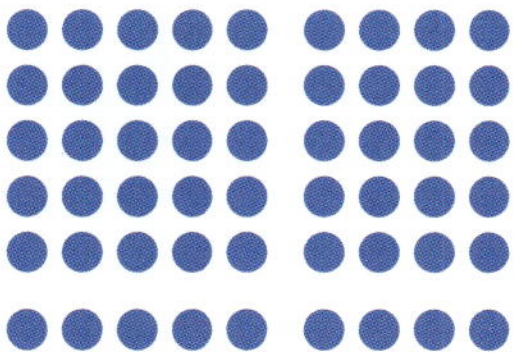

h)
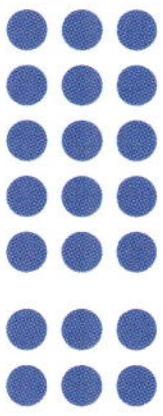

**2.** Zerlege in Kernaufgaben. Rechne.

a) $3 \cdot 3$ b) $4 \cdot 8$ c) $3 \cdot 7$ d) $4 \cdot 3$ e) $3 \cdot 9$
f) $4 \cdot 4$ g) $6 \cdot 3$ h) $6 \cdot 6$ i) $4 \cdot 9$ j) $6 \cdot 8$
k) $7 \cdot 4$ l) $7 \cdot 6$ m) $7 \cdot 9$ n) $8 \cdot 7$ o) $8 \cdot 6$
p) $9 \cdot 8$ q) $8 \cdot 8$ r) $6 \cdot 4$ s) $7 \cdot 8$ t) $4 \cdot 9$

**3.** Zeichne ein Punktefeld. Schreibe die Malaufgaben dazu und rechne.

a) $2 \cdot 6 + 1 \cdot 6$ b) $2 \cdot 5 + 2 \cdot 5$
c) $1 \cdot 8 + 2 \cdot 8$ d) $4 \cdot 10 + 4 \cdot 10$
e) $5 \cdot 7 + 2 \cdot 7$ f) $3 \cdot 8 + 3 \cdot 8$
g) $5 \cdot 7 + 5 \cdot 7$ h) $10 \cdot 3 - 1 \cdot 3$

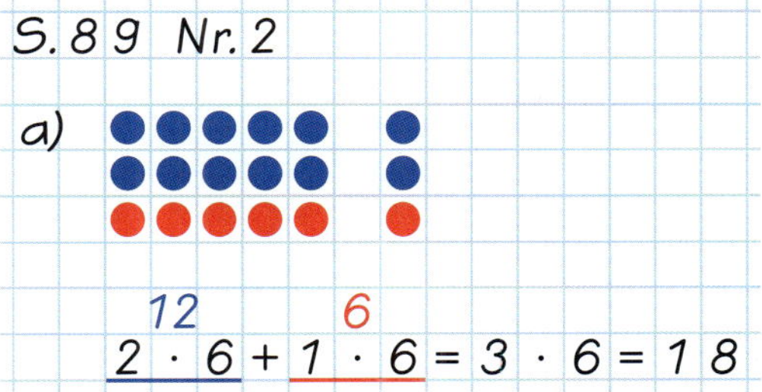


**4.** Zeichne ins Heft. Rechne. Was fällt dir auf?

a)

| · | | 3 | 6 | |
|---|---|---|---|---|
| 1 | 1 | | | |
| 2 | | | | 18 |
| 3 | | | | |

b)

| · | 2 | | 4 | 5 |
|---|---|---|---|---|
| | | | 4 | |
| 5 | | 15 | | |
| 6 | | | | |

c)

| · | | 2 | 5 | |
|---|---|---|---|---|
| 2 | 2 | | | |
| 5 | | | | 50 |
| 7 | | | | |

**5.** Zeichne ins Heft. Rechne. Notiere auch die Lösung.

a) oben: ☐ – unten: $5 \cdot 8$ | $2 \cdot 8$
b) oben: ☐ – unten: $1 \cdot 7$ | $5 \cdot 7$
c) oben: $4 \cdot 6$ – unten: ☐ | ☐
d) oben: $4 \cdot 9$ – unten: $2 \cdot 9$ | ☐
e) oben: $7 \cdot 7$ – unten: ☐ | $5 \cdot 7$

**1.**

**! Malaufgaben mit 7**

Bei Malaufgaben mit 7 helfen mir die 5er- und die 2er-Reihe.

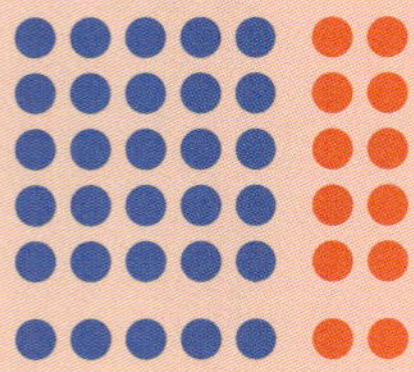

6 · 7 = 42
6 · 5 = 30
6 · 2 = 12

**2.** Zerlege in Malaufgaben mit 5 und 2. Male und rechne.

a)

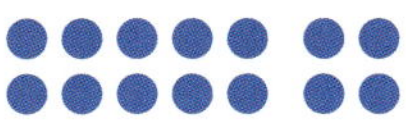

b)

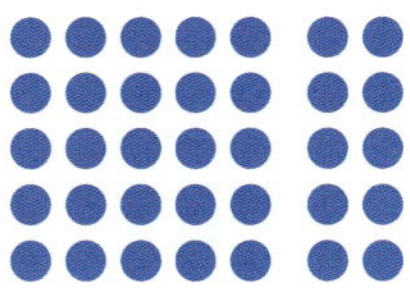

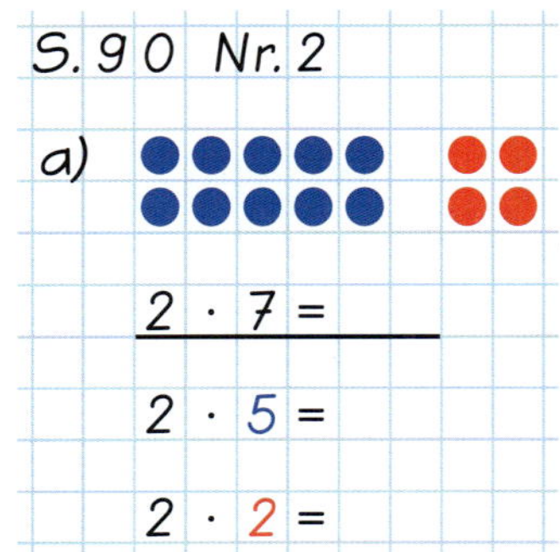


c)

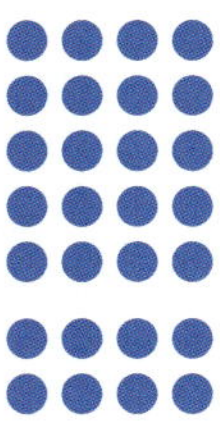

d)

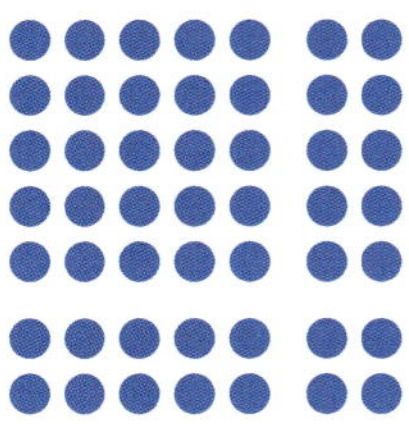

e)

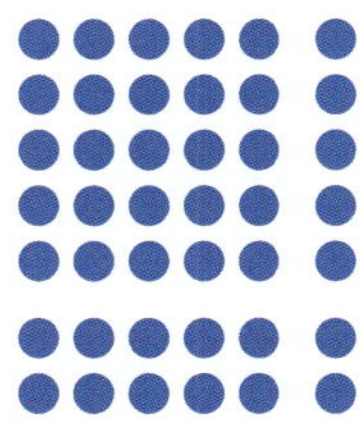

**3.** Setze fort und rechne.

a)
2 + 2
2 + 2 + 2
2 + 2 + 2 + 2

b)
5 + 5
5 + 5 + 5
5 + 5 + 5 + 5

c)
7 + 7
7 + 7 + 7
7 + 7 + 7 + 7

d)
0 + 0 + 0 + 0 + 0 + 0 + 0
1 + 1 + 1 + 1 + 1 + 1 + 1
2 + 2 + 2 + 2 + 2 + 2 + 2

**4.** Setze fort. Markiere die Kernaufgaben.

a) **7er-Reihe**
0 · 7
1 · 7
2 · 7

b) **Mal mit 7**
7 · 10
7 · 9
7 · 8

**5.** Zerlege in Kernaufgaben. Rechne.

a) 4 · 7 b) 3 · 7 c) 7 · 7 d) 9 · 7

**6.** Zeichne die Tabelle ins Heft. Rechne.

| Zahl | 1 | 4 | | 0 | 6 | 3 | | 9 | 8 | | 7 |
|---|---|---|---|---|---|---|---|---|---|---|---|
| das Siebenfache | | | 14 | | | | 70 | | | 35 | |



AH, FöH, FoH S. 57

K A D 1 Multiplikationsaufgaben mit 7 aus Aufgaben mit 5 und 7 zusammensetzen D 2
Weitere Übungen auf S. 129

**1.** Mira hat viele Aufgaben gerechnet.

**a)** Bei welchen Antworten sollte sie noch einmal nachrechnen? Begründe.

**b)** Was könnte in der Aufgabe gesucht worden sein?

**A** *A: In Emmas Klasse sind 75 Kinder.*

**B** *A: Max hat 3 Geschwister.*

**C** *A: Das Mathebuch hat 31 Seiten.*

**D** *A: Hanna hat 35 € gespart.*

**E** *A: Der Schulranzen kostet 4 €.*

**F** *A: Eva ist 3 Meter groß.*

**2.** Welches Ergebnis stimmt? Begründet.

**a)** Tim bastelt eine Woche lang jeden Tag 4 Sterne. Wie viele Sterne hat er nach einer Woche gebastelt?

**A** 7 Sterne **B** 13 Sterne
**C** 28 Sterne **D** 14 Sterne

**b)** Emma hilft Tim an 3 Tagen. Sie schafft jeden Tag 7 Sterne. Wie viele Sterne hat sie gebastelt?

**A** 3 Sterne **B** 7 Sterne
**C** 59 Sterne **D** 21 Sterne

**c)** Mira kauft sich ein Buch für 15 €. Sie zahlt mit einem 50-€-Schein. Wie viel Geld bekommt sie zurück?

**A** 50 € **B** 35 €
**C** 30 € **D** 15 €

**d)** Max braucht 19 Minuten, bis er von Zuhause bei der Schule ankommt. Wie lange läuft er jeden Tag?

**A** 38 Minuten **B** 18 Minuten
**C** 50 Minuten **D** 39 Minuten

**3.** Passt die Antwort zur Frage? Begründe, rechne und verbessere.

**a)** Tim springt im Sport 3 Meter weit, Max springt 2 Meter weit. Wie viele Meter springt Tim weiter?

*L:* |— 3 m —|— 2 m —|
*R: 3 m + 2 m = 5 m*
*A: Zusammen springen sie 5 m weit.*

**b)** Hanna geht einkaufen. Sie kauft vier Packungen mit je 10 Eiern und noch eine Packung mit 6 Eiern. Wie viele Eier hat sie gekauft?

*L: 4 · [10 Eier] 1 · [6 Eier]*
*R: 40 € + 6 € = 46 €*
*A: Sie bezahlt 46 €.*

**4.** Finde eine passende Frage. Löse die Sachaufgabe.

**a)** Emma hat 60 € gespart. Sie kauft sich sechs Bücher für je 7 €.

**b)** Mira bekommt jede Woche 9 € Taschengeld. Sie spart 8 Wochen lang.

**1.** Zeichnet ins Heft. Rechnet. Vergleicht die Spalten miteinander. Erklärt.

a)

| · | 2 | 4 | 8 |
|---|---|---|---|
| 1 | | | |
| 2 | | | |
| 5 | | | |
| 10 | | | |

b)

| · | 5 | 2 | 7 |
|---|---|---|---|
| 1 | | | |
| 2 | | | |
| 5 | | | |
| 10 | | | |

c)

| · | 3 | 6 | 9 |
|---|---|---|---|
| 1 | | | |
| 2 | | | |
| 5 | | | |
| 10 | | | |

d)

| · | 1 | 10 | 5 |
|---|---|---|---|
| 1 | | | |
| 2 | | | |
| 5 | | | |
| 10 | | | |

e)

| · | 10 | 9 |
|---|---|---|
| 1 | | |
| 2 | | |
| 5 | | |
| 10 | | |

f)

| · | 5 | 6 |
|---|---|---|
| 1 | | |
| 2 | | |
| 5 | | |
| 10 | | |

**2:** Ausschnitte aus der Einmaleinstabelle. Zeichne ins Heft und rechne. Finde die fehlenden Aufgaben und rechne.

a)

| | | |
|---|---|---|
| | | |
| | 2 · 2 | |
| | | |
| | | |

b)

| | | |
|---|---|---|
| | | |
| | | 5 · 10 |
| | | |

c)

| | | |
|---|---|---|
| | | |
| | | |
| | | 6 · 6 |

d)

| | | |
|---|---|---|
| | | |
| | | |
| 3 · 4 | | |

**3.** Löse die Sachaufgabe.

**A** *Ich lese eine Woche lang jeden Tag 8 Seiten.* Max

**B** *Auf einer Wiese gibt es 8 vierblättrige Kleeblätter.* Emma

**C** *Im Klassenzimmer stehen 4 Vierertische, 3 Zweiertische und 2 Einzeltische.* Hanna

**D** *Meine Mama kauft 3 Packungen Eier. In jeder Packung sind 6 Stück.* Mira

**E** *In 3 Wochen beginnen die Ferien.* Tim

**4.** Rechne.

a) 2 · 5 b) 5 · 4 c) 10 · 7 d) 6 · 2 e) 3 · 7

f) 4 · 6 g) 6 · 9 h) 7 · 4 i) 7 · 5 j) 8 · 4

**5:** Wähle eine Aufgabe. Schreibe eine Rechengeschichte. Löse die Sachaufgabe.

a) 4 · 10 b) 7 · 3 c) 6 · 4 d) 2 · 8 e): 5 · 4 + 2 · 2



K A 1 Zusammenhänge zwischen den Malreihen besprechen
M D 3, 5 Lösungsschema beachten

**1.** Rechne beide Malaufgaben.

a) 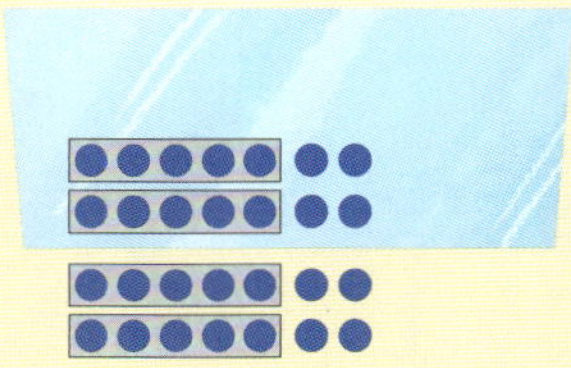

b) 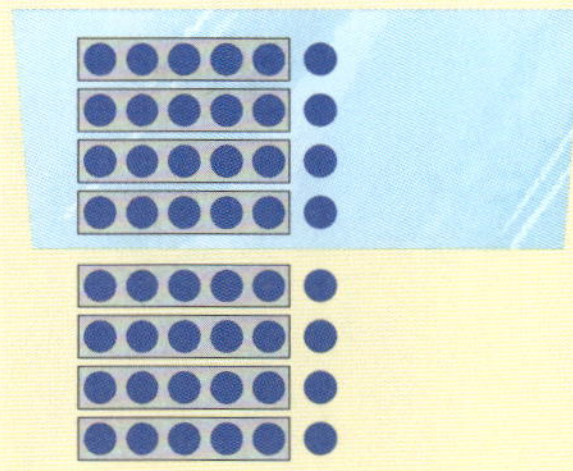

c) 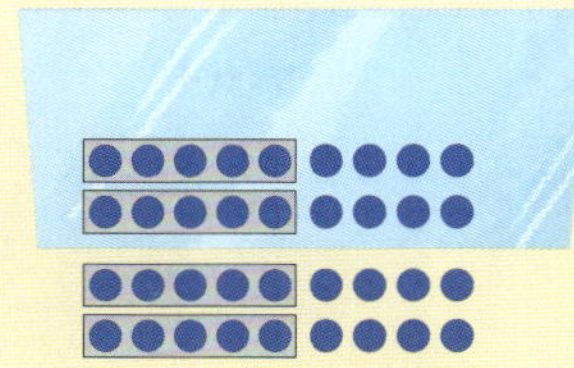

d) 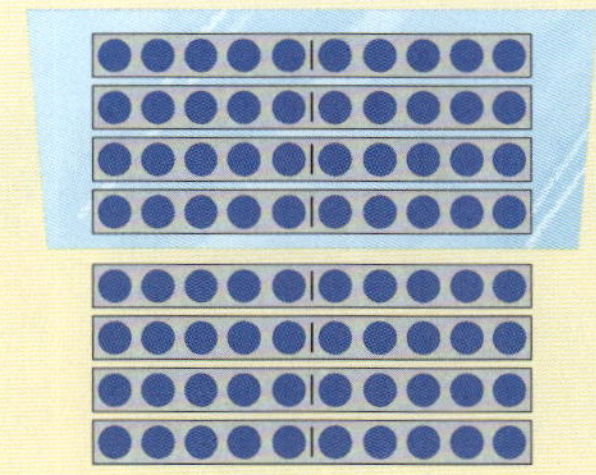

**2.** Rechne zuerst die leichte Nachbaraufgabe.

a) 7 · 2 / 7 · 3
b) 6 · 5 / 6 · 6
c) 4 · 9 / 4 · 10
d) 2 · 2 / 2 · 3
e) 3 · 5 / 3 · 6
f) 5 · 9 / 5 · 10

g) 2 · 8 / 3 · 8
h) 5 · 4 / 6 · 4
i) 9 · 3 / 10 · 3
j) 2 · 4 / 3 · 4
k) 5 · 7 / 6 · 7
l) 9 · 8 / 10 · 8

**3.** Zeichne ins Heft. Rechne.

a) 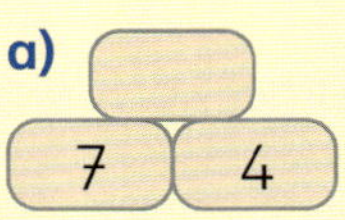


b) 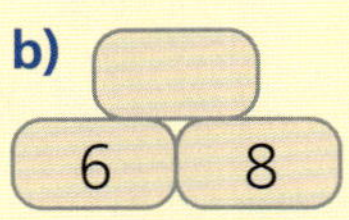


c) 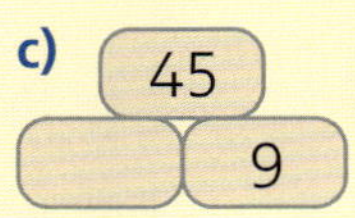


d) 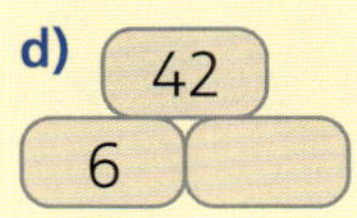


e) 

f) 

**4.** Zeichne ins Heft. Rechne.

a) 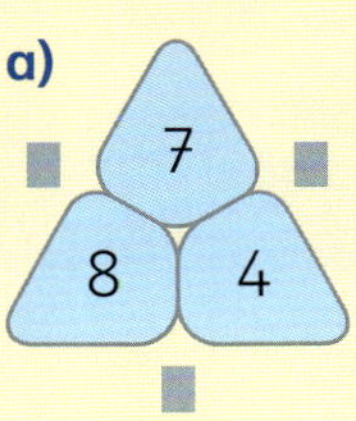


b) 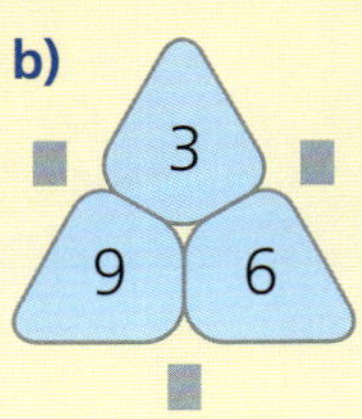


c) 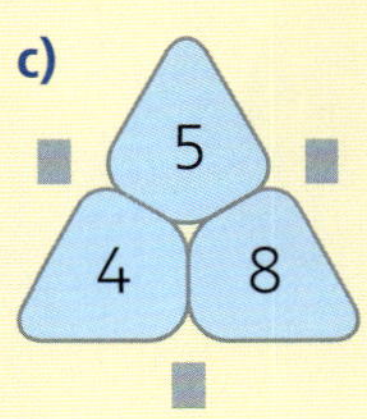


d) 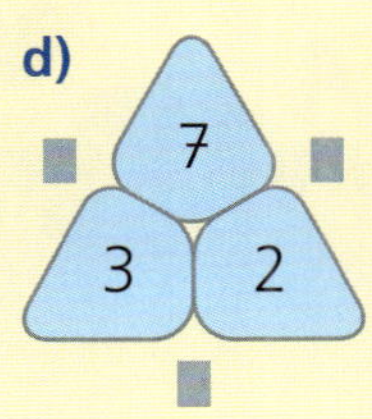


e) 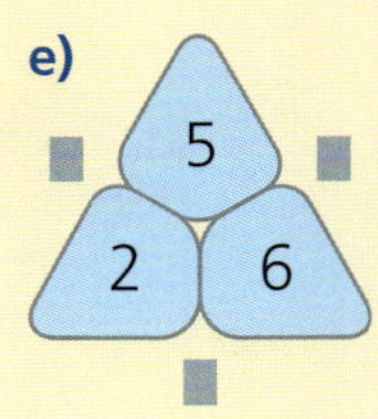


**5.** Zeichne ins Heft. Rechne.

a) 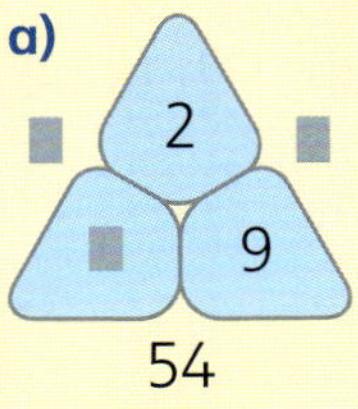


b) 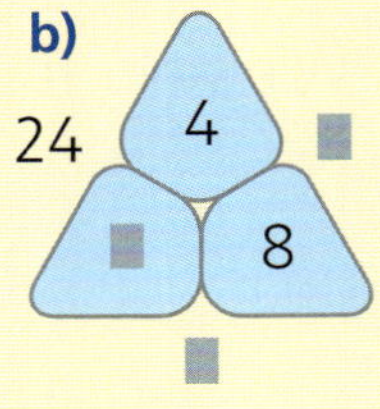


c) 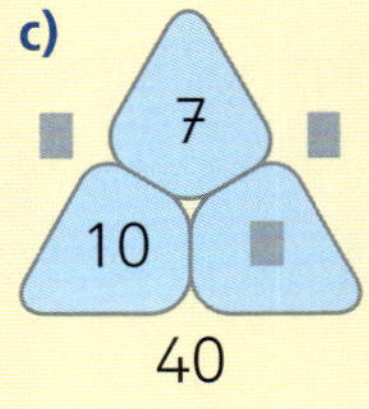


d) 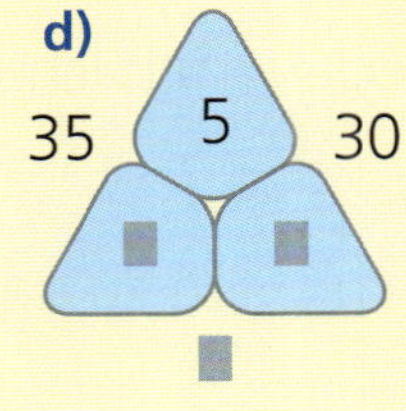


e) 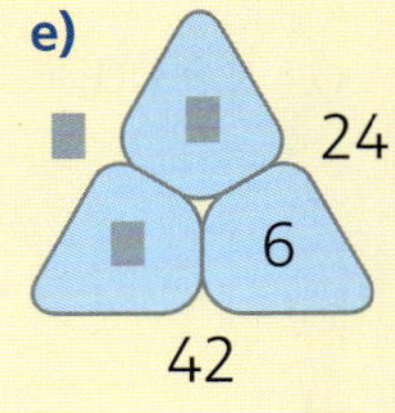


**6:** Schreibe ins Heft. Setze ein: >, < oder =

a) 5 · 3 ● 20
5 · 6 ● 25
5 · 9 ● 40

b) 22 ● 7 · 3
24 ● 4 · 7
55 ● 8 · 7

c) 4 · 5 ● 8 · 2
5 · 7 ● 10 · 3
4 · 10 ● 5 · 9

d) 6 · 2 ● 3 · 4
5 · 8 ● 10 · 4
4 · 3 ● 2 · 8

**1**

Geteiltaufgabe 6 **:** 2 **=** 3 — 6 **geteilt durch** 2 **ist gleich** 3. **!**

**2** Lege, male und rechne.

**a)**

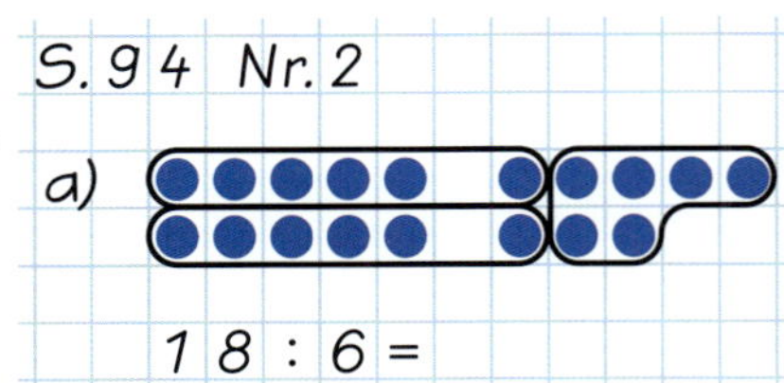


**b)**

**c)**

**3** Lege, male und rechne.

**a)** Ich habe 24 Bonbons. Ich lege immer 6 in eine Tüte. Wie viele Tüten brauche ich?

**b)** 9 Kinder werden in Dreiergruppen aufgeteilt. Wie viele Gruppen sind es?

**c)** Ich habe 20 Steckwürfel. Ich baue immer Vierertürme. Wie viele Türme kann ich bauen?

**4** Erfinde Rechengeschichten zu den Punktebildern.

**a)**

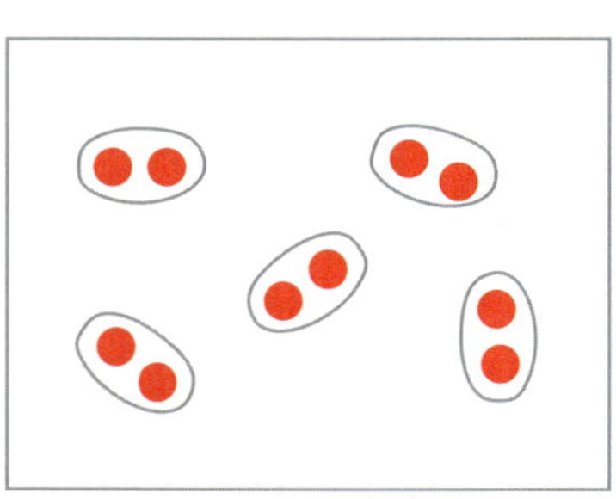

**b)**

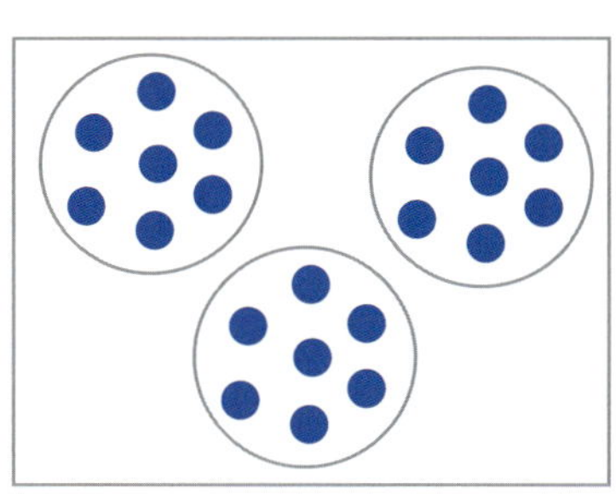

**c)**

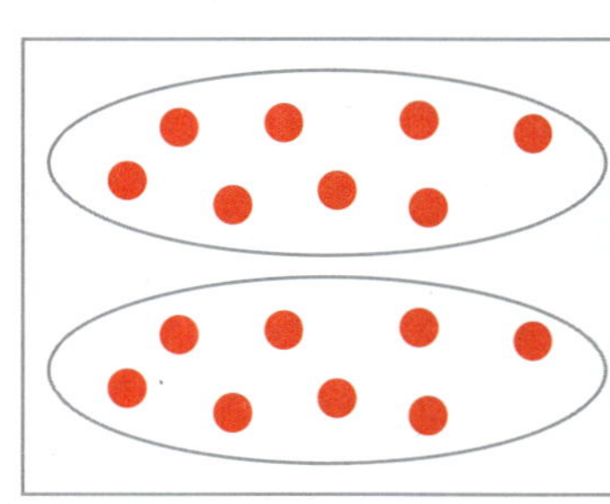



K D **1** Über Aufteilsituation sprechen; Rechengeschichte mit Plättchen nachstellen
M D **2, 3** Plättchen verwenden
K M **4**

**1.**

Geteiltaufgabe 12 : 3 = 4 12 **geteilt durch** 3 **ist gleich** 4. **!**

Beim Aufteilen und Verteilen rechne ich geteilt.

**2.** Lege, male und rechne.

**a)**

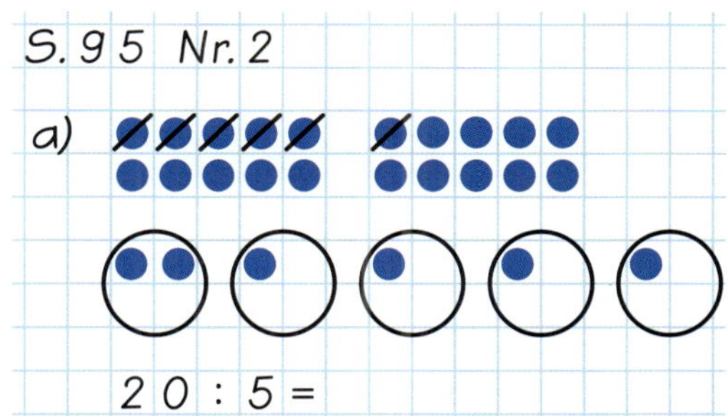


**b)**

**c)**

**3.** Lege, male und rechne.

**a)** 24 Kinder verteilen sich auf 4 gleich große Gruppen. Wie viele Kinder sind in jeder Gruppe?

**b)** 18 Murmeln werden gerecht an 2 Kinder verteilt. Wie viele Murmeln bekommt jedes Kind?

**c)** Aus 15 Steckwürfeln werden 5 gleiche Türme gebaut. Wie viele Würfel sind in jedem Turm?

**4:** Finde alle Möglichkeiten 16 Nüsse so zu verteilen, dass auf jedem Teller gleich viele Nüsse liegen.

**1.**

> **!** Teilen durch 1 ist leicht.
>
> 10 : 1 = 10
>
> Beim Teilen durch 2 helfen die Halbierungsaufgaben.
>
> 10 : 2 = 5

**2.** Lege und rechne.

a)

b)

c)

d)

e)

f)

**3.** Wie heißt die passende Geteiltaufgabe? Rechne.

**a)** die Hälfte von 8 **b)** die Hälfte von 12 **c)** die Hälfte von 14

**d)** die Hälfte von 20 **e)** die Hälfte von 16 **f)** die Hälfte von 22

**4.** Setze fort und rechne.

**a)**
1 : 1
2 : 1
3 : 1

**b)**
20 : 2
18 : 2
16 : 2

**5:** Rechne.

| a) | b) | c) |
|---|---|---|
| 4 : 2 | 6 : 2 | 12 : 1 |
| 16 : 2 | 15 : 1 | 22 : 2 |
| 8 : 1 | 2 : 2 | 11 : 1 |
| 20 : 2 | 18 : 2 | 8 : 2 |

**6:** Löse die Rätsel.

**a)** Die Hälfte meiner Zahl ist gerade und liegt zwischen 5 und 7.

**b):** Die Hälfte meiner Zahl ist kleiner als 10 und ist in der 3er-Reihe und 9er-Reihe.

**c):** Ich kann meine Zahl dreimal halbieren. Meine Zahl liegt zwischen 17 und 25.



AH, FöH, FoH S. 61

K D 1 Rechengeschichte mathematisch deuten und darstellen; ggf. Situation nachspielen
D 2 Plättchen verwenden
P 6

**1.**

Beim Teilen durch 10 helfen die Zehnerstreifen.

40 : 10 = 4

**2.** Lege und rechne.

**a)** Immer 10er-Türme.

**b)** Immer 10 Dosen.

**c)** Immer 10 Streichhölzer.

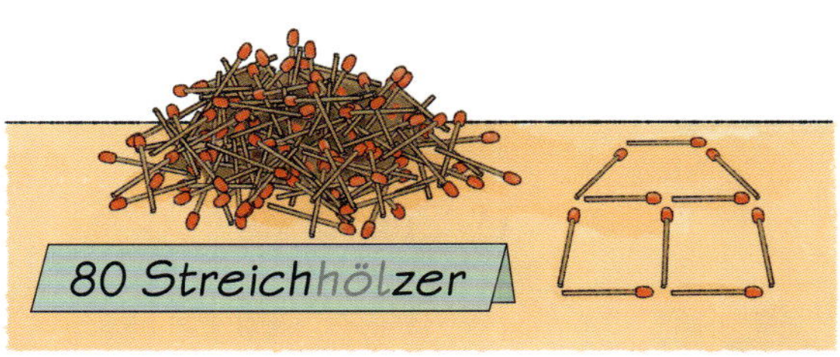


**d)** Immer 10 Perlen.

**3.** Setze fort und rechne.

**a)**
10 : 10
20 : 10
30 : 10

**b)**
100 : 10
90 : 10
80 : 10

**4.** Rechnet. Was fällt euch auf?

**a)** 50 : 1
50 : 10

**b)** 20 : 1
20 : 10

**c)** 40 : 1
40 : 10

**d)** 60 : 1
60 : 10

**e)** 80 : 1
80 : 10

**f)** 70 : 1
70 : 10

**5.** Zeichne ins Heft. Rechne.

**a)**

| : | 10 | |
|---|---|---|
| 20 | | 10 |
| 60 | | |
| 40 | | |

**b)**

| : | 10 | 2 |
|---|---|---|
| | | 35 |
| 30 | | |
| | 5 | |

**c)**

| : | | 1 | |
|---|---|---|---|
| 80 | 40 | | |
| | | 10 | |
| | 45 | | 9 |

**1.**

**!**

| | |
|---|---|
| 15 : 3 = 5 | Aufgabe |
| ↓ | ↓ |
| 5 · 3 = 15 | Umkehraufgabe |

**2.** Baut nach und malt. Schreibt Aufgabe und Umkehraufgabe. Rechnet.

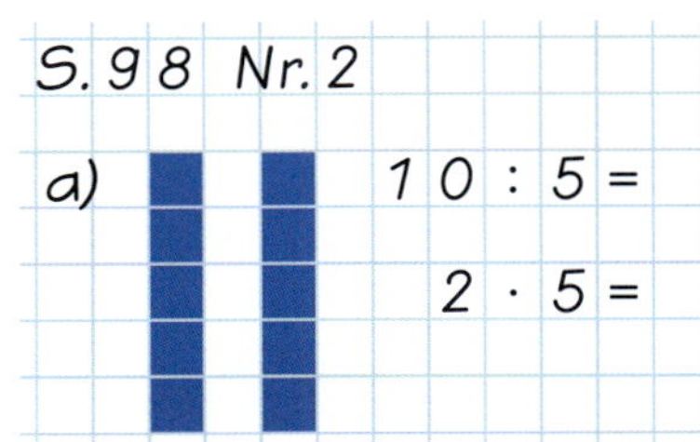


**a)** 5er-Türme

**b)** 2er-Türme

**c)** 6er-Türme

**d)** 8er-Türme

**e)** 3er-Türme

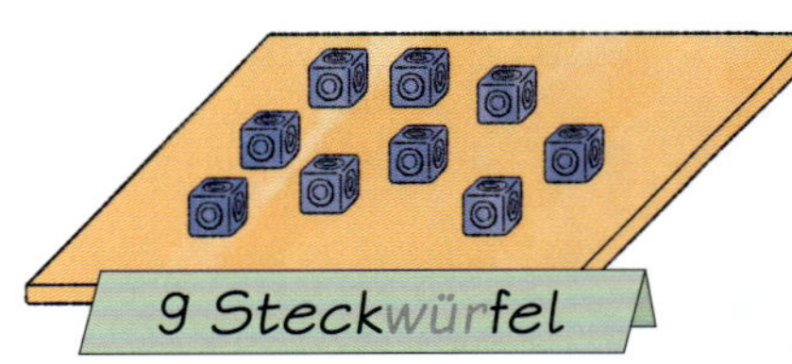


**3.** Zu jeder Aufgabe gehört eine Umkehraufgabe. Ordne zu und rechne.

12 : 4 | 5 · 2 | 3 · 4 | 24 : 3 | 5 · 6 | 12 : 2 | 10 : 2 | 30 : 6 | 6 · 2 | 8 · 3

**4.** Rechne im Heft. Rechne die Umkehraufgabe zuerst.

**a)** 16 : 2 = ■
■ · 2 = 16

**b)** 32 : 8 = ■
■ · 8 = 32

**c)** 40 : 5 = ■
■ · 5 = 40

**d)** 21 : 3 = ■
■ · 3 = 21

**e)** 28 : 7 = ■
■ · 7 = 28

**f)** 20 : 4 = ■
■ · 4 = 20

**g)** 45 : 9 = ■
■ · 9 = 45

**h)** 36 : 6 = ■
■ · 6 = 36



AH, FöH, FoH S. 63

K A 1 Sachsituation mathematisch deuten; ggf. mit Steckwürfeln nachbauen
K D 2

**1.** Rechne im Heft. Rechne die Umkehraufgabe zuerst.

a) 15 : ■ = 3
3 · ■ = 15

b) 24 : ■ = 6
6 · ■ = 24

c) 12 : ■ = 3
3 · ■ = 12

d) 27 : ■ = 9
9 · ■ = 27

e) 18 : ■ = 2
2 · ■ = 18

f) 49 : ■ = 7
7 · ■ = 49

g) 32 : ■ = 8
8 · ■ = 32

h) 28 : ■ = 4
4 · ■ = 28

**2.**

! Kontrolle mit der Umkehraufgabe
27 : 9 = 3
K: 3 · 9 = 27

**3.** Rechne. Kontrolliere mit der Umkehraufgabe.

a) 14 : 2
18 : 3
25 : 5

b) 30 : 5
80 : 10
16 : 2

c) 36 : 4
32 : 8
45 : 9

d) 42 : 6
56 : 7
64 : 8

S. 99 Nr. 3
a) 14 : 2 = 7
K: 7 · 2 = 14

**4.** Welches Ergebnis stimmt? Kontrolliere mit der Umkehraufgabe.

a) 35 : 5 = 6
35 : 5 = 7

b) 18 : 2 = 9
18 : 2 = 8

c) 27 : 3 = 8
27 : 3 = 9

d) 16 : 4 = 5
16 : 4 = 4

e) 21 : 7 = 3
21 : 7 = 2

f) 42 : 6 = 6
42 : 6 = 7

S. 99 Nr. 4
a) K: 6 · 5 = 30
K: 7 · 5 = 35 ✓

**5:** Löse die Sachaufgabe. Kontrolliere mit der Umkehraufgabe.

a) 28 Bilder werden an 4 Kinder verteilt. Wie viele Bilder bekommt jedes Kind?

b) In jede Tüte sollen 8 Bonbons. Wie viele Tüten brauche ich für 48 Bonbons?

c) 30 Kinder werden in 5er-Gruppen aufgeteilt. Wie viele Gruppen sind es?

d) 15 Kaninchen werden auf 5 Ställe verteilt. Wie viele Kaninchen sind in einem Stall?

e) Aus 24 Blumen werden Sträuße mit jeweils 6 Blumen gebunden. Wie viele Sträuße sind es?

f) 24 Mathebücher werden an 24 Kinder verteilt. Wie viele Mathebücher bekommt jedes Kind?

**1**

**! Aufgabenfamilie**

$2 \cdot 5 = 10$
$5 \cdot 2 = 10$
$10 : 5 = 2$
$10 : 2 = 5$

**2** Finde die Aufgabenfamilie. Schreibe ins Heft und rechne.

a) 12 3 4 b) 30 6 5 c) 8 16 2 d) 4 9 36

**3** Finde eine Aufgabenfamilie. Schreibe ins Heft und rechne.

a) ☐ 7 3 b) 48 8 ☐ c) 5 45 ☐ d) 3 ☐ 15

e) 27 9 ☐ f) ☐ 7 8 g) 7 10 ☐ h) ☐ ☐ 32

**4** Schreibe zu jedem Punktefeld die passende Aufgabenfamilie.

a)
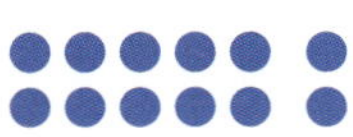

b)

c)
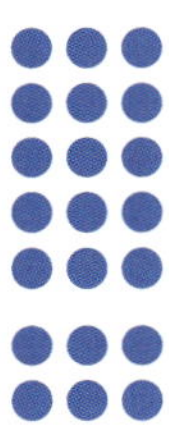

d)
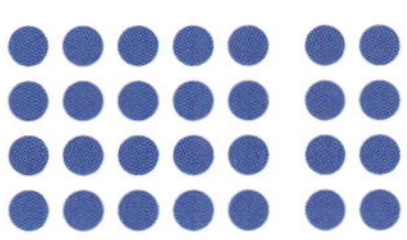

e)
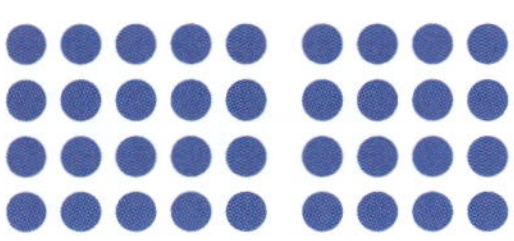

f)
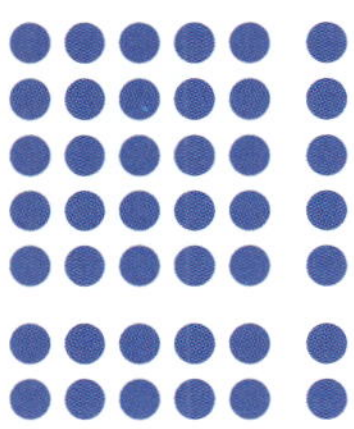

g)

h)
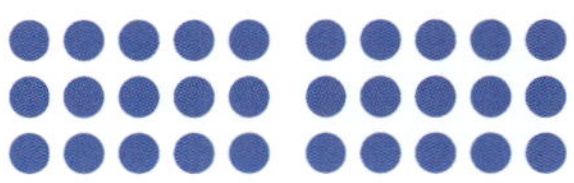

**5** Welche Aufgabenfamilie könnte es sein? Schreibt auf und vergleicht. Begründet.

a)
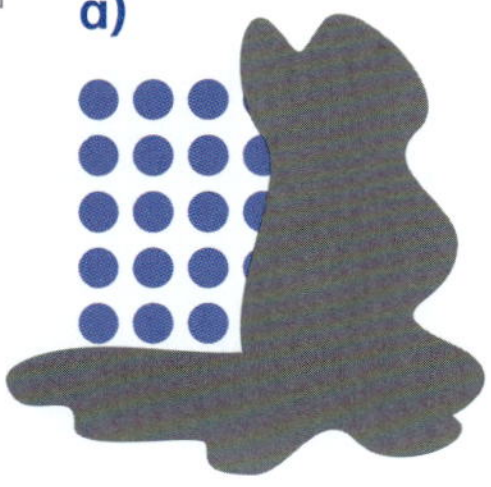

b)
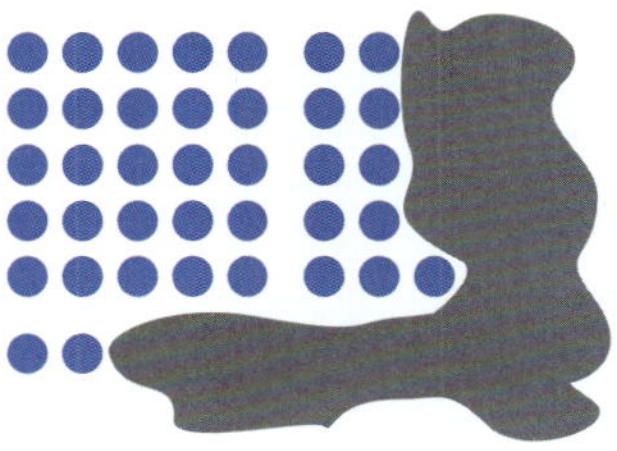

c)
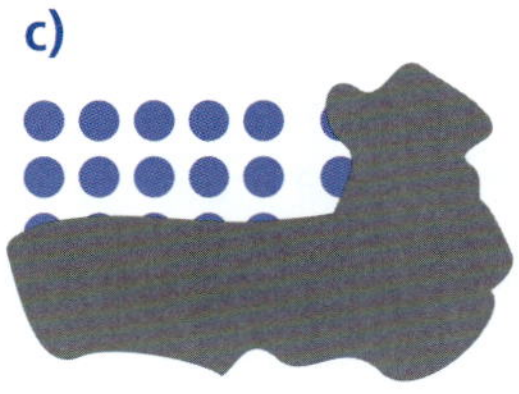



AH, FöH, FoH S. 64

K 1 Aufgabenfamilien mit Multiplikations- und Divisionsaufgaben einführen
3 Zum Teil sind mehrere Lösungen möglich
D 4 K A D 5 Mehrere Lösungen sind möglich

**1** Schreibe zu jedem Punktefeld die passende Aufgabenfamilie. Was fällt dir auf?

a)

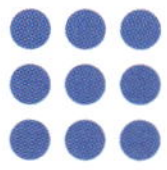

b)

c)

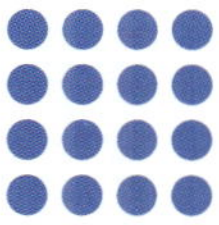

d)

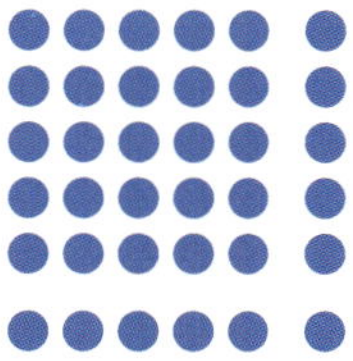

e)

f)

g)

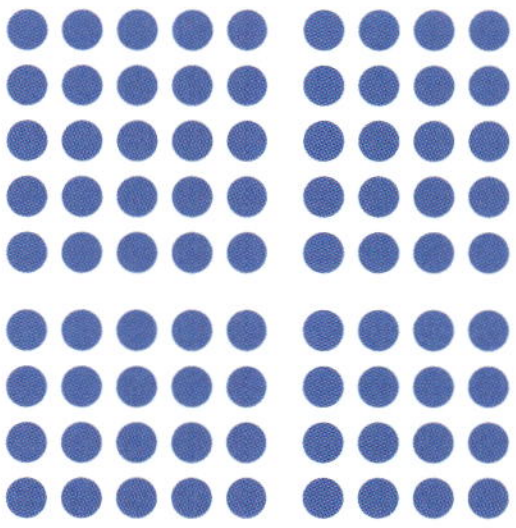

h)

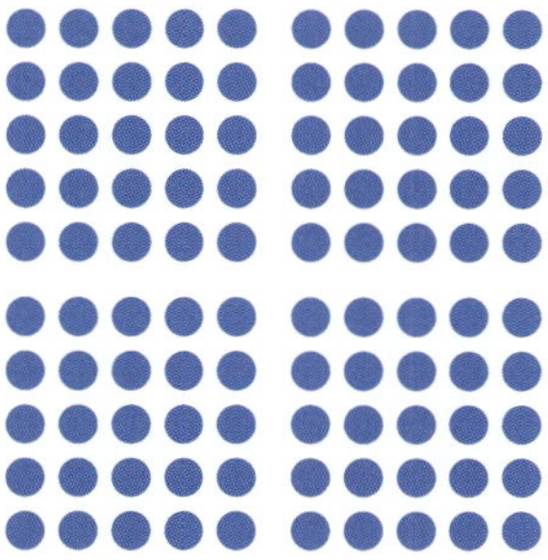

i)

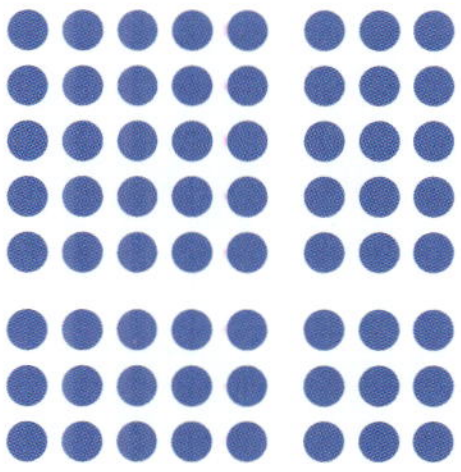

**2** Findet eine Aufgabenfamilie mit der Ergebniszahl.

**a)** 10 **b)** 8 **c)** 12 **d)** 16
**e)** 20 **f)** 28 **g)** 30 **h)** 27
**i)** 32 **j)** 42 **k)** 45 **l)** 56

**3** Suche eine Ergebniszahl mit möglichst vielen Aufgabenfamilien.

**4** Finde die Fehler in den Aufgabenfamilien. Verbessere.

| a) | b) | c) | d) |
|---|---|---|---|
| $2 \cdot 3 = 8$ | $2 \cdot 7 = 14$ | $6 \cdot 3 = 16$ | $8 \cdot 1 = 8$ |
| $3 \cdot 2 = 8$ | $7 \cdot 2 = 14$ | $3 \cdot 6 = 16$ | $1 \cdot 8 = 1$ |
| $8 : 3 = 2$ | $2 : 14 = 7$ | $16 : 3 = 6$ | $8 : 1 = 8$ |
| $8 : 2 = 3$ | $2 : 7 = 14$ | $16 : 6 = 3$ | $8 : 8 = 0$ |

**5** Finde die Aufgabenfamilie. Schreibe ins Heft und rechne. Eine Zahl passt nicht.

**a)** 12 3 2 4
**b)** 4 36 9 32
**c)** 8 40 35 5
**d)** 42 6 7 48

**1**

**!**

| | | |
|---|---|---|
| addieren | plus | + |
| subtrahieren | minus | − |
| multiplizieren | mal | · |
| dividieren | geteilt | : |

**2** Wie heißt die gedachte Zahl?

**a)** Emma denkt sich eine Zahl. Wenn sie die Zahl mit 2 multipliziert, erhält sie 18.

**b)** Max denkt sich eine Zahl. Wenn er die Zahl durch 4 dividiert, erhält er 5.

**c)** Mira denkt sich eine Zahl. Wenn sie 25 addiert, erhält sie 50.

**d)** Tim denkt sich eine Zahl. Wenn er 13 subtrahiert, erhält er 75.

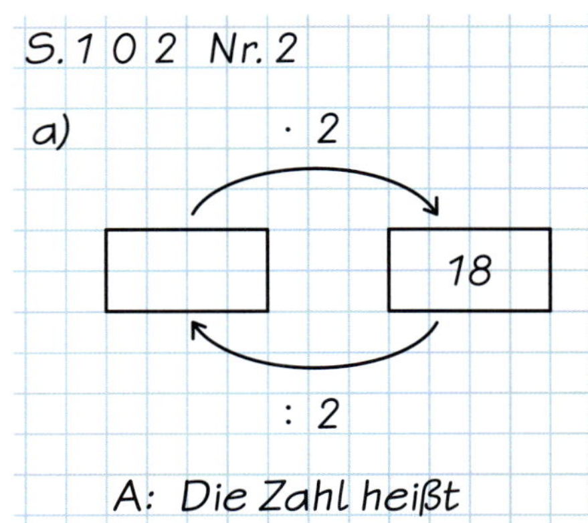


**3** Erfinde zu jeder Aufgabe ein Zahlenrätsel. Zeichne ein Pfeildiagramm ins Heft und schreibe einen Antwortsatz.

| a) | b) | c) | d) |
|---|---|---|---|
| ▪ · 6 = 42 | ▪ : 4 = 6 | ▪ + 16 = 50 | ▪ − 45 = 10 |
| ▪ · 4 = 32 | ▪ : 6 = 3 | ▪ + 30 = 90 | ▪ − 60 = 22 |
| ▪ · 8 = 24 | ▪ : 5 = 8 | ▪ + 35 = 75 | ▪ − 43 = 17 |

**4** Wie heißt die gesuchte Zahl? Zeichne zu jeder Aufgabe ein Pfeildiagramm und schreibe einen Antwortsatz.

**a)** Hanna denkt sich eine Zahl. Sie addiert zuerst 16, dann subtrahiert sie 9 und erhält 90.

**b)** Tim denkt sich eine Zahl. Er dividiert sie durch 3, dann addiert er 92 und erhält 100.

**c)** Max denkt sich eine Zahl. Er subtrahiert 16, dann dividiert er durch 6 und erhält 9.

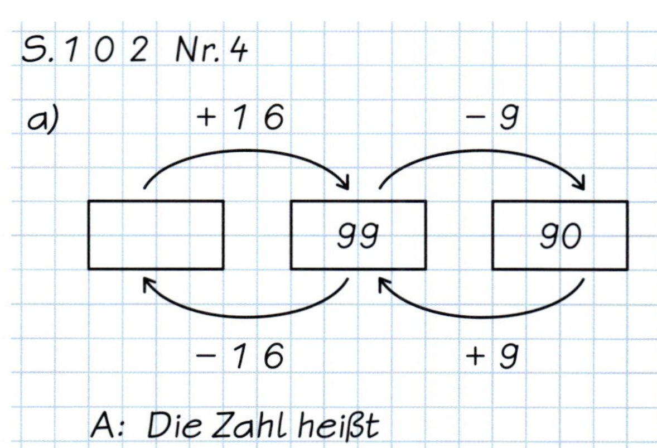


**d)** Mira denkt sich eine Zahl. Sie addiert 37, dann dividiert sie durch 7 und erhält 8.



AH, FöH, FoH S. 65

K D 1 Pfeildiagramm im Zusammenhang mit Umkehroperationen thematisieren
D 2 K D 3 D 4

**1.** Rechne. Kontrolliere mit der Umkehraufgabe.

**a)** 12 : 2
45 : 5
9 : 3

**b)** 90 : 10
16 : 2
25 : 5

**c)** 21 : 3
12 : 4
36 : 6

**d)** 72 : 8
49 : 7
32 : 4

**2.** Rechne im Heft.

**a)** 5 · 9 = ▢
2 · ▢ = 16
▢ · 7 = 7

**b)** 6 · ▢ = 24
▢ · 8 = 48
9 · 3 = ▢

**c)** 20 : 5 = ▢
70 : ▢ = 10
▢ : 2 = 9

**d)** ▢ : 8 = 7
54 : 9 = ▢
42 : ▢ = 6

**3.** Finde eine Aufgabenfamilie. Schreibe ins Heft und rechne.

**a)** 8, 5, 40
**b)** 18, 2, 9
**c)** 90, 10, 9
**d)** 3, 9, ▢
**e)** 12, ▢, 4
**f)** 36, 6, ▢
**g)** 56, ▢, ▢
**h)** ▢, 64, ▢

**4.** Zeichne ins Heft. Rechne.

**a)**

| · | 2 | 4 | | 6 |
|---|---|---|---|---|
| 7 | | | | |
| 3 | | | 24 | |
| | | 32 | | |

**b)**

| · | | | | |
|---|---|---|---|---|
| 8 | | 24 | | |
| 6 | | | 42 | |
| | 45 | | | 81 |

**c)**

| : | 6 | 3 | 4 | |
|---|---|---|---|---|
| | 4 | | | 24 |
| | | | | 12 |
| | | 12 | | |

**5.** Zeichne ins Heft. Rechne.

**a)**
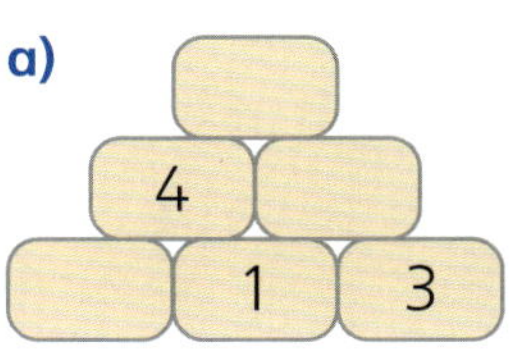


**b)**

**c)**
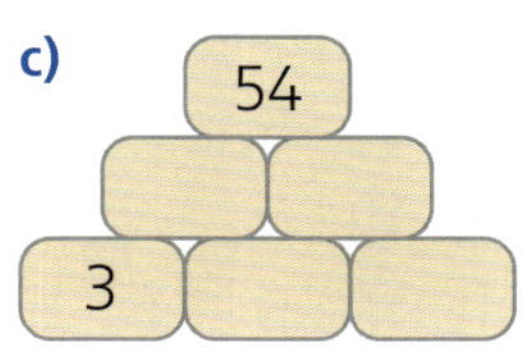


**d)**
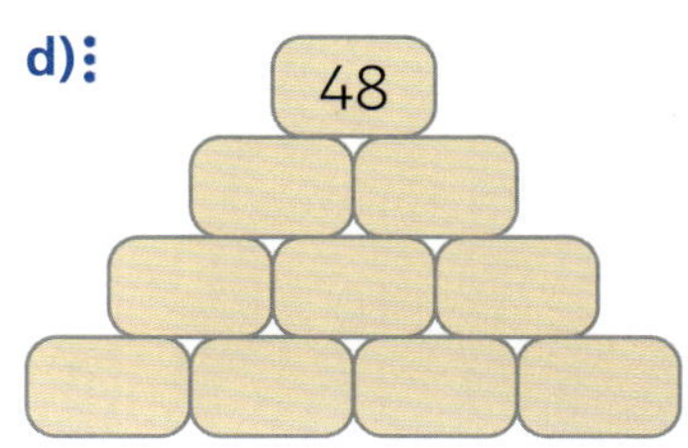


**6.** Rechnet. Was verändert sich?

**a)**
1 · 3
2 · 3
4 · 3
8 · 3
16 · 3

**b)**
1 · 32
2 · 16
4 · 8
8 · 4
16 · 2

**c)**
94 : 2
84 : 2
74 : 2
64 : 2
54 : 2

**d)**
1 : 1
4 : 2
9 : 3
16 : 4
25 : 5

3 Zum Teil sind mehrere Lösungen möglich
P 5 Zum Teil sind mehrere Lösungen möglich
K A 6

**1.**

Beim Teilen bleibt manchmal ein Rest. 23 : 10 = 2 R 3 23 geteilt durch 10 ist gleich 2 Rest 3. !

**2.** Baue mit Steckwürfeln. Male und rechne.

**a)** Baue aus 7 Steckwürfeln immer 2er-Türme.
**b)** Baue aus 15 Steckwürfeln immer 6er-Türme.
**c)** Baue aus 14 Steckwürfeln immer 5er-Türme.
**d)** Baue aus 13 Steckwürfeln immer 7er-Türme.
**e)** Baue aus 21 Steckwürfeln immer 8er-Türme.
**f)** Baue aus 24 Steckwürfeln immer 4er-Türme.

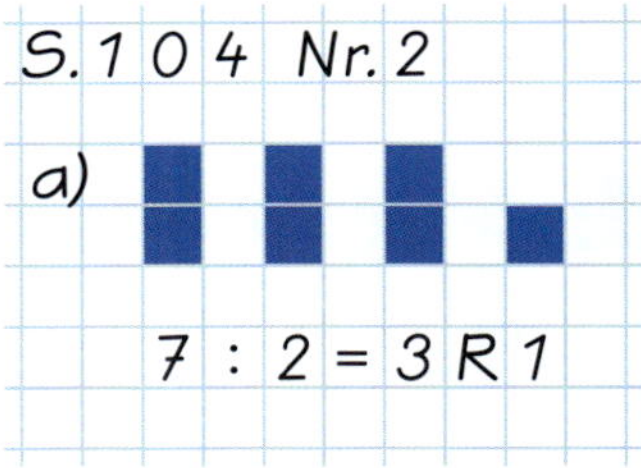


**3.** Baut mit Steckwürfeln und rechnet. Setzt fort. Was fällt euch auf?

| a) | b) |
|---|---|
| 7 : 3 | 10 : 5 |
| 8 : 3 | 11 : 5 |
| 9 : 3 | 12 : 5 |
| 10 : 3 | 13 : 5 |
| 11 : 3 | 14 : 5 |
| 12 : 3 | 15 : 5 |
| 13 : 3 | 16 : 5 |

**4.** Baut mit Steckwürfeln und rechnet. Setzt fort. Was fällt euch auf?

| a) | b) |
|---|---|
| 12 : 10 | 7 : 4 |
| 11 : 10 | 6 : 4 |
| 10 : 10 | 5 : 4 |
| 9 : 10 | 4 : 4 |
| 8 : 10 | 3 : 4 |
| 7 : 10 | 2 : 4 |
| 6 : 10 | 1 : 4 |

**5.** Rechne.

| a) | b) | c) | d) | e) |
|---|---|---|---|---|
| 12 : 5 | 13 : 2 | 79 : 10 | 38 : 5 | 85 : 10 |
| 9 : 2 | 68 : 10 | 41 : 2 | 11 : 2 | 34 : 5 |
| 37 : 10 | 28 : 5 | 15 : 2 | 92 : 10 | 19 : 2 |
| 19 : 5 | 43 : 10 | 54 : 5 | 26 : 10 | 63 : 10 |



AH, FöH, FoH S. 66

K M 1 Situation ggf. nachspielen
D 2 K A D 3 Thematisieren, wie groß der Rest bei Divisionsaufgaben sein kann
K A D 4 Über das Ergebnis 0 bei der Division sprechen

**1.**

! Kontrolle mit der Umkehraufgabe

15 : 6 = 2 R 3

K: 2 · 6 = 12
12 + 3 = 15

**2.** Lege. Rechne und kontrolliere mit der Umkehraufgabe.

| a) | b) | c) |
|---|---|---|
| 17 : 2 | 35 : 5 | 36 : 10 |
| 25 : 10 | 13 : 2 | 33 : 5 |
| 22 : 5 | 29 : 5 | 29 : 10 |
| 11 : 2 | 18 : 10 | 9 : 2 |

S. 105 Nr. 2

a) 17 : 2 = 8 R 1

K: 8 · 2 = 16

16 + 1 = 17

**3.** Rechne. Kontrolliere mit der Umkehraufgabe.

| a) | b) | c) | d) | e) |
|---|---|---|---|---|
| 37 : 10 | 21 : 2 | 83 : 10 | 2 : 5 | 86 : 10 |
| 19 : 5 | 28 : 10 | 7 : 2 | 44 : 6 | 29 : 3 |
| 15 : 2 | 17 : 5 | 42 : 5 | 38 : 7 | 73 : 9 |
| 23 : 5 | 16 : 2 | 96 : 10 | 29 : 4 | 5 : 8 |

**4.** Welches Ergebnis stimmt? Kontrolliere mit der Umkehraufgabe.

| a) | b) | c) | d) |
|---|---|---|---|
| 63 : 10 = 6 R 3 | 27 : 5 = 5 R 2 | 13 : 2 = 7 R 1 | 18 : 5 = 3 R 3 |
| 63 : 10 = 7 R 3 | 27 : 5 = 5 R 1 | 13 : 2 = 6 R 1 | 18 : 5 = 3 R 4 |

| e) | f) | g) | h) |
|---|---|---|---|
| 38 : 4 = 8 R 5 | 62 : 8 = 7 R 6 | 23 : 3 = 7 R 3 | 86 : 9 = 8 R 5 |
| 38 : 4 = 9 R 2 | 62 : 8 = 8 R 2 | 23 : 3 = 7 R 2 | 86 : 9 = 9 R 5 |

**5.** Setze bis 30 fort und rechne.

**10** : 2
11 : 2
**12** : 2

a) Markiere die ersten Zahlen, wenn sie gerade sind. Was fällt dir auf?

b) Überlege dir weitere Zahlen, die gerade sind. Begründe und schreibe sie auf.

!

**Gerade** Zahlen kann ich **ohne Rest** durch 2 teilen.

**Ungerade Zahlen** kann ich nur **mit Rest** durch 2 teilen.

**1.** Rechne. Kontrolliere mit der Umkehraufgabe.

**a)** 24 : 5, 91 : 10, 16 : 2
**b)** 69 : 10, 11 : 2, 3 : 5
**c)** 45 : 5, 16 : 3, 17 : 2
**d)** 77 : 8, 30 : 4, 69 : 9
**e)** 53 : 6, 49 : 7, 29 : 9

**2.** Setzt fort und rechnet. Was fällt euch auf?

**a)** 15 : 6, 16 : 6, 17 : 6, 18 : 6, 19 : 6
**b)** 32 : 8, 33 : 8, 34 : 8, 35 : 8, 36 : 8
**c)** 37 : 10, 47 : 10, 57 : 10, 67 : 10, 77 : 10
**d)** 26 : 5, 31 : 5, 36 : 5, 41 : 5, 46 : 5

**3.** Zeichne ins Heft. Rechne.

**a)**

| : | 2 | 10 | 5 | 3 |
|---|---|---|---|---|
| 20 | | | | |
| 18 | | | | |
| 10 | | | | |

**b)**

| : | 7 | | 8 | 5 |
|---|---|---|---|---|
| 24 | | 24 | | |
| 35 | | | | |
| 48 | | | | |

**c)**

| : | | | | 2 |
|---|---|---|---|---|
| | | | 2 | 8 |
| 27 | 3 | | | |
| | | 6R6 | | |

**4.** Welche Aufgaben gehören zu den Resten? Rechne und ordne zu.

**a)** ohne Rest
**b)** Rest 2
**c)** Rest 3

S. 106 Nr. 4

| a) ohne Rest | b) Rest 2 | c) |
|---|---|---|
| 21 : 3 = 7 | | |

21 : 3 45 : 7 72 : 10 42 : 5 38 : 5 27 : 6 22 : 4 26 : 3 14 : 7 18 : 6

**5.** Überlege dir zu jedem Rest zwei Aufgaben. Rechne.

**a)** Rest 1 **b)** Rest 4 **c)** ohne Rest
**d)** Rest 6 **e)** Rest 5 **f)** Rest 3

S. 106 Nr. 5
a) 19 : 3 = 6 R 1
37 : 9 = 4 R 1

**6.** Finde eine Frage. Löse die Sachaufgabe.

**a)** Mira schneidet von einem Faden immer 8 cm lange Stücke ab. Der Faden ist am Anfang 72 cm lang.

**b)** Beim Schulfest nehmen 58 Kinder an verschiedenen Staffelläufen teil. Sie sind in 8 Gruppen eingeteilt.



AH, FöH, FoH S. 68

K A 2
M D 6 Lösungsschema beachten

**1.** Immer zwei Karten haben das gleiche Ergebnis. Ordnet zu und schreibt die Gleichungen auf.

| | | | | |
|---|---|---|---|---|
| 4 · 6 | 40 : 8 | 6 · 5 | 6 + 24 | 8 : 8 |
| 40 − 35 | 7 · 6 | 9 · 6 | 32 : 4 | |
| 100 · 0 | 70 + 6 | 50 − 8 | 0 | |
| 1 | 54 | 12 + 12 | 30 + 38 + 8 | 40 : 5 |

S. 107 Nr. 1

4 · 6 = 12 + 12 (24 = 24)

40 : 8

**2.** Schreibe ins Heft. Setze ein: >, < oder =

**a)**
3 · 6 ● 9 · 3
4 · 6 ● 8 · 3
7 · 5 ● 4 · 8
5 · 7 ● 9 · 6

**b)**
12 : 6 ● 8 : 4
45 : 9 ● 21 : 7
40 : 4 ● 100 : 2
56 : 7 ● 36 : 4

**c)**
12 + 36 ● 7 · 8
45 + 26 ● 8 · 10
28 + 35 ● 7 · 9
32 + 33 ● 8 · 8

**d)**
48 : 6 ● 100 − 89
16 : 2 ● 83 − 76
63 : 7 ● 76 − 67
32 : 8 ● 99 − 94

**3.** Schreibe ins Heft.
Welche Zahlen passen? Begründe.

**a)** 6 · ■ < 18

**b)** 6 · ■ = 18

**c)** 6 · ■ > 18

**4.** Schreibe ins Heft. Finde alle Lösungen.

**a)**
8 · ■ < 40
5 · ■ < 20
4 · ■ < 5
6 · ■ < 32

**b)**
37 > 6 · ■
48 > 8 · ■
70 > 9 · ■
14 > 7 · ■

**c)**
44 > ■ · 4
60 > ■ · 7
11 > ■ · 3
100 > ■ · 10

S. 107 Nr. 4

a) 8 · ■ < 44

Lösungen: 0, 1, 2,

**5.** Löse die Sachaufgabe.

**a)** Emma möchte 8 Äpfel gerecht an ihre 3 Freunde verteilen. Wie viele Äpfel bekommt jeder?

**b)** Max hat mit zwei Mitschülern bei einem Malwettbewerb 21 € gewonnen. Wie viel Geld bekommt jeder?

**c):** Mira hat 17 Gänseblümchen gepflückt. Sie macht immer aus 6 Blumen eine Kette. Wie viele Blumenketten kann sie machen?

**d):** 25 Personen wollen mit dem Aufzug fahren. Es dürfen aber immer nur 7 Personen einsteigen. Wie oft muss der Aufzug fahren?

**1.** Rechne. Kontrolliere mit der Umkehraufgabe.

| a) | b) | c) | d) | e) |
|---|---|---|---|---|
| 24 : 5 | 2 : 9 | 57 : 10 | 81 : 9 | 52 : 7 |
| 36 : 4 | 19 : 2 | 15 : 3 | 56 : 6 | 7 : 8 |
| 57 : 8 | 63 : 7 | 22 : 5 | 19 : 4 | 25 : 3 |

**2.** Finde eine Aufgabenfamilie. Schreibe ins Heft und rechne.

a) 42, 7, 6    b) ■, 6, 9    c) 8, 24, ■    d) 5, ■, 35

e) 12, 3, ■    f) ■, 4, 8    g) ■, 49, ■    h) ■, ■, 72

**3.** Wie heißt die gedachte Zahl?

a) Hanna denkt sich eine Zahl. Wenn sie die Zahl durch 5 dividiert, erhält sie 6.

b) Emma denkt sich eine Zahl. Wenn sie von der Zahl 58 subtrahiert, erhält sie 17.

c): Tim denkt sich eine Zahl. Wenn er 45 addiert und dann mit 2 multipliziert, erhält er 92.

**4.** Schreibe ins Heft.
Finde alle Lösungen.

| a) | b) |
|---|---|
| 9 · ■ < 36 | ■ < 42 : 3 |
| 8 · ■ < 24 | ■ < 35 : 5 |
| 6 · ■ < 18 | ■ < 8 : 8 |
| 5 · ■ < 30 | ■ < 63 : 7 |

**5:** Schreibe ins Heft.
Finde alle Lösungen ohne Rest.

| a) | b) |
|---|---|
| 9 > ■ : 1 | ■ : 9 < 3 |
| 4 > ■ : 5 | ■ : 2 < 6 |
| 2 > ■ : 3 | ■ : 7 < 4 |
| 6 > ■ : 4 | ■ : 10 < 5 |

**6.** Setze fort und rechne.

| a) | b) | c) | d) |
|---|---|---|---|
| 37 : 4 | 25 : 7 | 16 : 3 | 29 : 5 |
| 38 : 4 | 24 : 7 | 19 : 3 | 34 : 5 |
| 39 : 4 | 23 : 7 | 22 : 3 | 39 : 5 |
| 40 : 4 | 22 : 7 | 25 : 3 | 44 : 5 |
| 41 : 4 | 21 : 7 | 28 : 3 | 49 : 5 |

**7.** Finde eine Frage. Löse die Sachaufgabe.

a) Ein Reh ist 9 Mal gesprungen. Insgesamt ist es 54 m weit gesprungen.

b): In einem Kinosaal sind immer 8 Sitze nebeneinander in einer Reihe. 7 Reihen sind voll besetzt. In einer Reihe sind nur 5 Sitze belegt.



2 Zum Teil sind mehrere Lösungen möglich
M D 7 Lösungsschema beachten

**1.**

**!** Bei Mustern und Ornamenten wiederholt sich immer ein Motiv.

**2.** Stelle eigene Formen her.

a)

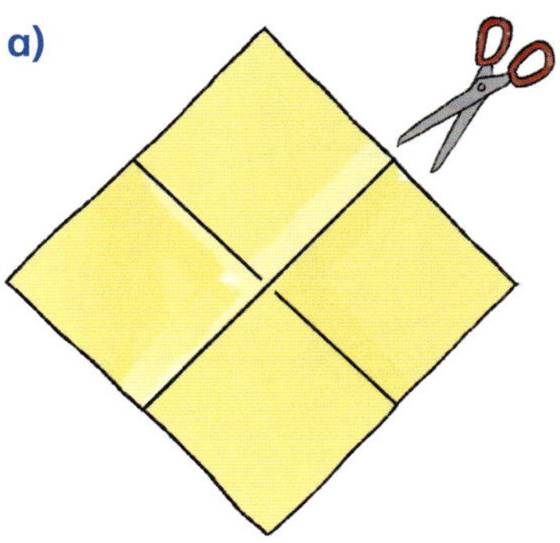

b)

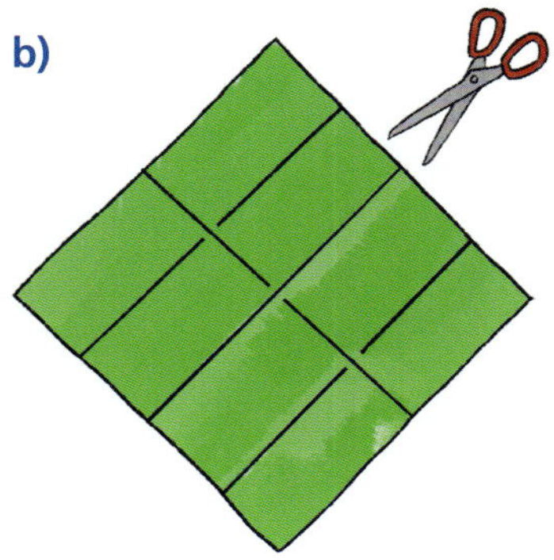

c)

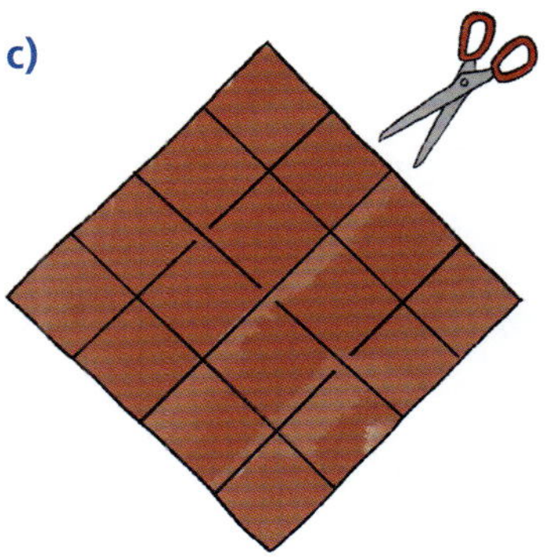

**3.** Findet das Motiv. Legt nach und beschreibt. Setzt in alle Richtungen fort.

a)

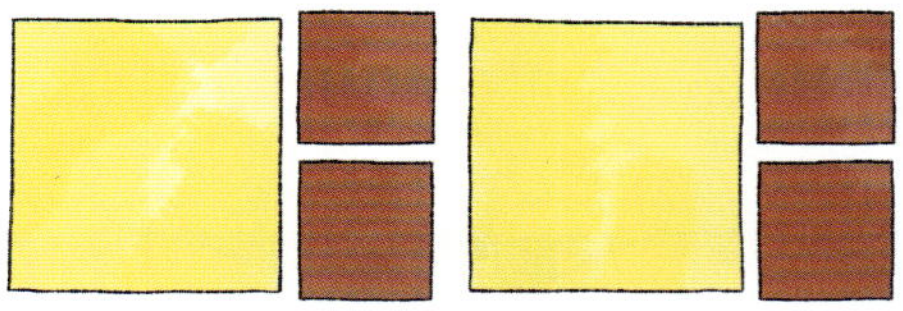

b)

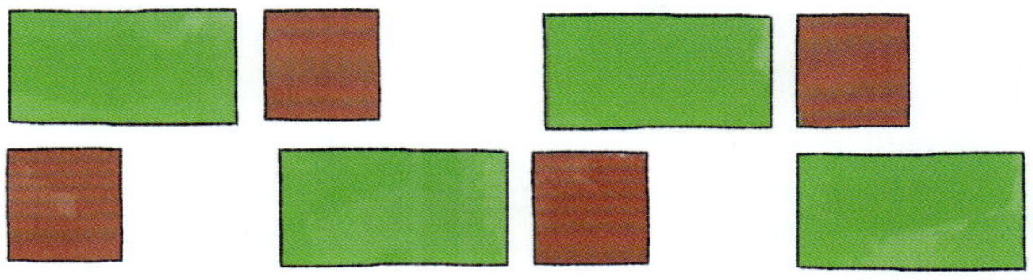

c)

d)

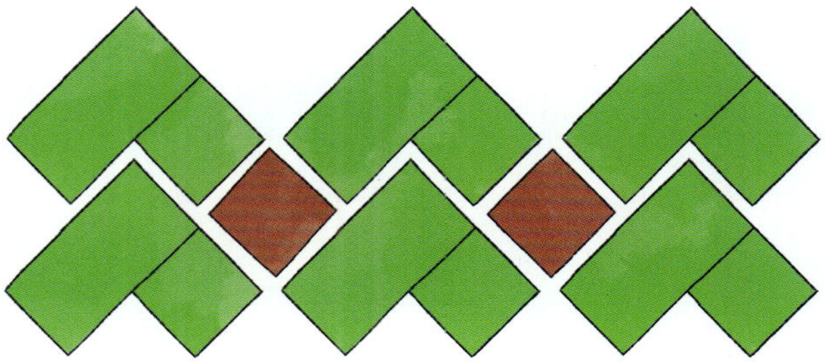

**4:** Schreibt ins Heft. Setzt die Zahlenmuster in alle Richtungen fort.

a)

| | | | | |
|---|---|---|---|---|
| | | | | |
| | 18 | 19 | 20 | |
| | | | 30 | |
| | 38 | | 40 | |
| | | | | |

b)

| | | | | |
|---|---|---|---|---|
| | | | | |
| | 17 | 19 | | |
| | | 34 | 36 | |
| | | 49 | | |
| | | | | |

**1** Zeichne Kreise. Nutze verschiedene Hilfsmittel.

**2** a) Zeichne Kreise mit dem Radius 3 cm; 5 cm; 2 cm; 8 cm.

b) Zeichne Kreise mit dem Durchmesser 8 cm; 6 cm; 12 cm; 14 cm.

c) Zeichne 5 verschiedene Kreise. Notiere den Radius und den Durchmesser.

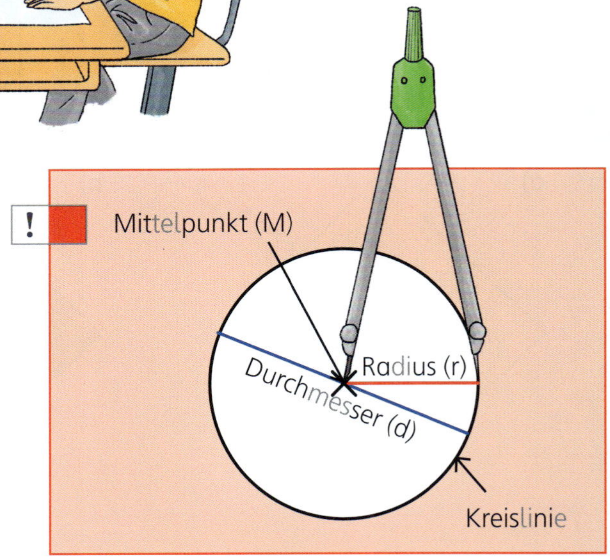


**3** Zeichne die Muster ins Heft und setze sie fort.

a)

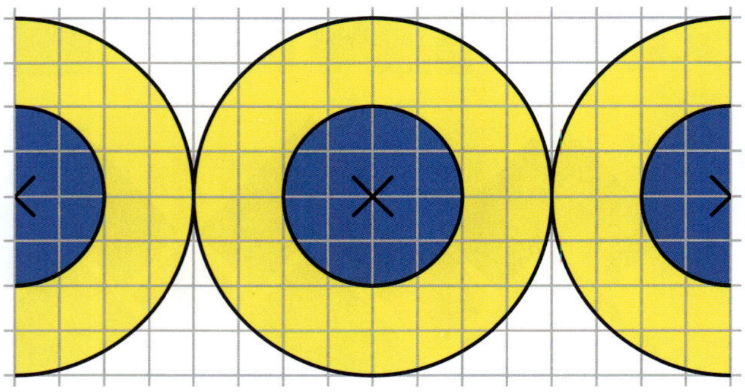

b):

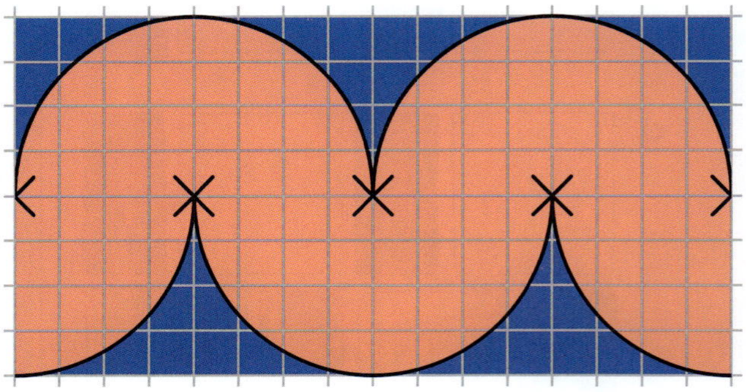

c):

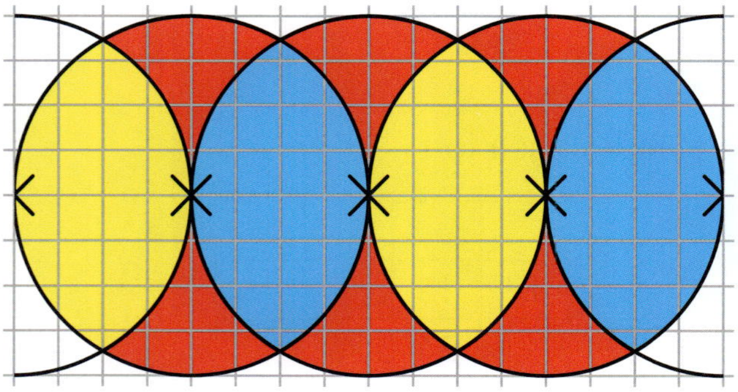

d):

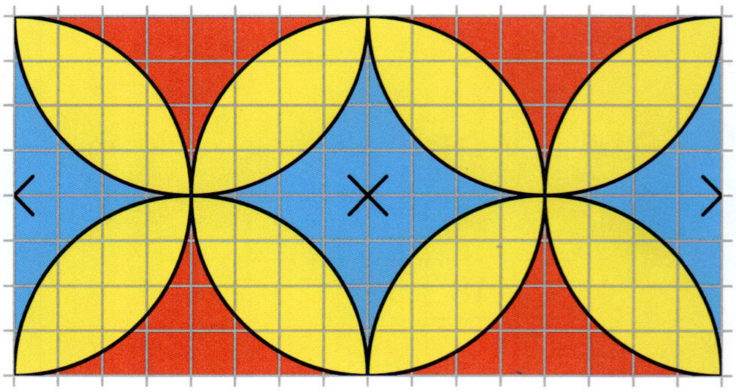

**4** Erfinde eigene Muster mit dem Zirkel.



AH, FöH, FoH S. 69

K 1 Weißes Papier und ggf. Zirkel nutzen
2 Weißes Papier und ggf. Zirkel nutzen
K D 3, 4 Ggf. Klassenausstellung machen

**1.** Welche Malaufgaben entdeckst du? Welches Muster entsteht? Begründe.

**Quadrataufgabe** !

3 · 3 = 9

↓

Quadratzahl

**2.** Decke die Malaufgabe auf dem Hunderterpunktefeld ab. Schreibe nur die Quadrataufgaben.

**a)** 

**b)** 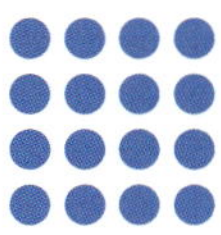

**c)** 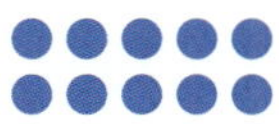

**d)** 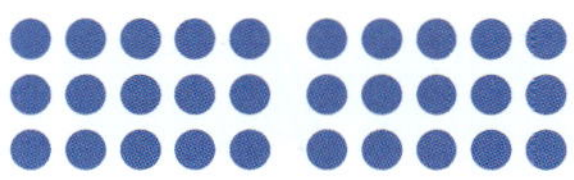

**e)** 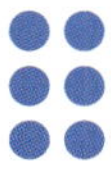

**f)** 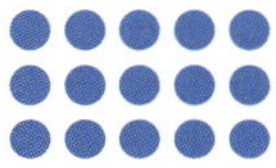

**g)** 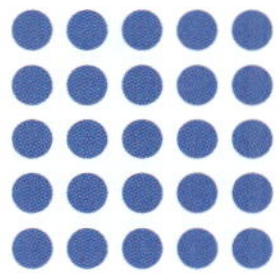

**h)** 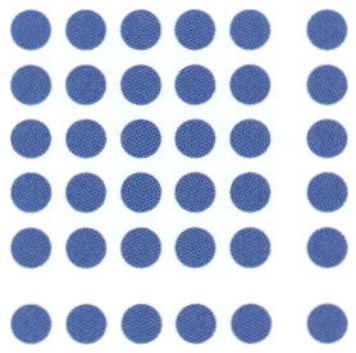

**3.** Findet weitere Quadrataufgaben auf dem Hunderterpunktefeld.
Deckt sie ab und nennt die Aufgabe.

**4:** Male und rechne.

**a)** 3 · 3 **b)** 1 · 1 **c)** 4 · 4

**d)** 6 · 6 **e)** 7 · 7 **f)** 5 · 5

**g)** 2 · 2 **h)** 8 · 8 **i)** 9 · 9

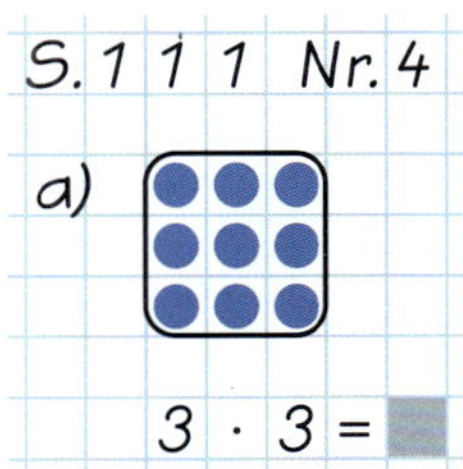


**5.** Schreibe die passende Quadrataufgabe ins Heft.

**a)** 4 = ■ · ■ **b)** 36 = ■ · ■ **c)** 9 = ■ · ■ **d)** 100 = ■ · ■

**e)** 16 = ■ · ■ **f)** 25 = ■ · ■ **g)** 49 = ■ · ■ **h)** 81 = ■ · ■

**1**

**2** Zeichnet die Tabelle ins Heft. Füllt aus.

| | Kugel | Würfel | Qu |
|---|---|---|---|
| Ecken | 0 | | |
| Kanten | | | |
| Flächen | | | |

!

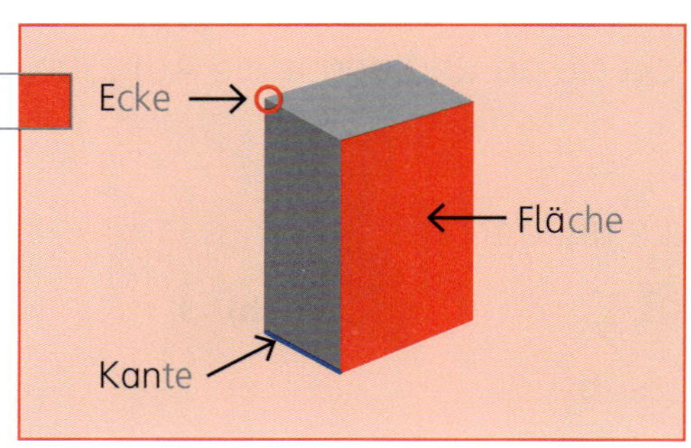


**3** Löst die Rätsel. Welcher Körper ist es?

**a)** Ich habe 8 Ecken und 6 Flächen. Meine Form ist besonders geeignet für Verpackungen.

**b)** Ich habe keine Ecken, aber ich kann kippen und rollen. Ich habe 3 Flächen und 2 Kanten.

**c)** Ich habe keine Ecken und keine Kanten. Ich bestehe aus einer Fläche.



AH, FöH, FoH S. 71

K M 1 Besonderheiten von Körpern besprechen; ggf. Stationsarbeit zu Körpern
K 2
P K A 3 Mehrere Lösungen sind möglich

**1.** Baue nach. Betrachte das Gebäude von allen Seiten.

a)
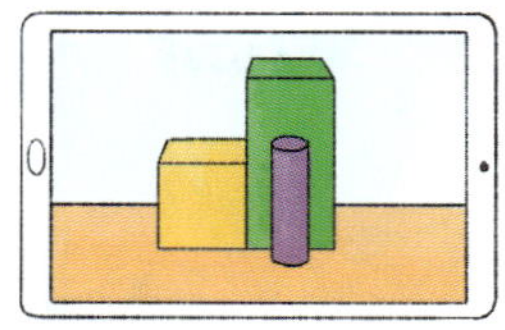

b)
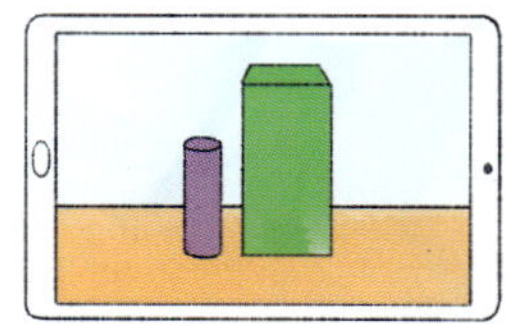

c)
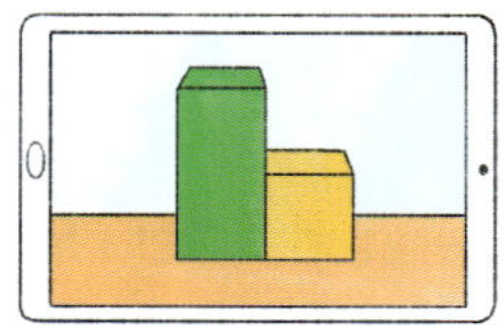

d)
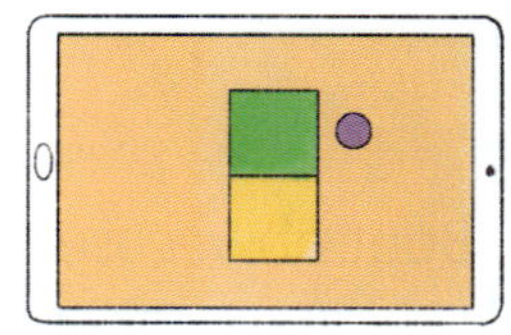

**2.** Welche Ansicht ist dargestellt? Ordne zu.

von links | von oben | von rechts | von hinten | von vorn

a)
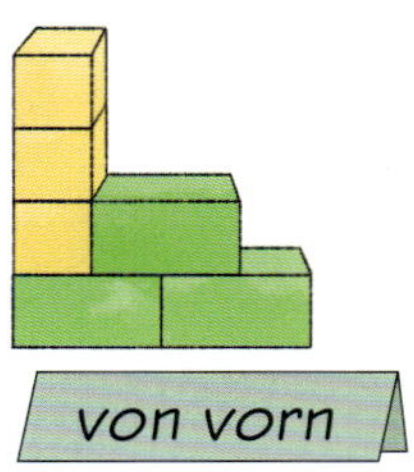


A

B

C

D

b):

A
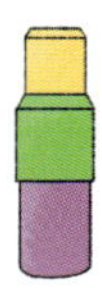

B

C

D
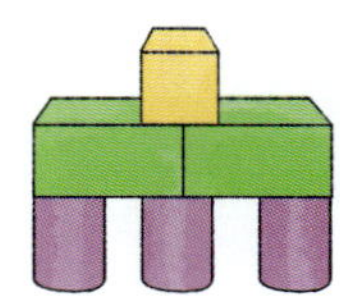

**3.** Baut nach. Zeichnet die Ansichten ins Heft.

a)
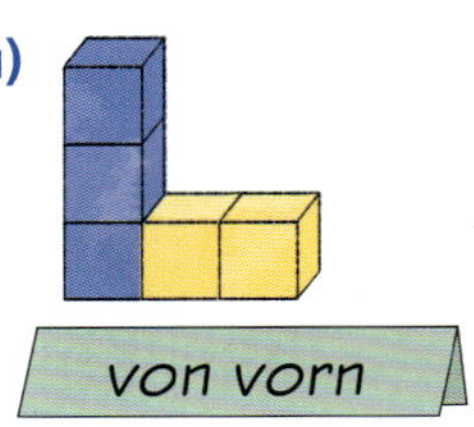


b)
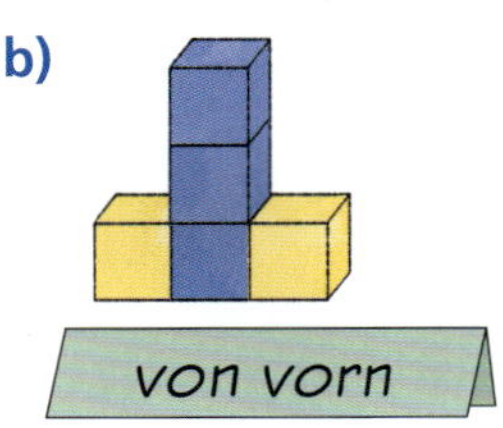


c)

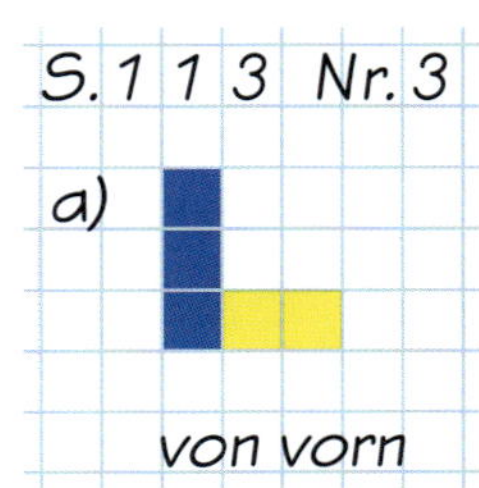


d)
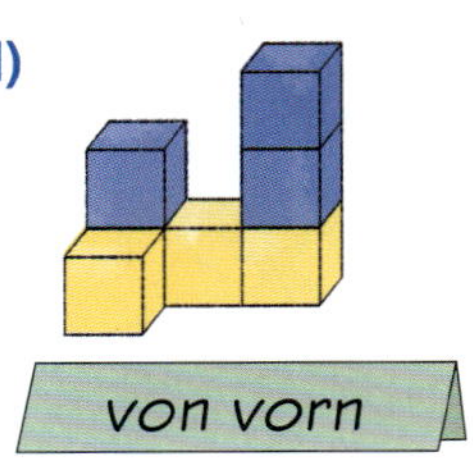


e)

f)
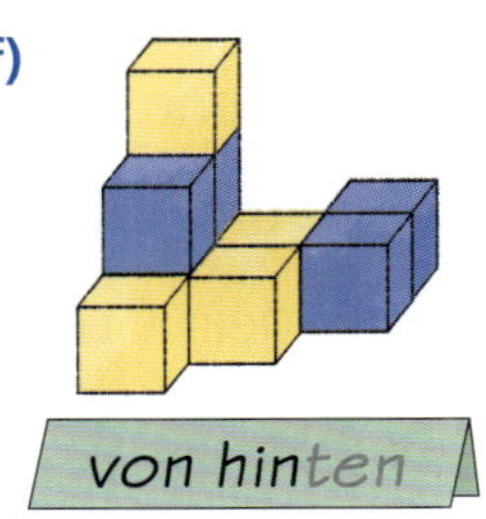


**4.** Baue mit Steckwürfeln eigene Gebäude. Präsentiere deine Ansichten.

K A 1 Ggf. ein Auge zu halten; Situation im Klassenraum nachspielen und Ansichten mit Kamera festhalten
P K A D 2, 3
K 4 Ansichten zeichnen oder fotografieren

AH, FöH, FoH S. 72

**1**

**2** Baut abwechselnd ein Gebäude. Dein Partnerkind baut nach.

**a)** Dein Partnerkind sieht das Gebäude.

**b)** Du beschreibst das Gebäude.

**3** Baue nach.

**a)**

| | | |
|---|---|---|
| 2 | 1 | 2 |
| 1 | | 1 |
| 2 | 1 | 2 |

**b)**

| | | |
|---|---|---|
| 1 | 1 | 1 |
| 1 | 2 | 1 |
| 1 | 1 | 1 |

**c)**

| | | |
|---|---|---|
| 1 | 1 | 1 |
| 1 | 2 | 1 |
| 1 | 1 | 1 |
| 3 | 2 | 3 |

**d)**

| | | | |
|---|---|---|---|
| 1 | 2 | 3 | 4 |
| | 1 | 2 | 3 |
| | | 1 | 2 |
| | | | 1 |

**4** Zeichne den Bauplan.

**a)**

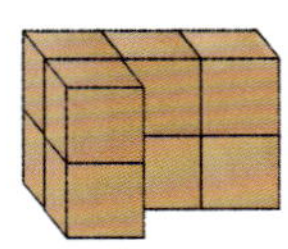

S. 1 1 4 Nr. 4

a)

| | | |
|---|---|---|
| 2 | 2 | 2 |
| 2 | | |

**b)**

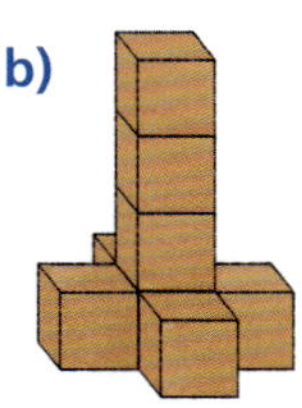

**c)**

**d)**

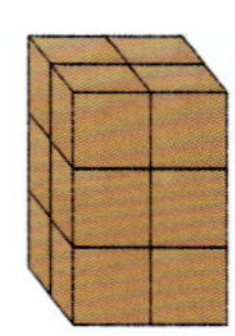

**5** Veranstaltet einen Wettbewerb. Wer baut das schönste Gebäude aus genau zehn Würfeln?

**a)** Überlege dir ein Gebäude und baue es.

**b)** Zeige deinem Partnerkind dein Gebäude. Entscheidet euch für ein Gebäude.

**c)** Zeichne den Bauplan.

**d)** Gib deinem Gebäude einen Namen und präsentiere es in der Gruppe.

**1.** Wie viele Würfel brauchst du, um das Gebäude nachzubauen?

a) 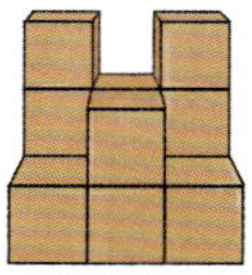

b) 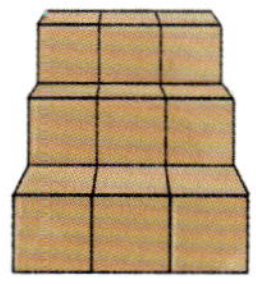

c) 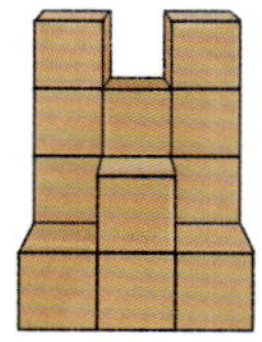

d) 

S. 1 1 5 Nr. 1

a) Ich brauche ▒ Würfel.

**2.** Du kannst nicht alle Würfel sehen. Wie viele siehst du, wie viele sind verdeckt?

a) 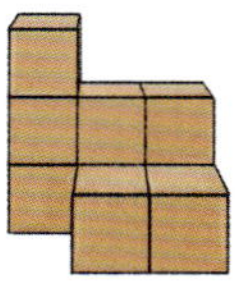

b) 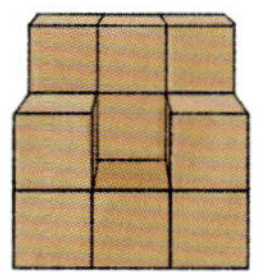

c) 

d) 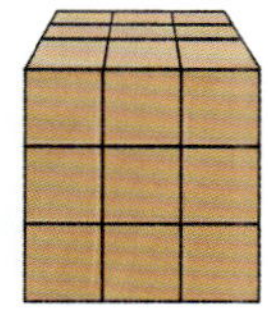

S. 1 1 5 Nr. 2

a) sichtbar: 7

verdeckt:

**3.** Stell dir das Gebäude vor. Wie viele Würfel siehst du, wie viele sind verdeckt?

a)

| | | |
|---|---|---|
| 2 | 1 | 2 |
| 1 | | 1 |
| 2 | 1 | 2 |

b)

| | | |
|---|---|---|
| 2 | 3 | 2 |
| 2 | 2 | 2 |
| | 1 | |

c)

| | | |
|---|---|---|
| 1 | 2 | 3 |
| 1 | 2 | 3 |
| 1 | 2 | 3 |

d)

| | | |
|---|---|---|
| 1 | 3 | 1 |
| 3 | 0 | 3 |
| 1 | 3 | 1 |

**4.**

**5.** Auf welchem Feld musst du stehen, um die Ansicht sehen zu können?

a) 

b) 

c) 

d) 

e) 

f) 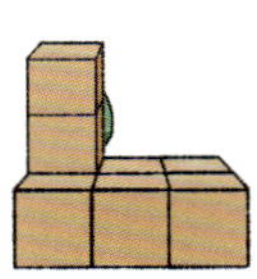

g) 

h) 

D 3 Auf Ansicht achten
K 4 Ansichten und farbige Felder besprechen; ggf. eigenes Spiel basteln
K A 5 Bezug auf Spiel; über die unterschiedlichen Positionen auf dem Spielfeld sprechen

AH, FöH, FoH S. 73

**1.**

**Eintrittspreise**

| | |
|---|---|
| Erwachsene | 15 € |
| Kinder (3 – 12 Jahre) | 7 € |
| Familienkarte | 40 € |
| Jahreskarte Erwachsene | 37 € |
| Jahreskarte Kinder | 19 € |
| Jahreskarte Familie | 100 € |
| Sonderausstellung Schmetterlinge pro Person zusätzlich | 50 ct |

**2.** Welche Frage könnt ihr beantworten? Löst die Sachaufgabe.

**a)**
- Wann ist die Eisbär-Fütterung?
- Wie viel kostet der Eintritt für Tim und Mira zusammen?
- Wie lange müssen die Kinder warten?

**b)**
- Wie viel kostet die Zuckerwatte?
- Wie oft fährt der Zug an der Haltestelle los?
- Wie viel Geld bekommen sie zurück?

**3.** Löse die Sachaufgabe.

**a)** Mira und Oma gehen gemeinsam in den Zoo.

**b)** Emma kauft zweimal die große Packung Tierfutter.

**c)** Hanna und Opa gehen in den Zoo. Opa bezahlt mit einem 50-€-Schein.

**d):** Max kauft Jahreskarten für sich und seinen Vater. Er bekommt 14 € zurück.

**4:** Wie viel kostet es? Löse die Sachaufgabe.

**a)**

**b)**

**c)**

S. 116 Nr. 4

a) F: Wie viel kostet es?

L: 37 € 4 €

R:

A:

**5** Welche Rechnung passt? Löse die Sachaufgabe.

**a)** Hanna kauft dreimal die kleine Tüte Tierfutter. — 3 · 4 € | 2 · 3 € | 3 · 2 €

**b)** Emma geht mit Oma und Opa in den Zoo. — 15 € + 15 € + 7 € | 7 € + 7 € + 7 € | 7 € + 15 € + 7 €

**c)** Tim besucht auch die Schmetterlingsausstellung. — 2 · 50 ct | 7 € + 50 ct | 7 € · 2

**d)** Am Sonntag zahlen Kinder nur die Hälfte. — 7 € · 2 | 7 € – 7 € | 7 € : 2

**6** Welche Antwort passt?

Wie viel kostet das Futter …

**a)** für 2 Ziegen?

**b)** für 10 Tage?

**c)** pro Woche?

**d)** für 9 Ziegen?

**e)** für die Elefanten?

**f)** für 3 Tage?

S. 117 Nr. 6
a) B
b)

**A** Es kostet 21 €.

**B** Es kostet 14 €.

**C** Es kostet 70 €.

**D** Es kostet 63 €.

**E** Es kostet 49 €.

**F** Das kann man nicht beantworten.

**7** Kann das stimmen? Überprüft die Lösung und begründet.

**a)** Emma bezahlt für 2 Personen 96 €.

**b)** Hanna kauft Tierfutter für 10 €.

**c)** Die Familienkarte gilt für 4 Personen.

**d)** Für 49 € bekommt Max 2 Eintrittskarten.

**e)** Der Eintritt hat 100 ct gekostet.

**f)** Für Tim und Mira kostet der Eintritt 15 €.

S. 117 Nr. 7

| | möglich | unmöglich |
|---|---|---|
| a) | – | X |
| b) | | |

**8** Löse die Sachaufgabe.

**a)** Die Giraffen bekommen 2 Ballen Heu. Jeder Ballen kostet 20 €. Wie viel kostet das Futter?

**b)** Die Nilpferde bekommen 5 Körbe mit Obst. Jeder Korb kostet 7 €. Wie viel kostet es zusammen?

**c)** Die Pinguine bekommen täglich 2 Portionen Fisch. Eine Portion kostet 9 €. Wie viel kostet das Futter für 3 Tage?

**d)** Die Schildkröten bekommen in der Woche Futter für 56 €. Wie viel kostet das Futter für die Schildkröten am Tag?

**e)** Die Tierarztkosten für die beiden Lamas betragen insgesamt 72 €. Wie hoch sind die Kosten für ein Lama?

**f)** Die sieben Kaninchen bekommen jede Woche 58 Karotten. Wie viele Karotten frisst ein Kaninchen ungefähr pro Woche?

M 5 Lösungsschema beachten
M 6 K A M 7
M D 8 Ggf. Skizze als Lösungshilfe nutzen; Lösungsschema beachten

**1.**

Das Komma trennt Euro und Cent. **!**

Gemischte Schreibweise: 23 € 46 ct
Kommaschreibweise: 23,46 €

**2.** Trage in die Tabelle ein. Schreibe in gemischter Schreibweise und mit Komma.

**a)**

S. 1 1 8 Nr. 2

| | 10 € | 1 € | 10 ct | 1 ct | |
|---|---|---|---|---|---|
| a) | 3 | 1 | 6 | 2 | 31 € 62 ct = 31,62 € |

**b)**

**c)**

**d)**

**e)**

**3.** Lege die Geldbeträge und schreibe in Kommaschreibweise auf.

**a)** 6 € 78 ct
9 € 99 ct
8 € 37 ct

**b)** 80 € 45 ct
32 € 6 ct
6 € 23 ct

**c)** 10 € 11 ct
86 € 0 ct
26 € 10 ct

**d)** 0 € 78 ct
1 € 1 ct
4 € 40 ct

S. 1 1 8 Nr. 3
a) 6 € 7 8 ct = 6,7 8 €
9 € 9 9 ct =

**4.** Lege die Geldbeträge und schreibe in gemischter Schreibweise auf.

**a)** 9,80 €
10,40 €

**b)** 11,35 €
26,63 €

**c)** 88,88 €
7,04 €

**d)** 4,14 €
60,09 €

**e)** 0,76 €
30,01 €

**f)** 0,03 €
44,00 €

**5.** Findet die Fehler. Begründet und verbessert.

**a)** 43 € 17 ct = 43,71 €
87 € 40 ct = 87,40 €
55 € 20 ct = 5,520 €

**b)** 67 € 20 ct = 67,20 ct
23 € 8 ct = 23,08 €
7 € 24 ct = 724 €

**c)** 7,02 € = 7 € 2 ct
42,90 € = 42 € 9 ct
70,03 € = 73 € 0 ct



AH, FöH, FoH S. 75

K D 1 Unterschiede zwischen Kommaschreibweise und gemischter Schreibweise thematisieren; Spielgeld verwenden D 2 Ggf. Spielgeld verwenden 3, 4 Spielgeld verwenden
K A 5

**1.** Welche Uhren kennst du?

**!** **Ein Tag hat 24 Stunden**

Stundenzeiger kurz

Minutenzeiger lang

**Es gibt zwei Uhrzeiten**

09:00 21:00

**2.** Stelle auf der Lernuhr ein. Dein Partnerkind nennt beide Uhrzeiten.

**a)** 5 Uhr, 18 Uhr
**b)** 10 Uhr, 16 Uhr
**c)** 20 Uhr, 12 Uhr
**d)** 1 Uhr, 23 Uhr
**e)** 15 Uhr, 7 Uhr
**f)** 21 Uhr, 14 Uhr

**3.** Schreibe beide Uhrzeiten.

**a)** 
**b)** 
**c)** 
**d)** 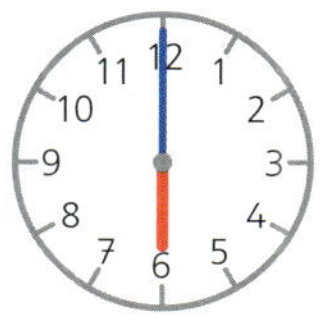

S. 1 1 9 Nr. 3
a) 2 : 0 0 Uhr
1 4 : 0 0 Uhr

**e):** 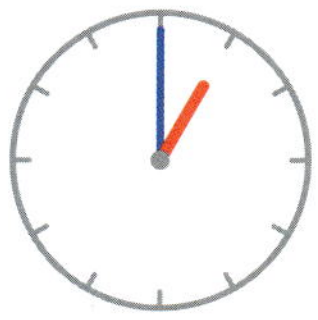
**f):** 
**g):** 
**h):** 
**i):** 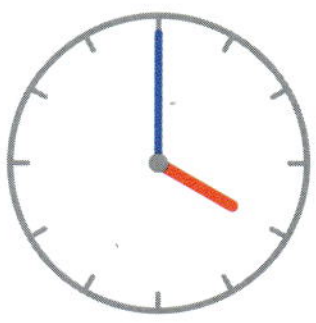

**4.** Was passt zusammen?

**a)** 2:00 Uhr **b)** 6:00 Uhr **c)** 10:00 Uhr
**d)** 12:00 Uhr **e)** 14:00 Uhr **f)** 18:00 Uhr

S. 1 1 9 Nr. 4
a) 2 : 0 0 Uhr schlafen

Zähneputzen | Hofpause | schlafen | aufstehen | Mittagessen | Hausaufgaben

**5:** Kann das sein? Begründe.

**a)**

**b)**

**c)**

K D 1 Unterschiede zwischen analoger und digitaler Uhr sowie Notation thematisieren
K D 2 Lernuhr verwenden D 3
K A 4 P K A M D 5

Für jede Minute einen Strich.

**1.**

1 Stunde = 60 Minuten
1 h = 60 min

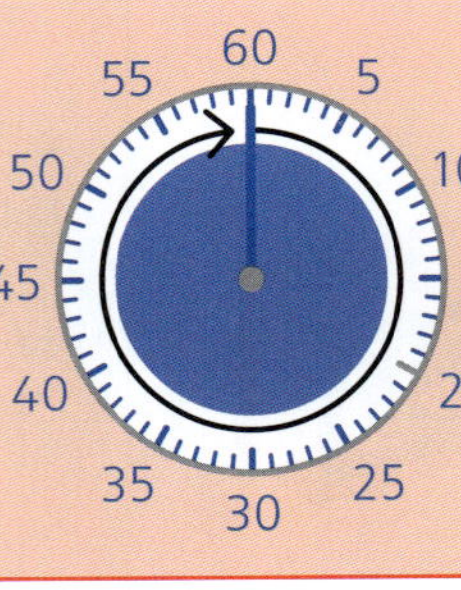

**!**

**2.**

**Sprechweise von Uhrzeiten** **!**

7:12 Uhr: Es ist sieben Uhr zwölf.
19:12 Uhr: Es ist neunzehn Uhr zwölf.

**3.** Wie spät ist es? Nennt beide Uhrzeiten und schreibt.

**a)**  **b)** 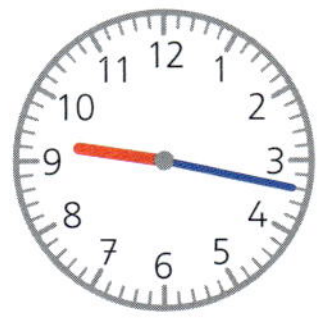 **c)**  **d)**  **e)** 

**4.** Stelle auf der Lernuhr ein. Dein Partnerkind nennt beide Uhrzeiten.

| **a)** | **b)** | **c)** | **d)** | **e)** |
|---|---|---|---|---|
| 8:10 Uhr | 18:18 Uhr | 0:21 Uhr | 7:58 Uhr | 18:07 Uhr |
| 4:30 Uhr | 16:03 Uhr | 9:17 Uhr | 13:06 Uhr | 0:56 Uhr |
| 17:25 Uhr | 2:50 Uhr | 23:01 Uhr | 15:15 Uhr | 0:00 Uhr |

**5.**

Es ist sieben Uhr zehn.

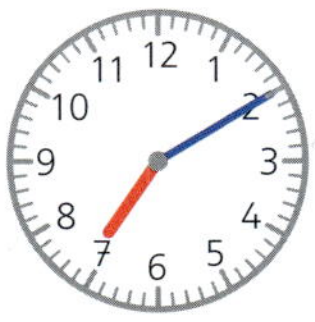

Es ist zehn nach sieben.

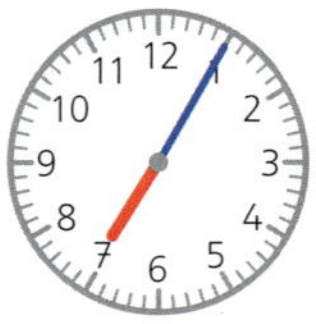 Es ist fünf nach sieben.

 Es ist halb acht.

 Es ist zwanzig vor acht.

**6.** Stellt auf der Lernuhr ein und schreibt beide Uhrzeiten.

**a)** zehn nach elf
zwanzig nach neun

**b)** halb zehn
fünf vor drei

**c)** fünf nach fünf
zwanzig vor sechs

**d)** halb zwei
zwanzig nach vier



AH, FöH, FoH S. 77

K D 1 Minuten thematisieren; ggf. Lernuhr verwenden K D 2 Sprechweise für Uhrzeiten thematisieren; ggf. Lernuhr verwenden K D 3, 4 Lernuhr verwenden K D 5 Besonderheiten der Sprechweise „nach" und „vor" und Sonderfall „halb" thematisieren K D 6 Lernuhr verwenden

**1.**

Eine Viertelstunde hat 15 Minuten.

Eine halbe Stunde hat 30 Minuten.

Eine Dreiviertelstunde hat 45 Minuten.

!

**2.** Was gehört zusammen? Finde Beispiele.

*S. 121 Nr. 2*

*a) 15 Minuten = eine Viertelstunde*

*(z. B. Hofpause)*

eine Viertelstunde | 30 Minuten

45 Minuten | eine Dreiviertelstunde | 60 Minuten | eine halbe Stunde

eine Stunde | 15 Minuten | eineinhalb Stunden | 90 Minuten

**3.** Schreibe drei Uhrzeiten.

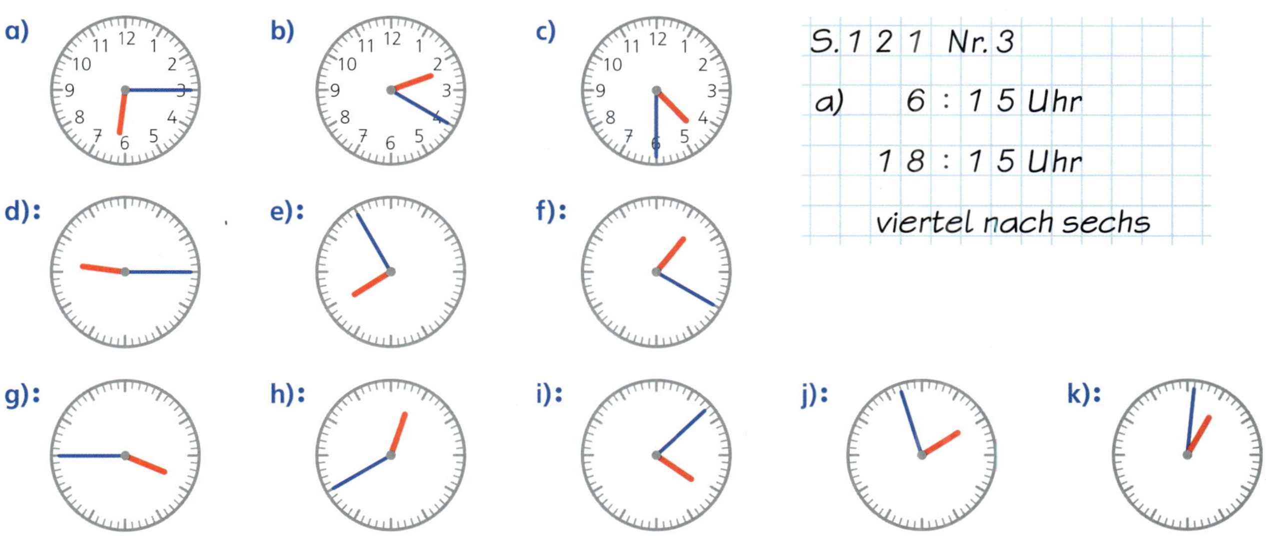


*S. 121 Nr. 3*

*a) 6 : 15 Uhr*

*18 : 15 Uhr*

*viertel nach sechs*

1 Minute = 60 Sekunden
1 min = 60 s

!

**4.** Wie lange dauert es? Schätze und miss.

a) den Schultisch aufräumen
b) das ABC aufsagen
c) einen Schluck trinken
d) 10 Kniebeugen machen
e) zwei Stühle hochstellen

*S. 121 Nr. 4*

| *a)* | *Name* | *geschätzt* | *gemessen* |
|---|---|---|---|
| | *Emma* | *4 s* | *7 s* |
| | *Tim* | *12 s* | |

K D 1 Besondere Zeitspanne und deren Bezeichnungen thematisieren; Lernuhr verwenden
A 2 Beispiele aus der Lebenswelt finden D 3 Begriffe „vor“, „nach“, „halb“ und „viertel“ verwenden
K A M 4 Sekunde sowie Unterschiede zwischen „gefühlter“ und tatsächlicher Zeit thematisieren AH, FöH, FoH S. 77

**1.**

**2.** Stelle eine Uhrzeit auf der Lernuhr ein und nenne die Tageszeit. Dein Partnerkind beschreibt, was Hanna macht.

**3.** Beschreibe deinen Tagesablauf …

**a)** an einem Schultag.

**b)** an einem Sonntag.

S. 1 2 2 Nr. 3

| a) Tageszeit | Uhrzeit | Tätigkeit |
|---|---|---|
| morgens | 7 : 0 0 Uhr | Ich frühstücke. |
| morgens | 8 : 3 0 Uhr | |

**4.** Schreibe die Uhrzeit. Achte auf die Tageszeit.

**a)** 
nachmittags

**b)** 
abends

**c)** 
morgens

**d)** 
vormittags

**e)** 
mittags

**5.** Wie spät ist es dann? Rechne im Heft.

**a)** 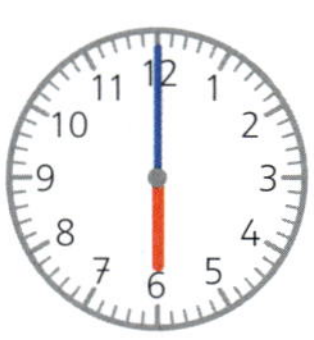 +2 h → ▪
morgens

S. 1 2 2 Nr. 5

a) 6 : 0 0 Uhr $\xrightarrow{+2\,h}$ 8 : 0 0 Uhr
morgens    morgens

**!**

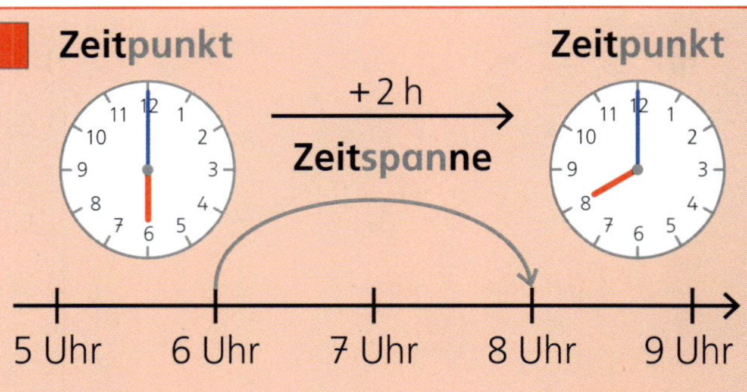


6:00 Uhr $\xrightarrow{+2\,h}$ 8:00 Uhr

**b)**  +6 h → ▪
mittags

**c)**  +4 h → ▪
abends

**d)**  +5 h → ▪
nachts



AH, FöH, FoH S. 78, 79

K D 1 Tageszeiten thematisieren; ggf. Lernuhr verwenden
K D 2 Lernuhr verwenden 3 Beispiellösung D 4
K D 5 Zeitpunkt und Zeitspanne thematisieren; ggf. Lernuhr verwenden

**6** Wie spät ist es dann? Schreibe ins Heft und rechne.

a) 4:00 Uhr $\xrightarrow{+10\text{ min}}$ ■ b) 19:00 Uhr $\xrightarrow{+40\text{ min}}$ ■ c) 8:00 Uhr $\xrightarrow{+25\text{ min}}$ ■

d) 23:00 Uhr $\xrightarrow{+15\text{ min}}$ ■ e) 12:00 Uhr $\xrightarrow{+19\text{ min}}$ ■ f) 21:00 Uhr $\xrightarrow{+37\text{ min}}$ ■

**7** Wie viele Stunden sind vergangen? Rechne und schreibe ins Heft.

a) 
nachts → morgens

b) 
nachmittags → abends

c) 
morgens → vormittags

**8** Wie viele Minuten sind vergangen? Schreibe ins Heft und rechne.

a) 11:00 Uhr $\xrightarrow{■}$ 11:30 Uhr b) 6:00 Uhr $\xrightarrow{■}$ 6:15 Uhr c) 8:00 Uhr $\xrightarrow{■}$ 8:45 Uhr

d) 21:10 Uhr $\xrightarrow{■}$ 21:45 Uhr e) 2:30 Uhr $\xrightarrow{■}$ 2:45 Uhr f) 22:45 Uhr $\xrightarrow{■}$ 23:20 Uhr

**9** Wie spät ist es dann? Rechne im Heft.

a) 4:00 Uhr $\xrightarrow{+2\text{ h }30\text{ min}}$ ■

b) 18:00 Uhr $\xrightarrow{+1\text{ h }40\text{ min}}$ ■

c) 11:00 Uhr $\xrightarrow{+3\text{ h }10\text{ min}}$ ■

d) 15:00 Uhr $\xrightarrow{+4\text{ h }15\text{ min}}$ ■

e) 7:00 Uhr $\xrightarrow{+3\text{ h }5\text{ min}}$ ■

f) 5:00 Uhr $\xrightarrow{+2\text{ h }45\text{ min}}$ ■

g) 13:00 Uhr $\xrightarrow{+5\text{ h }20\text{ min}}$ ■

h) 21:00 Uhr $\xrightarrow{+3\text{ h }30\text{ min}}$ ■

!

**Zeitpunkt** 04:00 $\xrightarrow{+2\text{ h }30\text{ min}}$ **Zeitspanne** **Zeitpunkt** 06:30

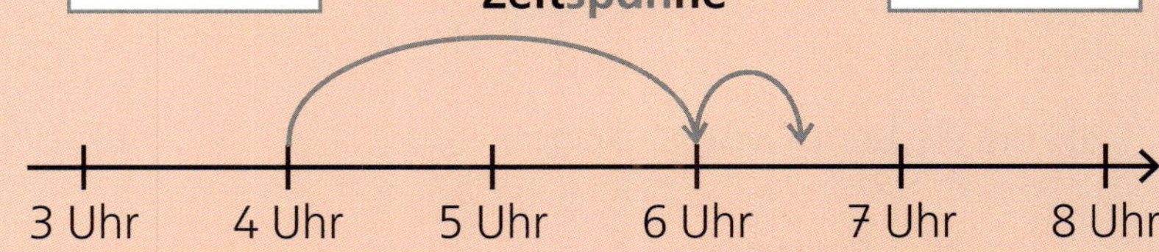


4:00 Uhr $\xrightarrow{+2\text{ h}}$ 6:00 Uhr $\xrightarrow{+30\text{ min}}$ 6:30 Uhr

S. 1 2 3 Nr. 9

a) 4 : 0 0 Uhr $\xrightarrow{+2\text{ h}}$ 6 : 0 0 Uhr $\xrightarrow{+30\text{ min}}$ 6 : 3 0 Uhr

4 : 0 0 Uhr $\xrightarrow{+2\text{ h }30\text{ min}}$ 6 : 3 0 Uhr

**1.**

| KINO | TITEL | BEGINN | DAUER |
|---|---|---|---|
| 1 | Pia und Emil | 14:00 Uhr // 16:30 Uhr | 1 h 30 min |
| 2 | Die Bärenfamilie ***3D*** | 15:15 Uhr // 17:45 Uhr | 1 h 00 min |
| 3 | Zum Mond und zurück | 18:00 Uhr // 21:00 Uhr | 1 h 20 min |
| 4 | Das Geheimnis der Mumie | 19:00 Uhr | 1 h 15 min |
| 5 | Superagent X (FSK 12) | 20:20 Uhr // 22:15 Uhr | 1 h 40 min |

**2.** Beantwortet die Fragen. Einige Fragen könnt ihr nicht beantworten. Begründet.

**a)** Wann beginnt der Film mit der Mumie?

**b)** Welcher Film dauert genau eine Stunde?

**c)** Leo ist 8 Jahre alt. Darf er den Agentenfilm sehen?

**d)** Wie viel kostet der Eintritt für zwei Kinder?

**e)** Dauert der Film „Pia und Emil“ länger als zwei Stunden?

**f)** In welchem Kinosaal läuft der Film „Die Bärenfamilie“?

**g)** Wie viel kostet die große Packung Popcorn?

**h)** Wie lange dauert der Film „Zum Mond und zurück“?

**i)** Wie viele Sitzplätze haben Kinosaal 3 und 4 zusammen?

**j)** Hat das Kino auch am Samstag und Sonntag geöffnet?

**3.** Denkt euch selbst Fragen aus, …

**a)** die ihr beantworten könnt.

**b)** die ihr nicht beantworten könnt.

**4.** Finde eine Frage. Löse die Sachaufgabe.

**a)** Tim schaut sich „Das Geheimnis der Mumie“ an.

**b)** Hanna möchte die frühe Vorstellung von „Zum Mond und zurück“ sehen.

**c):** Die Kinder möchten den Film um 16:30 Uhr sehen. Die Fahrt zum Kino dauert 20 Minuten.

AH, FöH, FoH S. 80

K M 1 Der Sachsituation Informationen entnehmen
K A M 2 K M 3
K M D 4 Verschiedene (auch unlösbare) Fragen und Antworten sind möglich; Lösungsschema beachten

**5** Löse die Sachaufgabe.

a) Wann endet die frühe Vorstellung von dem Film „Die Bärenfamilie"?

b) Wann endet die späte Vorstellung von dem Film „Zum Mond und zurück"?

c) Wann endet die späte Vorstellung von dem Film „Pia und Emil"?

d): Wie viel Zeit liegt zwischen den beiden Vorstellungen von dem Film „Pia und Emil"?

**6**

*Könnte ich jetzt noch einen weiteren Film schauen?*

**7** Kann das stimmen? Begründet.

*S. 1 2 5 Nr. 7*
*a) ja, weil …*
*b)*

a) Der Film „Pia und Emil" dauert eineinhalb Stunden.

b) Der Agentenfilm dauert eine dreiviertel Stunde.

c) Der Film „Zum Mond und zurück" dauert acht Stunden.

d) Der Film mit Pia und Emil fängt um halb sieben abends an.

e) Die frühe Vorstellung beginnt um viertel vor drei nachts.

f) Der Agentenfilm endet erst 5 Minuten vor Mitternacht.

g) Der Film in Kino 3 ist um zwanzig nach zehn abends zu Ende.

h) Der Mumienfilm ist um viertel nach acht abends zu Ende.

i) Die beiden Bärenfilme zusammen dauern zwei Minuten.

**8** Welche Antwort passt? Ordnet zu und begründet.

a) Wie lange dauert der Film „Das Geheimnis der Mumie"?

b) Wie lange dauert der Film „Die Bärenfamilie"?

c) Wie lange dauert der Film „Superagent X"?

d) Wie lange dauert der Film „Pia und Emil"?

e) Wie lange dauert der Film „Zum Mond und zurück"?

**A** Er dauert 60 Minuten.

**B** Er dauert 100 Minuten.

**C** Er dauert 75 Minuten.

**D** Er dauert 80 Minuten.

**E** Er dauert 90 Minuten.

M D 5 Ggf. Skizze als Lösungshilfe nutzen; Lösungsschema beachten
P K A M 6 Mehrere Lösungen sind möglich
K A M 7 P K A M 8 Zeitangaben aus dem Bild in Minuten umrechnen

**1.** Zeichne den Bauplan.

a) 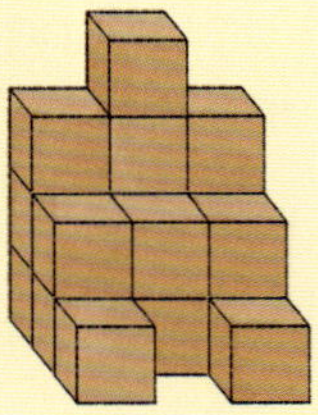

b) 

c) 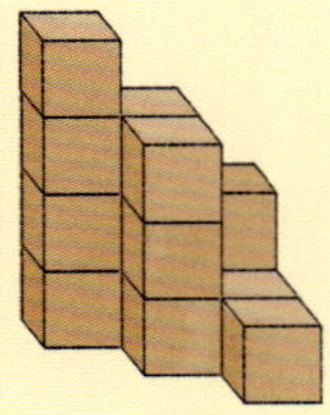

d) 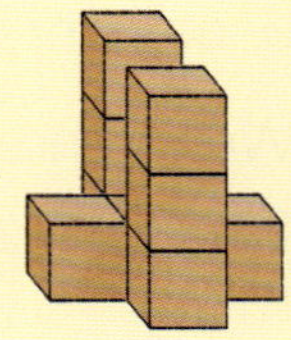

**2.** Schreibe in Kommaschreibweise.

a) 36 € 14 ct  
8 € 47 ct  
0 € 72 ct

b) 17 € 38 ct  
2 € 0 ct  
12 € 8 ct

**3.** Schreibe in gemischter Schreibweise.

a) 24,88 €  
52,60 €  
0,02 €

b) 0,47 €  
6,01 €  
71,07 €

**4.** Schreibe die Uhrzeit. Achte auf die Tageszeit.

a) 
nachmittags

b) 
morgens

c) 
mittags

d) 
abends

e) 
nachmittags

f) 
nachts

g) 
nachmittags

h) 
morgens

i) 
vormittags

j) 
mittags

**5:** Wie spät ist es dann? Schreibe ins Heft und rechne.

a) 16:00 Uhr $\xrightarrow{+2\,h}$ ■  
b) 2:00 Uhr $\xrightarrow{+7\,h}$ ■  
c) 18:00 Uhr $\xrightarrow{+4\,h}$ ■  
d) 13:00 Uhr $\xrightarrow{+20\,min}$ ■  
e) 6:00 Uhr $\xrightarrow{+15\,min}$ ■  
f) 21:00 Uhr $\xrightarrow{+52\,min}$ ■

**6:** Wie viel Zeit ist vergangen? Schreibe ins Heft und rechne.

a) 3:00 Uhr $\xrightarrow{■}$ 7:00 Uhr  
b) 16:00 Uhr $\xrightarrow{■}$ 21:00 Uhr  
c) 8:00 Uhr $\xrightarrow{■}$ 23:00 Uhr  
d) 22:00 Uhr $\xrightarrow{■}$ 22:45 Uhr  
e) 12:15 Uhr $\xrightarrow{■}$ 12:45 Uhr  
f) 20:30 Uhr $\xrightarrow{■}$ 20:55 Uhr

**7:** Löse die Sachaufgabe.

a) Emma und Tim fahren mit der Bahn zum Zoo. Der Fahrschein kostet pro Person 16 €. Wie viel müssen sie zusammen bezahlen?

b) Opa kauft ihnen für die Fahrt zwei Kissen für insgesamt 28 €. Er bezahlt mit einem 50-€-Schein. Wie viel Geld bekommt er zurück?

c) Um 9 Uhr fährt der Zug los. Emma und Tim fahren insgesamt 3 Stunden. Wann kommen sie an?

d) Um 19 Uhr beginnt die Rückfahrt. Um 23 Uhr kommen Emma und Tim zu Hause an. Wie lange dauert die Fahrt?



7 Lösungsschema beachten

**1.** ab Seite 33

a) 3 + 5, 13 + 5, 23 + 5

b) 6 + 3, 16 + 3, 26 + 3

c) 2 + 3, 12 + 3, 22 + 3

d) 6 − 4, 16 − 4, 26 − 4

e) 9 − 7, 19 − 7, 29 − 7

**2.** ab Seite 33

| a) | b) | c) | d) | e) | f) |
|---|---|---|---|---|---|
| 51 + 3 | 42 + 6 | 28 − 5 | 49 − 4 | 96 − 2 | 15 + 3 |
| 21 + 3 | 32 + 6 | 48 − 5 | 39 − 4 | 37 + 1 | 36 − 4 |
| 11 + 3 | 52 + 6 | 78 − 5 | 29 − 4 | 71 + 7 | 89 − 8 |
| 61 + 3 | 82 + 6 | 38 − 5 | 99 − 4 | 68 − 5 | 57 − 5 |

**3.** ab Seite 46

a) 32 + 10, 32 + 20, 32 + 30

b) 84 + 20, 74 + 20, 64 + 20

c) 10 + 41, 20 + 41, 30 + 41

d) 73 − 10, 73 − 20, 73 − 30

e) 45 − 20, 55 − 20, 65 − 20

**4.** ab Seite 46

| a) | b) | c) | d) | e) | f) |
|---|---|---|---|---|---|
| 40 + 36 | 20 + 43 | 61 − 20 | 87 − 30 | 59 + 10 | 17 + 30 |
| 20 + 36 | 40 + 43 | 31 − 20 | 87 − 40 | 61 − 20 | 96 − 90 |
| 30 + 36 | 10 + 43 | 51 − 20 | 87 − 20 | 77 + 20 | 45 − 20 |
| 50 + 36 | 30 + 43 | 71 − 20 | 87 − 60 | 43 − 40 | 74 + 10 |

**5.** ab Seite 51

a) 6 + 7, 16 + 7, 26 + 7

b) 5 + 8, 5 + 18, 5 + 28

c) 52 − 7, 42 − 7, 32 − 7

d) 64 − 6, 54 − 6, 44 − 6

e) 12 − 5, 22 − 5, 32 − 5

**6.** ab Seite 51

| a) | b) | c) | d) | e) | f) |
|---|---|---|---|---|---|
| 76 + 6 | 45 + 7 | 8 + 35 | 56 − 9 | 63 − 7 | 25 + 7 |
| 86 + 9 | 37 + 5 | 6 + 55 | 42 − 4 | 24 − 9 | 55 − 8 |
| 53 + 8 | 29 + 3 | 4 + 38 | 81 − 3 | 57 − 8 | 31 − 2 |
| 44 + 7 | 56 + 8 | 3 + 69 | 73 − 7 | 35 − 6 | 42 − 5 |

**7.** ab Seite 51

Zeichne ins Heft. Rechne.

a)

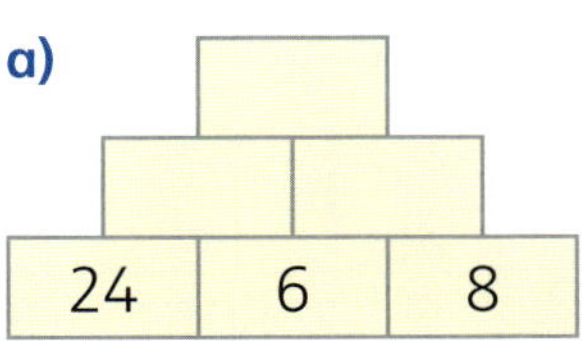


b)

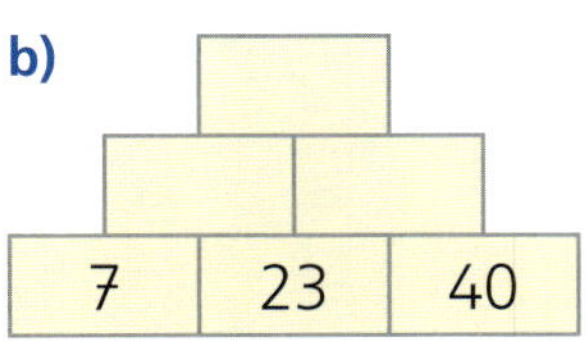


c)

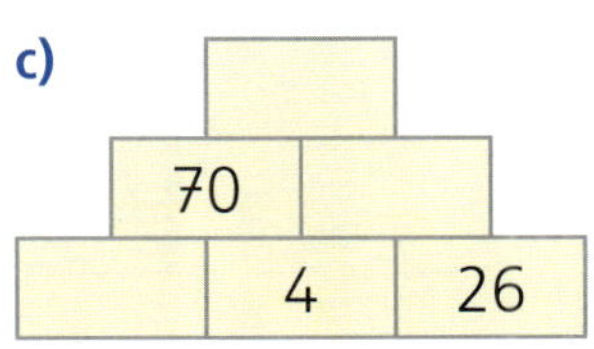


d)

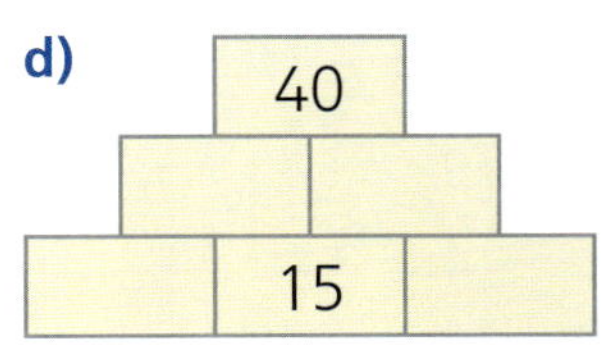


**8.** ab Seite 51

Zeichne ins Heft. Rechne.

a)

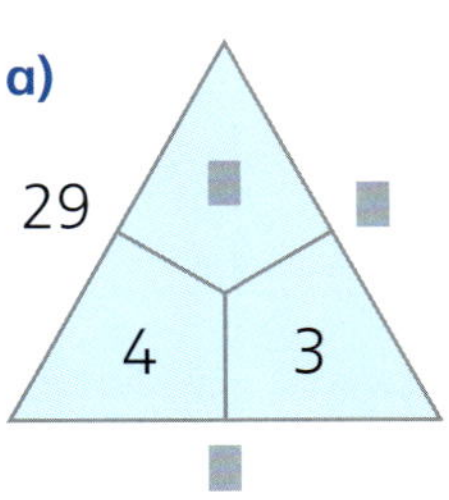


b)

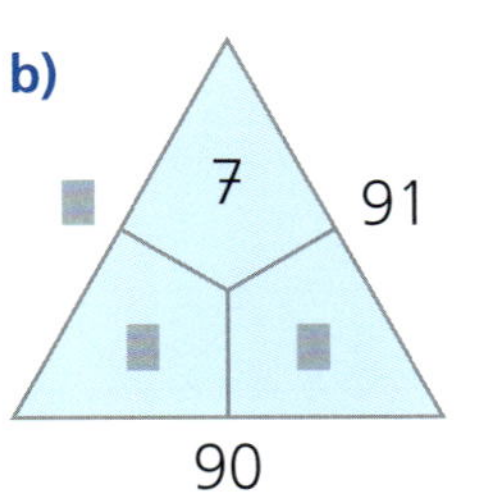


c)

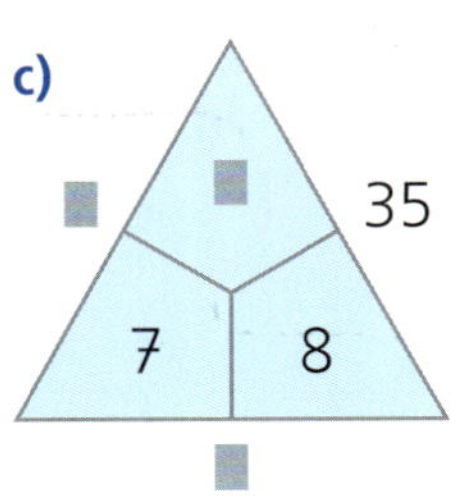


d)

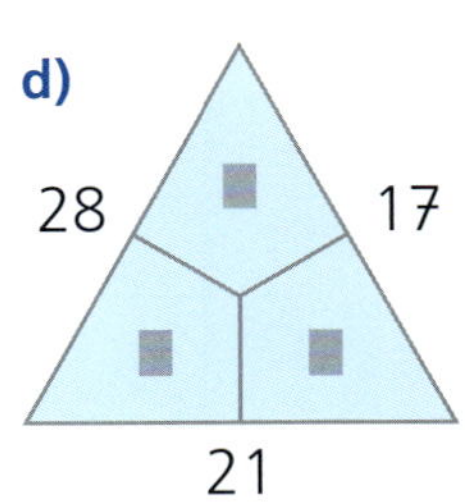

**1.** ab Seite 57

a) 62 + 10
62 + 11
62 + 12

b) 33 + 21
43 + 21
53 + 21

c) 21 + 49
32 + 48
43 + 47

d) 79 − 11
79 − 12
79 − 13

e) 40 − 30
39 − 31
38 − 32

**2.** ab Seite 57

a) 47 + 11
36 + 24
62 + 18
25 + 63

b) 52 + 23
71 + 17
32 + 35
48 + 21

c) 16 + 81
32 + 67
24 + 45
41 + 39

d) 25 − 11
88 − 27
55 − 23
37 − 16

e) 36 − 25
44 − 13
69 − 36
57 − 41

f) 85 + 14
78 − 52
56 − 55
99 − 98

**3.** ab Seite 59

a) 58 + 10
58 + 11
58 + 12

b) 37 + 23
37 + 24
37 + 25

c) 26 + 25
27 + 24
28 + 23

d) 41 − 10
41 − 11
41 − 12

e) 42 − 18
52 − 28
62 − 28

**4.** ab Seite 59

a) 76 + 18
17 + 66
46 + 16
54 + 37

b) 19 + 14
75 + 17
17 + 24
47 + 45

c) 45 + 39
36 + 49
78 + 16
35 + 38

d) 81 − 17
62 − 25
41 − 15
54 − 38

e) 71 − 26
53 − 37
44 − 19
35 − 27

f) 36 + 49
76 − 47
63 + 28
52 − 36

**5.** ab Seite 59

Zeichne ins Heft. Rechne.

a)
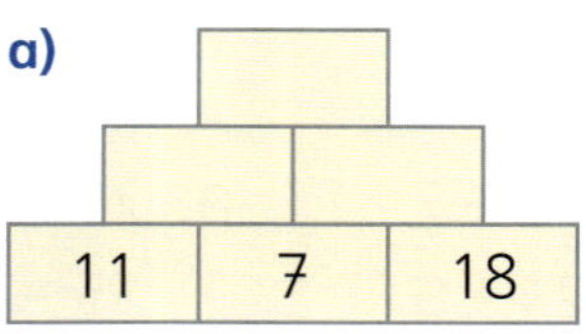


b)
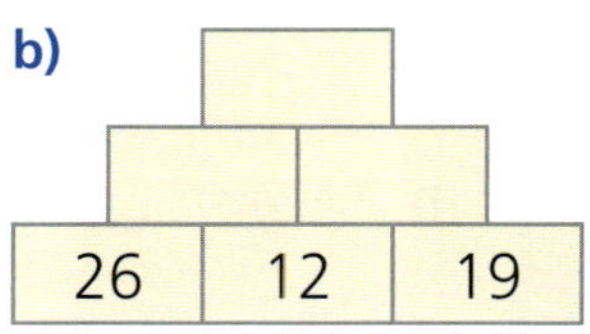


c)
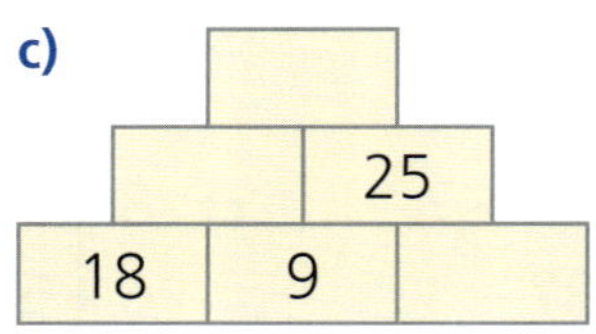


d)
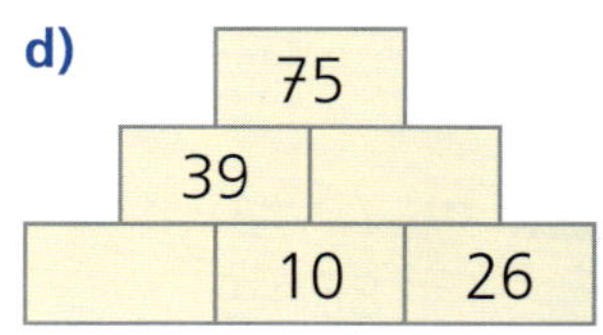


**6.** ab Seite 59

Zeichne ins Heft. Rechne.

a)
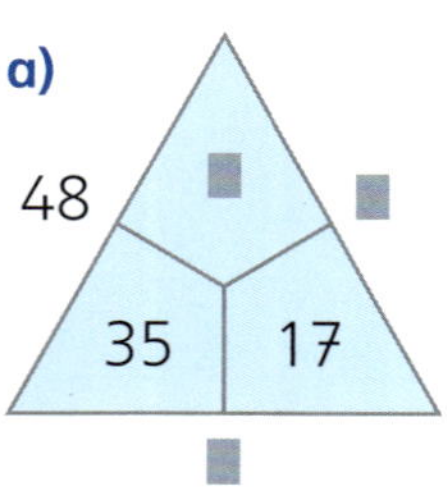


b)
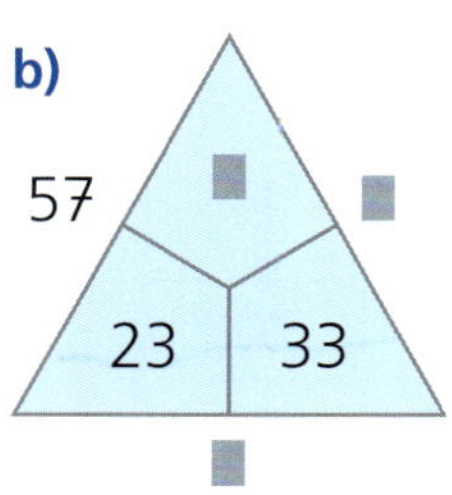


c)
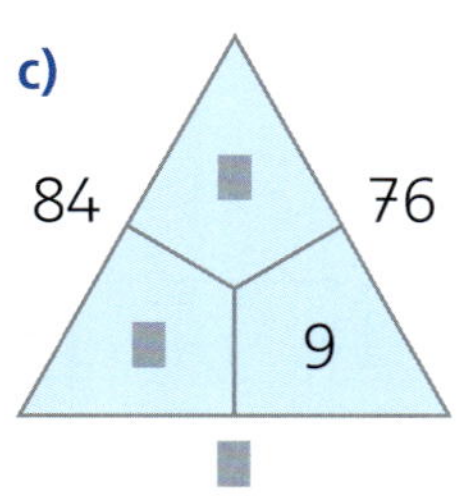


d)
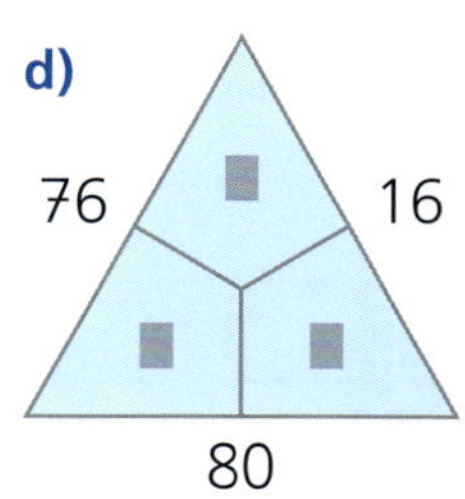


**7.** ab Seite 59

Zeichne ins Heft. Rechne.

a)

| + | 16 | 25 | 34 |
|---|---|---|---|
| 17 | | | |
| 27 | | | |
| 37 | | | |

b)

| + | 15 | | 32 |
|---|---|---|---|
| 28 | | 52 | |
| 46 | | | |
| | 54 | | |

c)

| − | 18 | 28 | 38 |
|---|---|---|---|
| 55 | | | |
| 45 | | | |
| 75 | | | |

**1.** ab Seite 79

a) 5 · 2, 6 · 2, 7 · 2

b) 2 · 10, 3 · 10, 4 · 10

c) 0 · 5, 1 · 5, 2 · 5

d) 8 · 1, 7 · 1, 6 · 1

e) 10 · 5, 9 · 5, 8 · 5

**2.** ab Seite 79

a) 1 · 5, 2 · 7, 5 · 4, 10 · 3

b) 5 · 7, 2 · 4, 1 · 10, 2 · 5

c) 2 · 10, 5 · 9, 2 · 8, 10 · 4

d) 1 · 6, 5 · 10, 2 · 5, 10 · 6

e) 5 · 8, 1 · 7, 10 · 5, 2 · 2

f) 2 · 3, 5 · 6, 1 · 3, 5 · 5

**3.** ab Seite 90

a) 2 · 8, 3 · 8, 4 · 8

b) 7 · 2, 7 · 3, 7 · 4

c) 1 · 1, 2 · 2, 3 · 3

d) 10 · 6, 9 · 6, 8 · 6

e) 1 · 2, 2 · 3, 3 · 4

**4.** ab Seite 90

a) 8 · 3, 7 · 9, 5 · 5, 6 · 7

b) 7 · 7, 6 · 8, 9 · 2, 1 · 6

c) 3 · 6, 2 · 8, 5 · 6, 9 · 9

d) 4 · 7, 4 · 9, 2 · 4, 5 · 9

e) 2 · 9, 2 · 5, 8 · 3, 6 · 4

f) 6 · 2, 9 · 6, 1 · 5, 8 · 7

**5.** ab Seite 90

Zeichne ins Heft. Rechne.

a) oben: ☐; unten: 2 | 8

b) oben: ☐; unten: 3 | 6

c) oben: ☐; unten: 4 | 5

d) oben: ☐; unten: 7 | 8

e) oben: ☐; unten: 9 | 6

f) oben: 24; unten: 6 | ☐

g) oben: 36; unten: ☐ | 4

h) oben: 72; unten: 8 | ☐

i) oben: 40; unten: ☐ | ☐

j) oben: 20; unten: ☐ | ☐

**6.** ab Seite 86

Zeichne ins Heft. Rechne.

a)
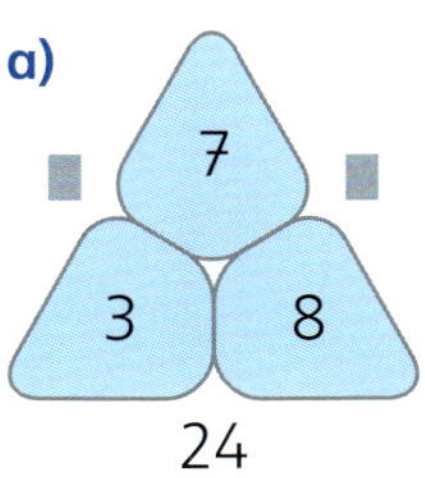


b)
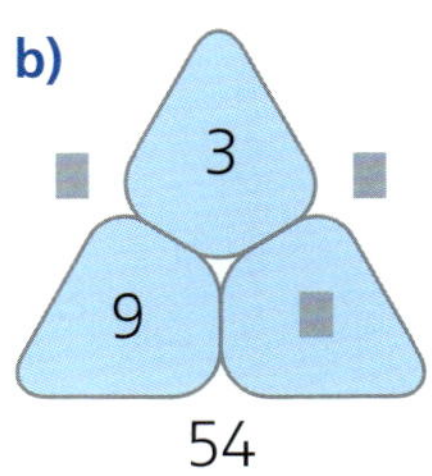


c)
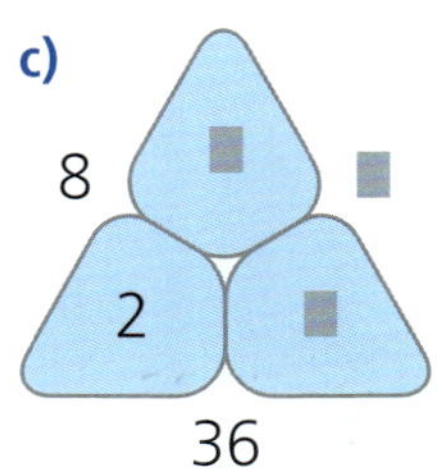


d)
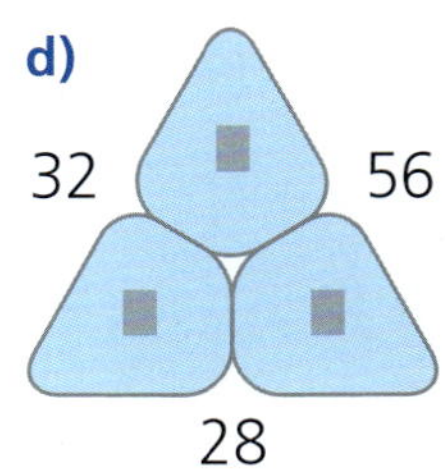


**7.** ab Seite 89

Zeichne ins Heft. Rechne.

a)

| · | 10 | 5 | 2 |
|---|---|---|---|
| 2 | | | |
| 8 | | | |
| 9 | | | |
| 3 | | | |

b)

| · | 5 | | 7 |
|---|---|---|---|
| 1 | | | |
| 2 | | 12 | |
| 3 | | | |
| | | | 28 |

c)

| · | | 8 | 3 |
|---|---|---|---|
| 5 | | | |
| 7 | 49 | | |
| | | | 18 |
| 9 | | | |

**1.** ab Seite 97

a) 10 : 10, 20 : 10, 30 : 10

b) 20 : 2, 18 : 2, 16 : 2

c) 10 : 1, 9 : 1, 8 : 1

d) 100 : 10, 90 : 10, 80 : 10

e) 2 : 2, 4 : 2, 6 : 2

**2.** ab Seite 97

| a) | b) | c) | d) | e) | f) |
|---|---|---|---|---|---|
| 90 : 10 | 50 : 5 | 20 : 2 | 9 : 1 | 18 : 2 | 20 : 5 |
| 16 : 2 | 45 : 5 | 10 : 1 | 25 : 5 | 8 : 2 | 40 : 10 |
| 6 : 2 | 80 : 10 | 35 : 5 | 12 : 2 | 30 : 10 | 10 : 5 |
| 30 : 5 | 4 : 2 | 70 : 10 | 10 : 2 | 40 : 5 | 14 : 2 |

**3.** ab Seite 105

| a) | b) | c) | d) | e) | f) |
|---|---|---|---|---|---|
| 12 : 2 | 12 : 4 | 45 : 5 | 36 : 6 | 14 : 7 | 40 : 8 |
| 14 : 2 | 24 : 4 | 35 : 5 | 42 : 6 | 28 : 7 | 32 : 8 |
| 16 : 2 | 28 : 4 | 25 : 5 | 48 : 6 | 42 : 7 | 24 : 8 |
| 18 : 2 | 32 : 4 | 15 : 5 | 54 : 6 | 63 : 7 | 16 : 8 |

**4.** ab Seite 105

| a) | b) | c) | d) | e) | f) |
|---|---|---|---|---|---|
| 24 : 8 | 20 : 5 | 15 : 6 | 13 : 5 | 38 : 10 | 35 : 7 |
| 24 : 7 | 20 : 4 | 15 : 5 | 13 : 4 | 36 : 10 | 34 : 7 |
| 24 : 6 | 20 : 3 | 15 : 4 | 13 : 3 | 34 : 10 | 33 : 7 |
| 24 : 5 | 20 : 2 | 15 : 3 | 13 : 2 | 32 : 10 | 32 : 7 |

| g) | h) | i) | j) | k) | l) |
|---|---|---|---|---|---|
| 17 : 2 | 33 : 4 | 21 : 5 | 10 : 3 | 22 : 7 | 20 : 9 |
| 23 : 2 | 36 : 4 | 36 : 5 | 23 : 3 | 29 : 7 | 35 : 9 |
| 18 : 4 | 15 : 4 | 28 : 5 | 19 : 6 | 36 : 8 | 51 : 9 |
| 23 : 4 | 27 : 4 | 49 : 5 | 31 : 6 | 61 : 8 | 77 : 9 |

**5.** ab Seite 99 Zeichne ins Heft. Rechne.

a)

b)

c)

d)
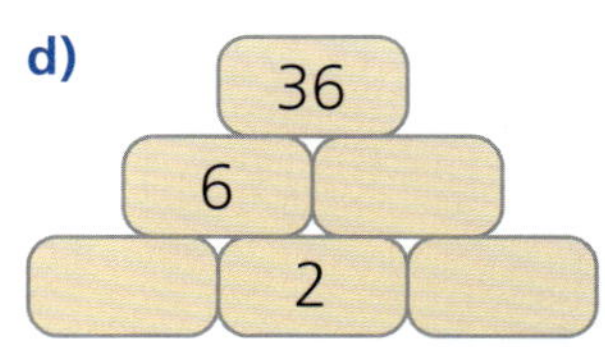


**6.** ab Seite 99 Zeichne ins Heft. Rechne.

a)
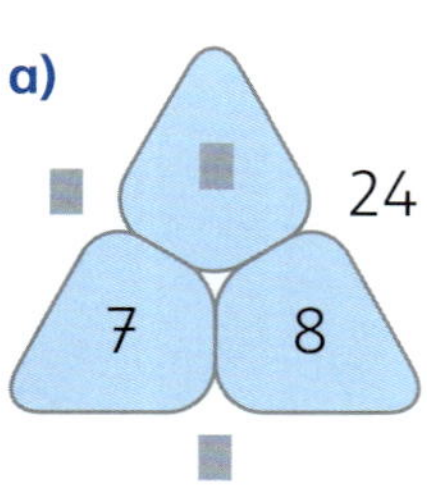


b)
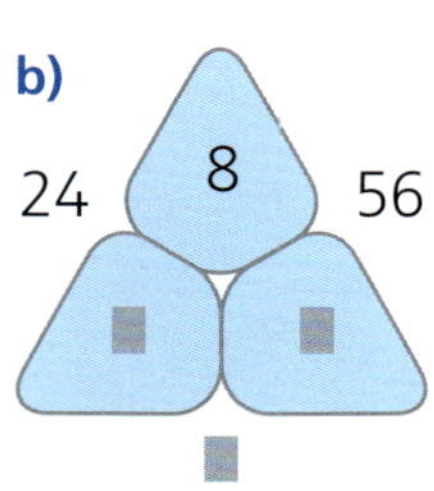


c)
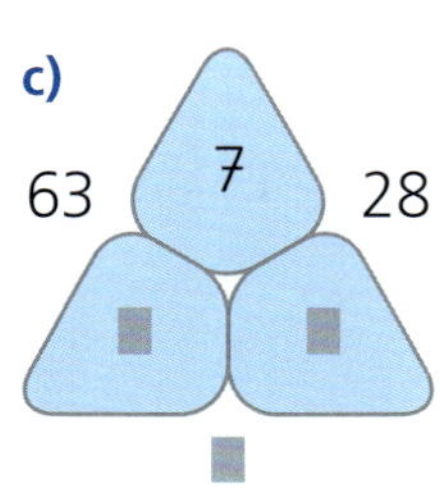


d)
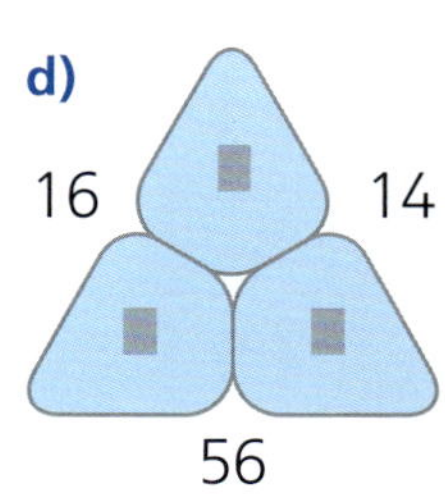


**7.** ab Seite 99 Zeichne ins Heft. Rechne.

a)

| : | 2 | 5 | 10 |
|---|---|---|---|
| 10 | | | |
| 20 | | | |
| 30 | | | |

b)

| : | 2 | 3 | 6 |
|---|---|---|---|
| 6 | | | |
| 12 | | | |
| 24 | | | |

c)

| : | 2 | 4 | 8 |
|---|---|---|---|
| 8 | | | |
| 16 | | | |
| 24 | | | |

**1** Was ist besonders?

**2** Stelle einen Faltwinkel her.

**a)** Ein Stück Papier ausreißen.
**b)** Falten.
**c)** Die Faltlinie auf beiden Seiten rot nachfahren.
**d)** Wieder falten.
**e)** Noch einmal so falten, dass beide Teile der roten Faltlinie aufeinander liegen.

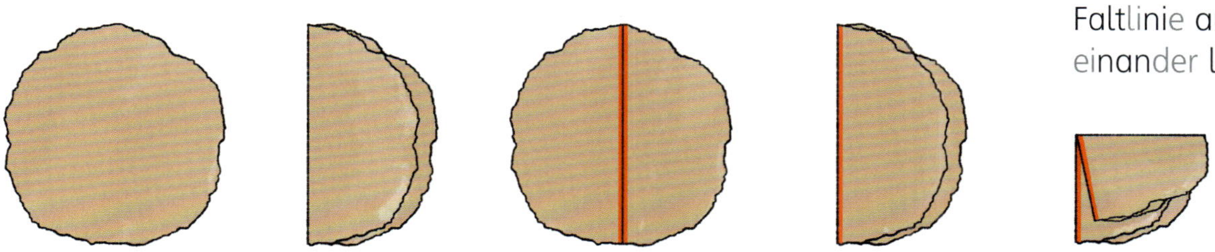

**3** Sucht im Klassenraum. Prüft nach und begründet.

**a)** ⊾ rechter Winkel **b)** ∥ parallele Linien **c)** ⊥ senkrechte Linien

**4** Welche Geraden sind senkrecht ⊥ oder parallel ∥ zueinander?

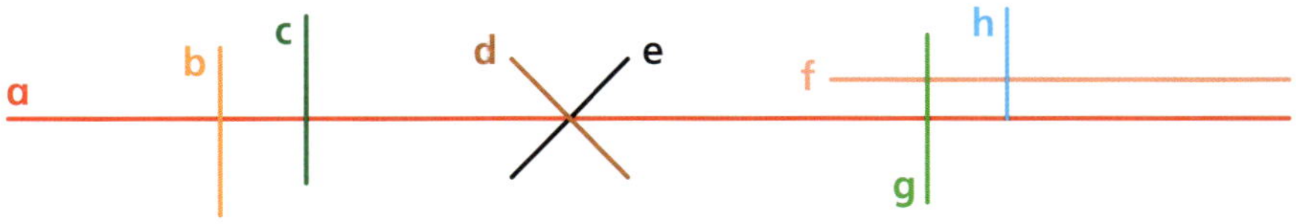


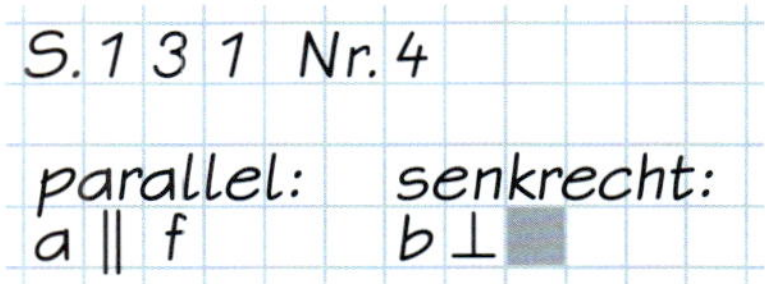


**5** Senkrecht? Parallel? Vermute und prüfe nach.

**a)**

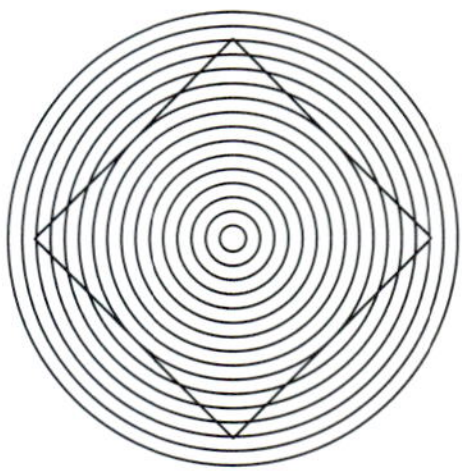

**b)**

**c)**

**1** Vergleiche die Wettervorhersage mit der Wetterbeobachtung vor einer Woche.

**a)** Informiere dich über die Wettervorhersage. Trage in eine Tabelle ein.

**b)** Beobachte eine Woche lang das Wetter. Trage in eine neue Tabelle ein.

S. 1 3 2 Nr. 1

| a) Tag | Wettervorhersage | | | | | |
| --- | --- | --- | --- | --- | --- | --- |
| |  | | | | | |
| Mo | X | | | | | |
| Di | | | | | | |

**2** Was stimmt? Ordne zu und begründe.

sicher | wahrscheinlich | unwahrscheinlich

**a)** Es schneit im Juni.

**b)** Der September kommt nach dem August.

**c)** Im Dezember sind Ferien.

**d)** Im Januar ist es kalt.

**e)** Du bekommst beim Radfahren im Oktober einen Sonnenbrand.

**f)** Du siehst bei Regen und Sonne einen Regenbogen.

**3** Informiert euch über Wettermessgeräte. Gestaltet ein Plakat dazu.

**4** Lies die Temperatur vom Thermometer ab.

**a)** 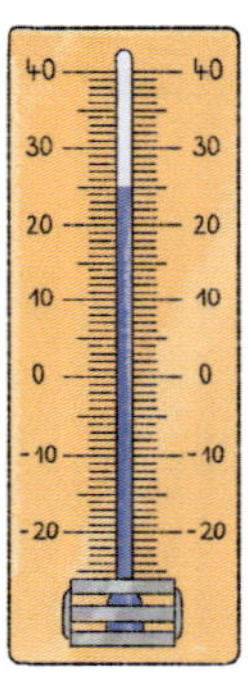

**b)** 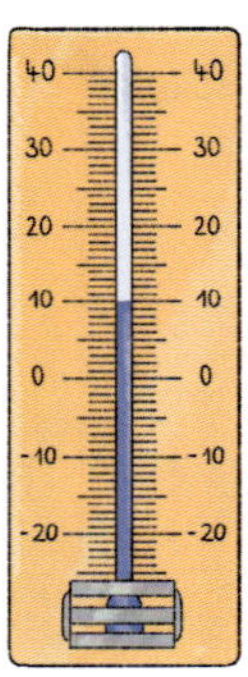

**c)** 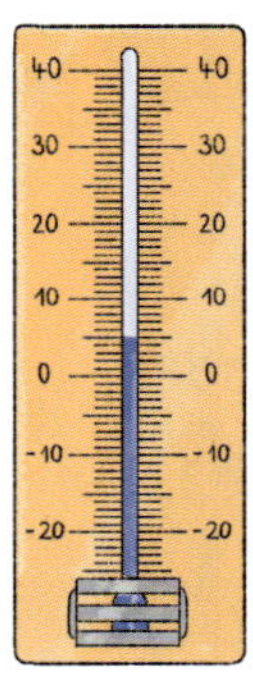

**d)** 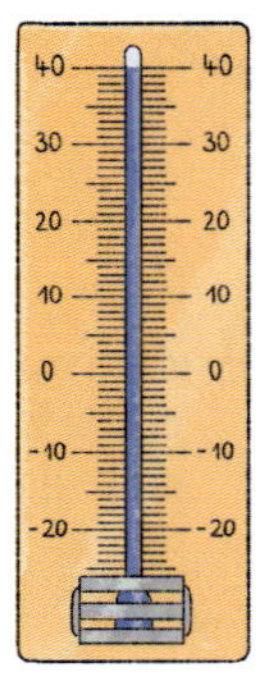

**e)** 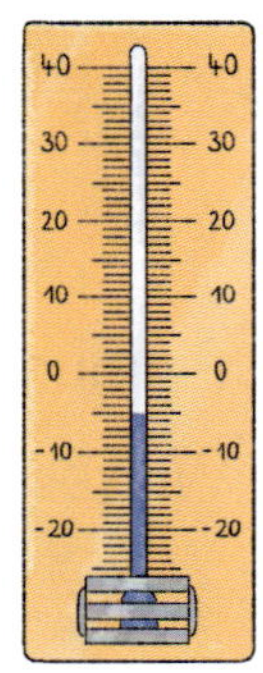

**f)** 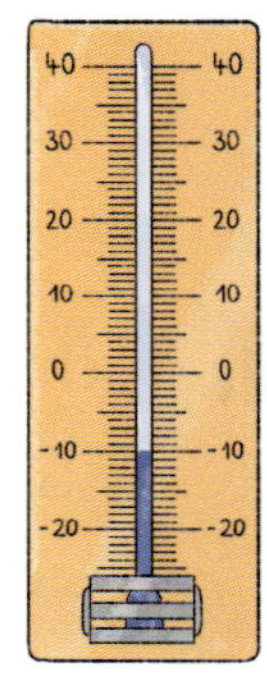

**5** Bastelt euch eigene Wettersymbole und führt einen täglichen Wetterdienst ein.

K D 1 Unterschied zwischen Wettervorhersage und -beobachtung thematisieren
K A 2 K 3 Zu Geräten zum Messen von Temperatur, Luftdruck etc. recherchieren und Ergebnisse präsentieren K D 4 K 5

**1** Max und Tim haben Gehege für ihre Haustiere geplant.
Was fällt dir auf?

**Einheitsquadrat (E)**

1 LE = 1 Längeneinheit

**2** Welches Gehege hat den größten Flächeninhalt? Welches hat den größten Umfang?
Vermute und überprüfe mit Einheitsquadraten.

**a)** **b)** **c)** **d)**

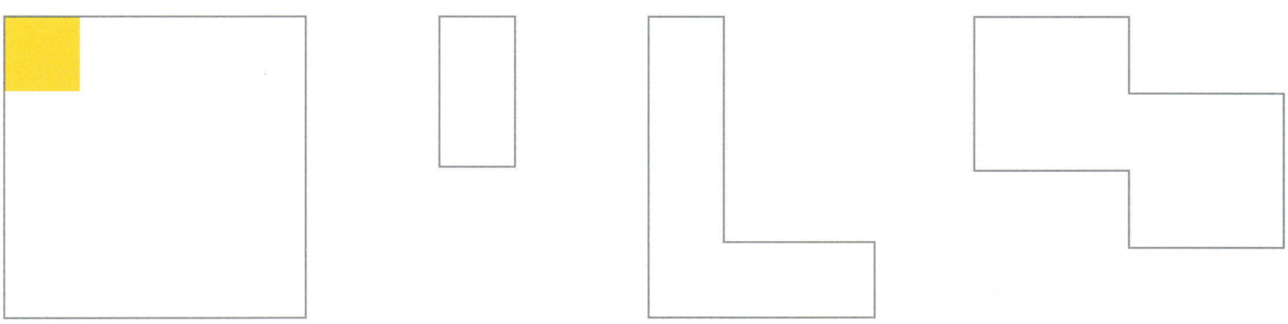

**3** Finde verschiedene mögliche Gehege für die Schildkröte.
Jedes Gehege soll mit 10 Einheitsquadraten gelegt werden.

**a)** Lege und male.

**b)** Ermittle den Umfang. Was fällt dir auf?

**4** Informiere dich über ein Haustier.

**a)** Fertige ein Plakat an.

**b)** Plane ein Gehege.

K M A D **1** Umfang und Flächeninhalt thematisieren
K M A D **2, 3** Einheitsquadrate verwenden
K D **4** Ggf. Gehege mit Einheitsquadraten planen

## Zahlen

Ich **bündele** 10 Einer zu 1 Zehnerstange. **Seite 6**

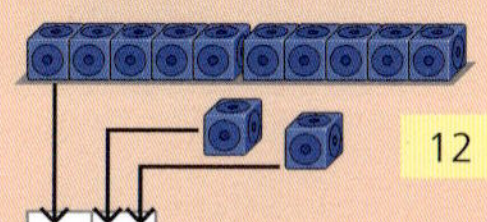


| Z | E |
|---|---|
| 1 | 2 |

Stellenwerttabelle

Ich **bündele** 10 Zehner zu 1 Hunderterplatte.

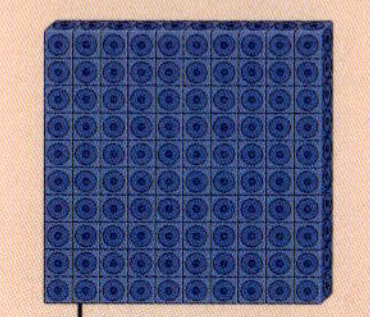

| H | Z | E |
|---|---|---|
| 1 | 0 | 0 |

1 Hunderter = 10 Zehner = 100 Einer
1 H = 10 Z = 100 E

**Hunderterfeld** **Seite 10**

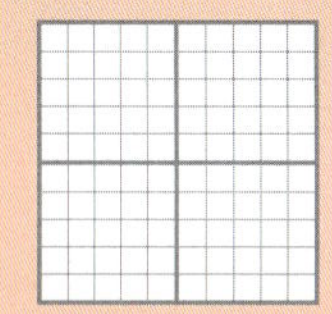

**Seite 10**

1 Hunderter 1 Zehner 1 Einer

So zeichnest du ins Heft:

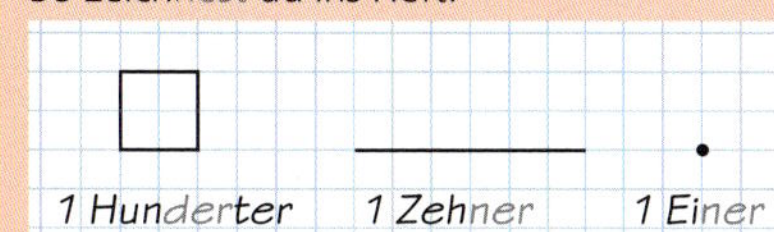


Ich lege: **Seite 8**

Ich schreibe:
**4 Z 6 E 46**

Ich sage:
**sechsundvierzig**

**Hundertertafel** **Seite 30**

Diagonale ↘ Spalte ↓ Zeile →

| | | | | | | | | | |
|---|---|---|---|---|---|---|---|---|---|
| 1 | 2 | 3 | 4 | 5 | 6 | 7 | 8 | 9 | 10 |
| 11 | 12 | 13 | 14 | 15 | 16 | 17 | 18 | 19 | 20 |
| 21 | 22 | 23 | 24 | 25 | 26 | 27 | 28 | 29 | 30 |
| 31 | 32 | 33 | 34 | 35 | 36 | 37 | 38 | 39 | 40 |
| 41 | 42 | 43 | 44 | 45 | 46 | 47 | 48 | 49 | 50 |
| 51 | 52 | 53 | 54 | 55 | 56 | 57 | 58 | 59 | 60 |
| 61 | 62 | 63 | 64 | 65 | 66 | 67 | 68 | 69 | 70 |
| 71 | 72 | 73 | 74 | 75 | 76 | 77 | 78 | 79 | 80 |
| 81 | 82 | 83 | 84 | 85 | 86 | 87 | 88 | 89 | 90 |
| 91 | 92 | 93 | 94 | 95 | 96 | 97 | 98 | 99 | 100 |

**Zehnerzahlen**
**Seite 7**

10 zehn
20 zwanzig
30 dreißig
40 vierzig
50 fünfzig
60 sechzig
70 siebzig
80 achtzig
90 neunzig
100 einhundert

**Zerlegungshaus** **Seite 12**

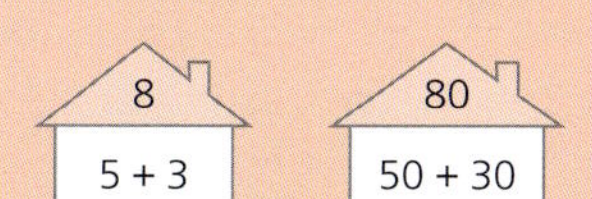


kleine Aufgabe große Aufgabe

**Seite 15**

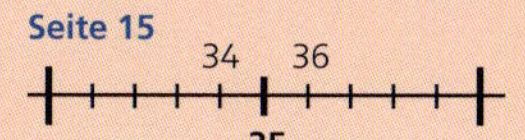


| Vorgänger | Zahl | Nachfolger |
|---|---|---|
| 34 | 35 | 36 |

34 ist der Vorgänger von 35.
36 ist der Nachfolger von 35.

**Nachbarzehner** **Seite 15**

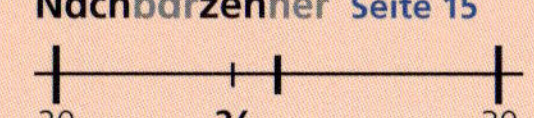


| Nachbarzehner | Zahl | Nachbarzehner |
|---|---|---|
| 20 | 24 | 30 |

## Rechenarten

**Seite 102**

| | | |
|---|---|---|
| addieren | plus | + |
| subtrahieren | minus | − |
| multiplizieren | mal | · |
| dividieren | geteilt | : |

**Seite 68**

2 + 2 + 2 + 2 = 8 Plusaufgabe
↓ ↓
4 **mal** 2 = 8 Malaufgabe
4 · 2 = 8

**Seite 95**

Geteiltaufgabe 12 : 3 = 4
12 **geteilt durch** 3 **ist gleich** 4.

Beim Aufteilen und Verteilen rechne ich geteilt.

## Rechnen und Vergleichen

**Gleichungen** **Seite 40**

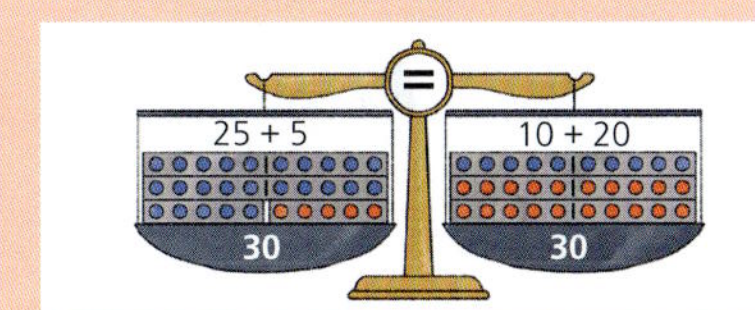


25 + 5 = 10 + 20

**Ungleichungen** **Seite 40**

13 + 5 < 23 + 5

## Rechnen mit Köpfchen

**Tauschaufgabe** **Seite 49**

8 + 45 = 53 Aufgabe
↓
45 + 8 = 53 Tauschaufgabe

**Umkehraufgabe** **Seite 51**

63 − 7 = 56 Aufgabe
↓
56 + 7 = 63 Umkehraufgabe

**Schöne Päckchen** **Seite 39**

| 1. Zahl | | 2. Zahl | | Ergebnis |
|---|---|---|---|---|
| 72 | + | 1 | = | 73 |
| 72 | + | 2 | = | 74 |
| 72 | + | 3 | = | 75 |
| 72 | + | 4 | = | 76 |

**Aufgabenfamilie** **Seite 38**

40 + 30 = 70
30 + 40 = 70
70 − 30 = 40
70 − 40 = 30

**Seite 32**

43 + 4 = 47 große Aufgabe
3 + 4 = 7 kleine Aufgabe

**Seite 33**

58 − 3 = 55 große Aufgabe
8 − 3 = 5 kleine Aufgabe

Das Merkwissen kann heruntergeladen, ausgedruckt und zu einem Heft zusammengefügt werden.

## Schlau über den Zehner (+)

**Zum Zehner, dann weiter** Seite 48

28 + 6 = 34
28 + 2 + 4 = 34

**Nähe zur 10** Seite 49

73 + 9 = 82
1 weniger ↑
73 + 10 = 83

**Nähe zum Zehner** Seite 55

26 + 39 = 65
1 weniger ↑
26 + 40 = 66

## Schlau über den Zehner (–)

**Zum Zehner, dann weiter** Seite 50

35 – 7 = 28
35 – 5 – 2 = 28

**Nähe zur 10** Seite 51

72 – 9 = 63
1 mehr ↑
72 – 10 = 62

**Nähe zum Zehner** Seite 59

74 – 49 = 25
1 mehr ↑
74 – 50 = 24

## Schrittweise Rechnen (+)

**Addition – Zweistellige Zahlen ohne Übergang** Seite 54

Erst die **Zehner dazu**,
dann die **Einer dazu**.

34 + 23 = 57
34 + 20 = 54
54 + 3 = 57

**Addition – Zweistellige Zahlen mit Übergang** Seite 55

Erst **alle Zehner**,
dann **alle Einer**.

64 + 27 = 91
60 + 20 = 80
4 + 7 = 11

## Schrittweise Rechnen (–)

**Subtraktion – Zweistellige Zahlen ohne Übergang** Seite 58

Erst **minus Zehner**,
dann **minus Einer**.

54 – 32 = 22
54 – 30 = 24
24 – 2 = 22

**Subtraktion – Zweistellige Zahlen mit Übergang** Seite 59

Erst **minus Zehner**,
dann **minus Einer**.

43 – 26 = 17
43 – 20 = 23
23 – 6 = 17

## Malaufgaben – Multiplikation

**Kernaufgaben** Seite 76

Die Malaufgaben mit 1, 2, 5 und 10 sind leicht. Wir nennen sie **Kernaufgaben**.

1 · ■ Zahl (das Einfache)
↓ das Doppelte
2 · ■ das Zweifache

5 · ■ das Fünffache
↑ die Hälfte
10 · ■ das Zehnfache

## Rechnen mit Köpfchen

**Tauschaufgaben bei Mal** Seite 71

1. Zahl 2. Zahl
↓ ↓
5 · 2 = 10 Aufgabe
↓
2 · 5 = 10 Tauschaufgabe

Seite 79

Jede Malaufgabe hat **4 Nachbaraufgaben**.

**Quadrataufgabe** Seite 11

3 · 3 = 9
↓
Quadratzahl

**Aufgabenfamilie** Seite 100

2 · 5 = 10
5 · 2 = 10
10 : 5 = 2
10 : 2 = 5

## Geteiltaufgaben – Division

Seite 95

Geteiltaufgabe 12 : 3 = 4
12 **geteilt durch** 3 **ist gleich** 4.

Beim Aufteilen und Verteilen rechne ich geteilt.

Seite 98

15 : 3 = 5 Aufgabe
↓
5 · 3 = 15 Umkehraufgabe

Seite 96

Teilen durch 1 ist leicht.

10 : 1 = 10

Beim Teilen durch 2 helfen die Halbierungsaufgaben.

10 : 2 = 5

Seite 97

Beim Teilen durch 10 helfen die Zehnerstreifen.

40 : 10 = 4

## Geteiltaufgaben – Division mit Rest

Seite 104

Beim Teilen bleibt manchmal ein Rest.

23 : 10 = 2 R 3 23 geteilt durch 10 ist gleich 2 Rest 3.

Seite 105

**Gerade** Zahlen kann ich **ohne Rest** durch 2 teilen.

**Ungerade Zahlen** kann ich nur **mit Rest** durch 2 teilen.

Seite 105

Kontrolle mit der Umkehraufgabe

15 : 6 = 2 R 3
K: 2 · 6 = 12
12 + 3 = 15

## Formen und Körper

**Seite 25**

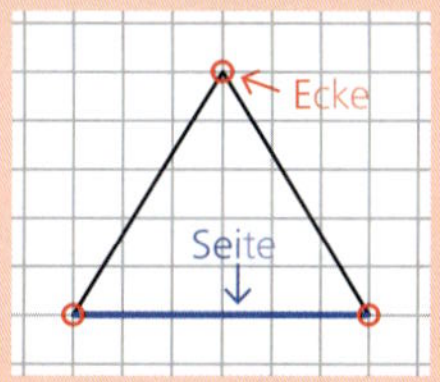


Beim Abzeichnen hilft mir
1. Eine Ecke zu markieren
2. Von dort Kästchen abzuzählen

**Vierecke** Seite 27
Ein Viereck hat 4 Ecken und 4 Seiten.

**Quadrat**
Alle Seiten sind gleich lang.

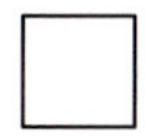

**Rechteck**
Gegenüberliegende Seiten sind gleich lang.

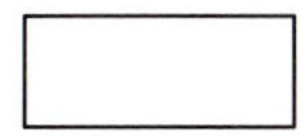

**Spiegelachse** Seite 28

**Seite 109**
Bei Mustern und Ornamenten wiederholt sich immer ein Motiv.

**Seite 112**

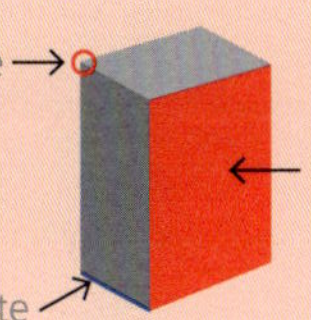


## Messen und Zeichnen

**Seite 21**

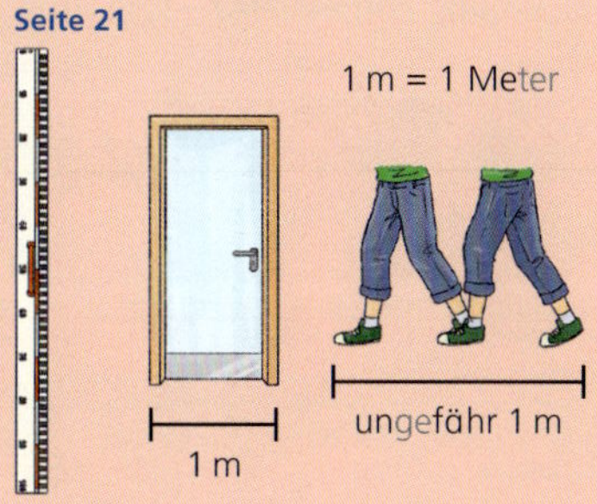


**Seite 20**
1 Meter = 100 Zentimeter
1 m = 100 cm

**Seite 110**

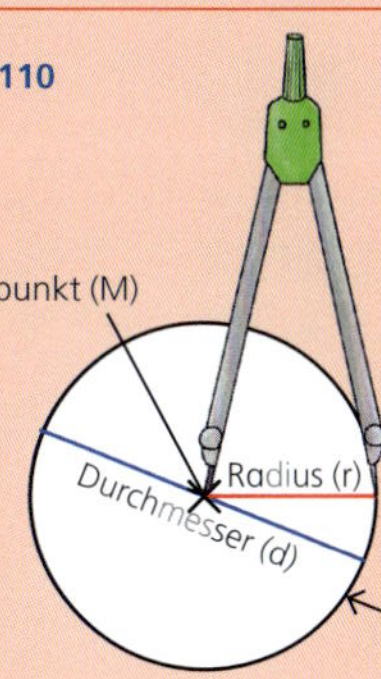


**Seite 23**
Eine Strecke hat einen Ausgangspunkt und einen Endpunkt.

Schreibe: $\overline{AB}$

**Seite 22**
1 cm = 1 Zentimeter

ca. 1 cm

ca. 10 cm

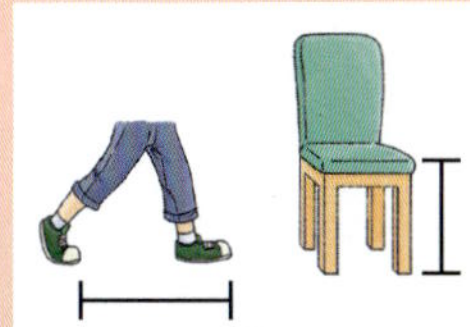

ca. 50 cm

## Diagramm

**Säulendiagramm** Seite 44

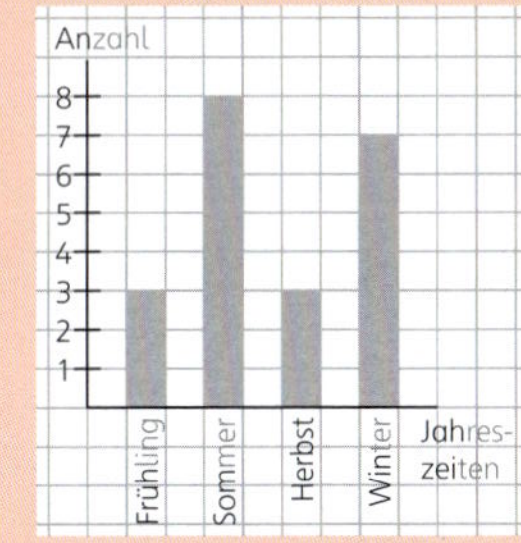


Je höher die Säule, desto größer die Anzahl.

## Geld

**Seite 35**

| € Euro | ct Cent |
|---|---|

**Seite 35**
Ich schreibe zuerst Euro und dann Cent.

1 € 11 ct

**Seite 36**
100 Cent = 1 Euro

100 ct = 1 €

100 ct tausche ich gegen 1 €.

1 € tausche ich gegen 100 ct.

**Seite 118**
Das Komma trennt Euro und Cent.

Gemischte Schreibweise: 23 € 46 ct
Kommaschreibweise: 23,46 €

## Uhrzeiten

**Seite 119**
**Ein Tag hat 24 Stunden**
Stundenzeiger kurz

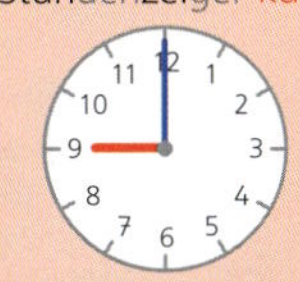

Minutenzeiger lang

**Es gibt zwei Uhrzeiten**

09:00 21:00

**Seite 120**
7:12 Uhr: Es ist sieben Uhr zwölf.
19:12 Uhr: Es ist neunzehn Uhr zwölf.

**Seite 121**
1 Minute = 60 Sekunden
1 min = 60 s

**Seite 120**
1 Stunde = 60 Minuten
1 h = 60 min

**Seite 122**

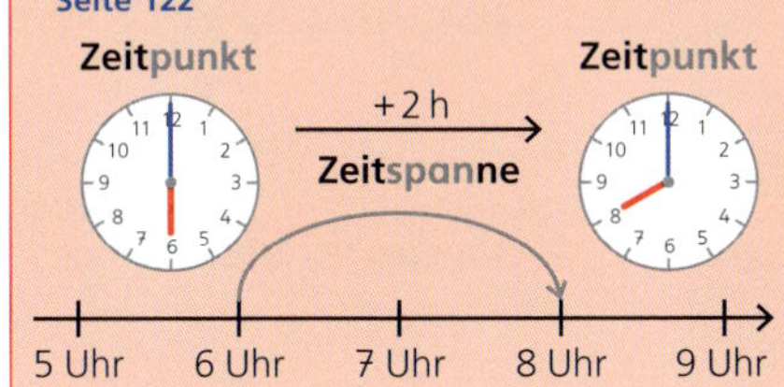


6:00 Uhr $\xrightarrow{+2\,h}$ 8:00 Uhr

**Seite 121**

Eine Viertelstunde hat 15 Minuten.

Eine halbe Stunde hat 30 Minuten.

Eine Dreiviertelstunde hat 45 Minuten.

## Kalender

**Datum** Seite 43

| | Tag | Monat | Jahr |
|---|---|---|---|
| lang: | 28. | März | 2029 |
| kurz: | 28. | 03. | 29 |

**Seite 42**
1 Jahr hat 12 Monate.

**Seite 42**
Eine Woche hat 7 Tage.

Zum Lehrgang gehören

| | Print | Digital-Lizenz |
|---|---|---|
| Schülerbuch | Bestell-Nr. 2507-40 | Bestell-Nr. 2507-407 |
| Arbeitsmaterial, kt, 7 Bögen | Bestell-Nr. 2507-42 | |
| Lernkompass 2 | Bestell-Nr. 2507-41 | |
| Das Arbeitsheft 2 | Bestell-Nr. 2507-46 | |
| Das Förderheft 2 | Bestell-Nr. 2507-48 | |
| Das Forderheft 2 | Bestell-Nr. 2507-47 | |
| Handbuch | Bestell-Nr. 2507-43 | |
| Der Unterrichtsgestalter – Das Mathebuch | | Bestell-Nr. 2507-437 |
| Arbeitsblätter zur individuellen Förderung und Differenzierung | Bestell-Nr. 2507-44 | Bestell-Nr. 2507-447 |
| Das Übungsheft Mathematik 2 | Bestell-Nr. 2504-54 | |
| Das Übungsheft Mathematik 2, DIN A4 | Bestell-Nr. 2507-55 | |
| Das Übungsheft Mathematik 2, Diagnose \| Differenzierung \| Förderung | Bestell-Nr. 2507-57 | Bestell-Nr. 2507-577 |
| Das Übungsheft Mathematik 2 – Poster, DIN A1 | Bestell-Nr. 2507-56 | |

**Quellenverzeichnis**

S. 27: Piet Mondrian, Composition in blue, red and yellow 1921,
© Ann Ronan Picture Library – mauritius images/Alamy
S. 57: Flachlandtapir © Martina Berg – stock.adobe.com
S. 61: Tanzgarnele © Eric H. Cheng/Sea Tops – kapia

Bestell-Nr. 2507-40
ISBN 978-3-619-25740-9

Herausgeber der Vorgängerausgaben
Karl-Heinz Keller und Peter Pfaff
neu bearbeitet von Cathrin Höfling, Ulrike Hufschmidt, Myriam Kolbe, Julia Michalke und Dr. Sebastian Walter
nach der Ausgabe „Das Mathebuch 2" (2504-40)
erarbeitet von Wiebke Meyer, Dr. Hendrik Simon und Nina Simon



www.mildenberger-verlag.de
E-Mail: info@mildenberger-verlag.de

Auflage 4 3 2 1
Jahr 2025 2024 2023 2022



Redaktion: Bettina Eckert und Alexandra Frank
Illustrationen: tiff.any GmbH, Berlin/Jennifer Wenzel
Layoutkonzeption, Gestaltung und Satz: tiff.any GmbH, Berlin
Druck: Grafisches Centrum Cuno GmbH & Co. KG, 39240 Calbe